HZ Books

华章图书

一本打开的书，
一扇开启的门，
通向科学殿堂的阶梯，
托起一流人才的基石。

Web开发技术丛书

JavaScript编程精解

（原书第3版）

[美] 马尔奇·哈弗贝克（Marijn Haverbeke）著

卢涛 李颖 译

Eloquent JavaScript

A Modern Introduction to Programming

Third Edition

机械工业出版社
China Machine Press

图书在版编目（CIP）数据

JavaScript 编程精解：原书第 3 版 /（美）马尔奇·哈弗贝克（Marijn Haverbeke）著；卢涛，李颖译 . —北京：机械工业出版社，2020.2
（Web 开发技术丛书）
书名原文：Eloquent JavaScript: A Modern Introduction to Programming, Third Edition

ISBN 978-7-111-64836-9

I. J⋯　II. ①马⋯　②卢⋯　③李⋯　III. JAVA 语言 – 程序设计　IV. TP312.8

中国版本图书馆 CIP 数据核字（2020）第 032268 号

本书版权登记号：图字　01-2019-7114

JavaScript 编程精解（原书第 3 版）

出版发行：机械工业出版社（北京市西城区百万庄大街 22 号　邮政编码：100037）

责任编辑：梁华杰　　　　　　　　　　　责任校对：殷　虹

印　　刷：大厂回族自治县益利印刷有限公司　　版　　次：2020 年 4 月第 1 版第 1 次印刷

开　　本：186mm×240mm　1/16　　　　　印　　张：22.25

书　　号：ISBN 978-7-111-64836-9　　　　定　　价：99.00 元

客服电话：（010）88361066　88379833　68326294　　　投稿热线：（010）88379604

华章网站：www.hzbook.com　　　　　　　　　　　　读者信箱：hzit@hzbook.com

版权所有 · 侵权必究
封底无防伪标均为盗版
本书法律顾问：北京大成律师事务所　韩光 / 邹晓东

"这是我所见过的把编程概念解释得最恰当的书之一。"

——Sandra Henry-Stocker，IT World

"如果选择这本书开始你的 JavaScript 学习，你可以很快学到很多技术知识和编程智慧。"

——Michael J. Ross，Web 开发人员和 Slashdot 贡献者

"因为学了这本书，我成为一名更好的架构师、作者、导师和开发人员。这是一本比肩 Flannagan 和 Crockford 的著作的书籍。"

——Angus Croll，Twitter 的开发人员

"对任何编程语言和整个编程的最佳介绍。"

——Jan Lehnardt，Hoodie 的联合创始人和欧盟 JSConf 的组织者

"每当人们问我如何正确学习 JavaScript 时，我都会推荐这本书。"

——Chris Williams，美国 JSConf 的组织者

"这是我读过的最好的 JavaScript 书之一。"

——Rey Bango，JQuery 团队成员和微软客户端 Web 通信程序经理

"这是一部非常好的 JavaScript 指南，更重要的是，它还是很好的编程指南。"

——Ben Nadel，Epicenter Consulting 首席软件工程师

IV

"一本好书，适合那些没有 JavaScript 经验，甚至没有编程经验的人阅读。"

——Nicholas Zakas，《高性能 JavaScript》和《JavaScript 面向对象精要》的作者。

"如果你是 JavaScript 的新手，我建议你做的第一件事就是打开本书并阅读作者对该语言的介绍。"

——英国 CNET

Foreword 译者序

JavaScript 在网络时代诞生，从为静态网页添加各种炫目的特效，到现在几乎所有在线的交互网站和小程序，都大量使用了 JavaScript。我们几乎每天都通过浏览器和各种应用与它打交道，它已成为我们日常工作、生活不可或缺的组成部分。它的这种无所不在，也便于我们在各种环境中进行学习。

JavaScript 的演进适应了网络的发展，标准化组织定期为它添加新功能，并且得益于大量的投资和引擎开发人员的努力，它的执行性能也在不断地提高。使用 JavaScript 不但可以编写在浏览器上执行的客户端程序，而且可以编写在网站后台作为服务器执行的程序。人们已利用 JavaScript 编写了许多流行的工具框架，如 jQuery、Angular、Express 等。由它定义的 JSON 是轻量级的文本数据交换格式，许多数据库软件也支持 JavaScript 和 JSON，如 MongoDB、CouchDB、MySQL 等。JavaScript 已经成为当下最流行的"全栈"开发语言。

JavaScript 内容庞大，一本书不可能面面俱到地介绍所有内容。本书提纲挈领地介绍了语言的主要功能和特色，包括基本结构、函数、数据结构、高阶函数、错误处理、正则表达式、模块、异步编程、浏览器文档对象模型、事件处理、绘图、HTTP 表单、Node 等，读者可以通过学习这些内容循序渐进地掌握基本的编程概念、技术和思想。为了读者能够较快地上手实际的项目，本书安排了 5 个实战章节，涉及路径查找、自制编程语言、平台交互游戏、绘图工具和动态网站等方面，这些章节教会我们如何利用掌握的知识实现各种功能，并组成一个完整的项目。最后一章介绍了 JavaScript 性能优化的方法论、思路和工具，以帮助我们开发高效的程序。

本书与时俱进，已更新到第 3 版，这一版包含了 JavaScript 语言 ES6 规范的最新功能，比如绑定、常量、类、promise 等。学习了本书，就能了解该语言的最新发展，编写出更强大的代码。

本书有一个功能丰富的支持网站（网址请见"前言"介绍），上面有可免费阅读的章节，可以实际执行内嵌的代码段，允许即时查看结果，还有供执行示例程序和习题的沙盒。这些都是作者精心设计的，网站本身就是对 JavaScript 的绝好展示。我的儿子卢令一就被第 16 章的熔岩游戏所吸引，当他了解到这样有趣的游戏只要几百行代码就能编写出来时，对编程也产生了浓厚的兴趣。

感谢华章公司刘锋编辑的信任，把这本书交给我翻译。感谢我的同事们，在工作中教给我许多 IT 知识。感谢我的家人，他们的辛勤劳动，使我能专心地投入本书的翻译。

卢　涛

2019 年 11 月

本书讲述如何指挥计算机开展工作。如今计算机与螺丝刀一样普遍，但它们比螺丝刀复杂得多，让它们完成你想做的工作并不容易。

如果是一个常见的、易于理解的任务，例如显示你的电子邮件或充当计算器，你可以打开相应的应用程序并开始工作。但对于独一无二或开放式的任务，可能没有现成的应用程序可用。

这就是编程的用武之地。编程是构建程序的行为，而程序是一组告诉计算机该做什么的精确指令。因为计算机是头脑简单、死板的，编程基本上是单调乏味和令人沮丧的。

幸运的是，如果你能克服这些，甚至可能享受愚笨的机器可以处理的严谨思维，那么编程可以带来丰厚的回报。它允许你在几秒钟内完成手工永远无法完成的操作。这是一种让你的计算机工具做以前无法做的事情的方法。它提供了抽象思维的精彩练习。

大多数编程活动都是用编程语言完成的。编程语言是用于指导计算机的人造语言。有趣的是，我们发现与计算机通信的最有效方式是从人类彼此通信的方式中借鉴大量的内容。与人类语言一样，计算机语言允许以新的方式组合单词和短语，从而可以表达新的概念。

基于语言的界面，例如 20 世纪 80 年代和 90 年代的 BASIC 和 DOS 提示符，在某种程度上曾经是与计算机交互的主要方法。它们在很大程度上被图形界面取代，图形界面更容易学习，但提供的自由度更低。如果你知道计算机语言的藏身之处，就仍然可以把它们用起来。每种现代 Web 浏览器都内置了一种这样的语言——JavaScript，因此它几乎可以在每台设备上使用。

本书将努力让你熟悉这种语言，以便用它来做有用和有趣的事情。

关于编程

除了解释 JavaScript 之外，我还将介绍编程的基本原理。事实证明，编程很难。基本规则简单明了，但基于这些规则构建的程序往往变得非常复杂，从而无法说明其规则和复杂性。编程在某种程度上构建了自己的迷宫，你可能会迷失在里面。

有时读这本书会让人非常沮丧。如果你不熟悉编程，那么会有很多新内容需要消化。其次，大部分时候都需要你具备其他相关知识才能理解这些内容的组合。

你需要付出必要的努力。当你努力学习这本书时，不要对自己的能力有任何怀疑。你很优秀——只需要坚持下去。休息一下，重读一些章节，并确保阅读并理解示例程序和练习。学习是一项艰苦的工作，但你学到的一切都属于自己，并且会使后续的学习变得更容易。

> 当行动变得无利可图时，收集信息；
> 当信息变得无利可图时，睡觉。
> ——Ursula K. Le Guin,《黑暗的左手》

程序这个词有多重含义。它是由程序员键入的一段文本，是使计算机完成任务的指挥力量，它也是计算机内存中的数据，它还控制在同一内存上执行的操作。将程序与我们熟悉的对象进行类比往往不尽如人意。有一种表面上比较恰当的比喻，即把程序视作包含许多零件的机器，为了使整台机器正常运转，我们必须考虑如何将这些零件相互连接起来，并实现整体的运转。

计算机是一台承载这些无形机器的物理机器。计算机本身只能做简单直接的事情。它们如此有用的原因是它们做这些事情的速度极快。程序可以巧妙地结合大量简单的动作来完成非常复杂的事情。

程序是思想的结晶。构造它不需要成本，它也没有重量，通过打字我们很容易把它创造出来。

但是，如果不加注意，程序的大小和复杂性将会失去控制，甚至会使构造它的人无法理解。保持程序受控是编程中需要考虑的主要问题。当一个程序正常工作时，它是优美的。编程艺术是控制复杂性的技能。出色的程序都是简明的，它们的复杂性都不太高。

一些程序员认为管理这种复杂性的最好办法是只在程序中使用一小部分易于理解的技术。他们制定了严格的规则（"最佳实践"）来规定程序应该具有的形式，并小心地把它们限定在很小的安全范围内。

这不仅无聊，而且效果不佳。新问题通常需要新的解决方案。编程的历史不长，并且仍在迅速发展，而且它的变化足以为不同的方法提供空间。在程序设计中有很多可怕的错误，应该继续大胆犯错以加深你的理解。编写好程序的感觉是在编程实践中培养起来的，而不是从一系列规则中学到的。

为什么语言很重要

在计算机诞生之初,没有编程语言。程序看起来像是这样的:

```
00110001 00000000 00000000
00110001 00000001 00000001
00110011 00000001 00000010
01010001 00001011 00000010
00100010 00000010 00001000
01000011 00000001 00000000
01000001 00000001 00000001
00010000 00000010 00000000
01100010 00000000 00000000
```

这是一个将数字从 1 到 10 加在一起并打印出结果的程序:1 + 2 + ⋯ + 10 = 55。它可以运行在一台简单的虚拟机器上。要对早期的计算机进行编程,必须在正确的位置设置大型开关阵列,或者在纸带上打孔并将它们送入计算机。你可以想象编写这种程序是多么乏味和容易出错。即使编写简单的程序也需要很多聪明才智和规则。编写复杂的程序几乎是不可思议的。

当然,手动输入这些神秘的二进制位(1 和 0)模式确实给程序员一种强烈的成就感,仿佛自己成了魔法师。在工作满意度方面,这一定非常令人满足。

先前程序的每一行都包含一条指令。它可以用如下中文表达:

(1)将数字 0 存储在内存位置 0 中。

(2)将数字 1 存储在内存位置 1 中。

(3)将内存位置 1 的值存储在内存位置 2 中。

(4)从内存位置 2 的值中减去数字 11。

(5)如果内存位置 2 的值为数字 0,则继续执行指令 9。

(6)将内存位置 1 的值添加到内存位置 0。

(7)将数字 1 添加到内存位置 1 的值中。

(8)继续执行指令 3。

(9)输出内存位置 0 的值。

虽然这已经比一堆二进制位的可读性更好,但它仍然相当难懂。用名称代替数字来指代指令和内存位置会有所改善。

```
Set "total" to 0.
Set "count" to 1.
[loop]
Set "compare" to "count".
Subtract 11 from "compare".
If "compare" is zero, continue at [end].
```

```
 Add "count" to "total".
 Add 1 to "count".
 Continue at [loop].
[end]
 Output "total".
```

你能看出这个程序是如何运作的吗？前两行为两个内存位置提供了它们的起始值：total 将用于构建计算结果，count 将跟踪我们当前正在查看的数字。使用 compare 的行可能是最奇怪的。此程序想要查看 count 是否等于 11 来决定它是否可以停止运行。因为我们的虚拟机器相当原始，它只能测试一个数字是否为零并据此做出决定。因此，它使用标记为 compare 的内存位置来计算 count − 11 的值，并根据此值来做决策。接下来的两行将 count 的值添加到结果中，并且每当程序确定 count 不是 11 时，把 count 增加 1。

下面是 JavaScript 中的相同程序：

```
let total = 0, count = 1;
while (count <= 10) {
  total += count;
  count += 1;
}
console.log(total);
// → 55
```

这个版本为我们提供了一些改进。最重要的是，没有必要再次指定程序来回跳转的方式。while 结构负责这一点。只要它给出的条件成立，它将继续执行它下面的代码块（用括号括起来的部分）。条件是 count <= 10，这意味着 "count 小于或等于 10"。我们不再需要创建临时值并将其与零进行比较，这只是一个无趣的细节。编程语言的部分功能就在于可以为我们处理无趣的细节。

在程序结束处，在 while 结构完成之后，console.log 操作用于写出结果。

最后，如果我们正好有方便的 range 和 sum 操作可用，可以分别创建一个范围内的数字集合并计算数字集合的总和，例如下面的这个程序：

```
console.log(sum(range(1, 10)));
// → 55
```

这个故事的寓意是，同一个程序的表达方式可长可短，可读性有好有坏。程序的第一个版本非常晦涩难懂，而最后一个版本几乎是一句直白的话：记录（log）从 1 到 10 的数字范围（range）内的总和（sum）。（我们将在后面的章节中看到如何定义像 sum 和 range 这样的操作。）

一种好的编程语言可以帮助程序员讨论计算机必须在更高级别执行的操作。它有助于省略细节，提供方便的构件（例如 while 和 console.log），允许你定义自己的构件（例如 sum 和 range），并使这些构件易于组合。

什么是 JavaScript

JavaScript 于 1995 年面世，它是在 Netscape Navigator 浏览器中向网页添加程序的一种方式。所有其他主要的图形 Web 浏览器都已采用了此语言。它使现代 Web 应用程序成为可能——你可以直接与这种应用程序交互，而不必为每个动作重新加载页面。JavaScript 也用于更传统的网站，以提供各种形式的交互性和智能。

值得注意的是，JavaScript 与名为 Java 的编程语言几乎无关。采用相似名称是出自营销考虑，而不是合理的判断。当 JavaScript 出现时，Java 语言正在大规模推广并且越来越受欢迎。有人认为尝试搭乘这一成功语言的顺风车是一个好主意。现在我们已经无法摆脱这个名字了。

JavaScript 语言在 Netscape 之外得到采用之后，人们编写了一个标准文档来描述它的工作方式，以便声称支持 JavaScript 的各种软件实际上都在讨论同一种语言。这被称为 ECMAScript 标准，得名于标准化它的 ECMA 国际组织。在实践中，ECMAScript 和 JavaScript 这两个术语可以互换使用，它们是同一种语言的两个名称。

有人会说 JavaScript 有许多糟糕之处。其中很多都是确实存在的。当我第一次被要求用 JavaScript 编写程序时，我很快就开始鄙视它了。它几乎可以接受我输入的任何代码，但它解释这个代码的方式却与我的原意完全不同。这与我当时没有弄清楚"我在做什么"有很大关系，但这里有一个真正的问题：JavaScript 在它允许的内容上过于自由。这种设计背后的初衷是，它将使初学者更容易使用 JavaScript 进行编程。实际上，因为系统不会向你指出问题，所以更难以在程序中发现问题。

不过，这种灵活性也有其优点。它为许多技术留下了空间，这些技术在更严格的语言中是不可能实现的，正如你将看到的（例如在第 10 章中），它的灵活性可以用来克服一些 JavaScript 的缺点。在正确学习 JavaScript 语言并花一段时间使用它后，我真的变得喜欢它了。

JavaScript 有好几个版本。ECMAScript 第 3 版是 JavaScript 在 2000 年到 2010 年逐渐占据主导地位时得到广泛支持的版本。在此期间，ECMA 正在雄心勃勃地开发第 4 版，此版本计划对该语言进行一些彻底的改进和扩展。以这种激进的方式改变一种活生生的、广泛使用的语言，在现实中非常困难，所以 ECMA 在 2008 年放弃开发第 4 版，这导致改动远不那么激进的第 5 版。第 5 版于 2009 年发布，只进行了一些无争议的改进。然后在 2015 年发布了第 6 版，这是一个重大更新，其中包括原计划加到第 4 版中的一些想法。从那时起，我们每年都有新的小更新。

语言不断发展这一事实意味着浏览器必须不断跟进，如果你使用的是较旧的浏览器，则可能无法支持所有功能。语言设计人员谨慎地不做任何可能破坏现有程序的更改，因此新浏览器仍然可以运行旧程序。在本书中，我使用的是 2017 版 JavaScript。

Web 浏览器不是唯一使用 JavaScript 的平台。一些数据库（如 MongoDB 和 CouchDB）也使用 JavaScript 作为脚本和查询语言。用于桌面和服务器编程的几个平台为在浏览器之外编写 JavaScript 提供了环境，其中最值得注意的是 Node.js 项目（详见第 20 章）。

代码以及对它的处理方式

代码是组成程序的文本。本书中的大多数章节都包含很多代码。我相信阅读代码和编写代码是学习编程不可或缺的部分。不要只是粗略浏览一下这些例子，务必仔细阅读并理解它们。这么做起初可能很慢而且费脑子，但我保证你会很快掌握它。习题也是如此。在你真正编写出有效的解决方案之前，不要认为已经明白了它们。

我建议你尝试使用实际的 JavaScript 解释器来检查习题答案。利用这种方式，你可以立即获得你的代码是否有效的反馈，并且，我希望你会尝试进行实验，并且不只限于这些习题。

运行本书中的示例代码并进行实验的最简单方法是在 https://eloquentjavascript.net 上的本书在线版本中查找。在那里，你可以单击任何代码示例来编辑和运行它，并查看它产生的输出。要进行练习，请访问 https://eloquentjavascript.net/code，它为每个编码习题都提供启动代码，并允许你查看解决方案。

如果你想在本书的网站之外运行书中定义的程序，则需要注意一些事项。许多示例都独立存在，应该适用于任何 JavaScript 环境。但是后面章节中的代码通常是针对特定环境（浏览器或 Node.js）编写的，并且只能在那种环境中运行。此外，许多章节定义了规模更大的程序，出现在它们中的代码片段彼此依赖或依赖于外部文件。网站上的沙盒提供了 Zip 文件的链接，其中包含运行给定章节代码所需的所有脚本和数据文件。⊖

本书概述

本书包含三个部分。前十二章讨论了 JavaScript 语言。接下来的七章介绍 Web 浏览器以及 JavaScript 用于浏览器编程的方式。最后，用两章专门介绍 Node.js，这是另一种用于编写 JavaScript 的环境。

在整本书中，有五个项目实战章节，它们描述了大型的示例程序，让你体验实际的编程。按照出现顺序，我们将建立一个投递机器人、一种编程语言、一个平台游戏、一个像素绘图程序和一个动态网站。

本书语言部分的前四章介绍 JavaScript 语言的基本结构。它们引入了控制结构（如

⊖ 本书源代码仓库在 http://www.github.com/marijnh/Eloquent-JavaScript。书中的示例代码也可到华章网站（www.hzbook.com）下载。——译者注

while)、函数（编写自己的构件）和数据结构。在这之后，你将能够编写基本的程序。接下来，第 5 章和第 6 章介绍了使用函数和对象技术编写更抽象的代码并控制复杂性。

在第一个项目实战章节之后，本书的语言部分继续介绍错误处理和错误修复、正则表达式（用于处理文本的重要工具）、模块化（针对复杂性的另一种防御）和异步编程（处理花时间的事件）等内容。第二个项目实战章节总结了本书的第一部分。

第二部分为第 13 ~ 19 章，描述了浏览器 JavaScript 可以访问的工具。你将学会在屏幕上显示内容（第 14 章和第 17 章）、回应用户输入（第 15 章），以及通过网络进行通信（第 18 章）。本部分也包括两个项目实战章节。

第三部分为第 20 ~ 22 章。第 20 章描述了 Node.js，第 21 章使用此工具构建了一个小型网站。最后，第 22 章描述了在优化 JavaScript 程序以提高速度时需要注意的一些事项。

印刷约定

在本书中，用等宽（monospaced）字体书写的文本将代表程序的组成元素——有时它们是自给自足的片段，有时它们只是指附近程序的一部分。程序编写如下：

```
function factorial(n) {
  if (n == 0) {
    return 1;
  } else {
    return factorial(n - 1) * n;
  }
}
```

有时，为了显示程序产生的输出，会在程序代码之后写出预期的输出，用前面的两个斜杠和一个箭头来标识。

```
console.log(factorial(8));
// → 40320
```

祝你好运！

目　录 *Contents*

本书赞誉

译者序

前言

第一部分　语言

第1章　值、类型和运算符 ················ 2

1.1　值 ·· 2

1.2　数字 ·· 3

  1.2.1　算术 ······························ 4

  1.2.2　特殊数字 ······················ 4

1.3　字符串 ······································· 4

1.4　一元运算符 ································· 6

1.5　布尔值 ······································· 6

  1.5.1　比较 ······························ 6

  1.5.2　逻辑运算符 ··················· 7

1.6　空值 ·· 8

1.7　自动类型转换 ····························· 8

1.8　小结 ·· 10

第2章　程序结构 ·························· 11

2.1　表达式和语句 ····························· 11

2.2　绑定 ·· 12

2.3　绑定名称 ···································· 13

2.4　环境 ·· 13

2.5　函数 ·· 14

2.6　console.log 函数 ························ 14

2.7　返回值 ······································· 15

2.8　控制流 ······································· 15

2.9　条件执行 ···································· 15

2.10　while 和 do 循环 ····················· 17

2.11　缩进代码 ·································· 18

2.12　for 循环 ·································· 19

2.13　跳出循环 ·································· 19

2.14　简洁地更新绑定 ······················ 20

2.15　使用 switch 调度值 ················· 20

2.16　首字母大写 ······························ 21

2.17　注释 ··· 22

2.18　小结 ··· 22

2.19　习题 ··· 22

第3章　函数 ································ 24

3.1　定义一个函数 ····························· 24

3.2　绑定和作用域 ····························· 25

3.3 作为值的函数 …………………… 27

3.4 声明表示法 ……………………… 27

3.5 箭头函数 ………………………… 28

3.6 调用栈 …………………………… 28

3.7 可选参数 ………………………… 29

3.8 闭包 ……………………………… 30

3.9 递归 ……………………………… 31

3.10 函数的增长方式 ………………… 34

3.11 函数和副作用 …………………… 36

3.12 小结 ……………………………… 36

3.13 习题 ……………………………… 37

第4章　数据结构：对象和数组 ……… 38

4.1 松鼠人 …………………………… 38

4.2 数据集 …………………………… 39

4.3 属性 ……………………………… 39

4.4 方法 ……………………………… 40

4.5 对象 ……………………………… 41

4.6 可变性 …………………………… 43

4.7 松鼠人的日志 …………………… 44

4.8 计算相关性 ……………………… 45

4.9 数组循环 ………………………… 46

4.10 最终分析 ………………………… 47

4.11 其他数组方法 …………………… 48

4.12 字符串及其属性 ………………… 50

4.13 剩余参数 ………………………… 51

4.14 Math 对象 ……………………… 52

4.15 解构 ……………………………… 53

4.16 JSON ……………………………… 54

4.17 小结 ……………………………… 54

4.18 习题 ……………………………… 55

第5章　高阶函数 ……………………… 57

5.1 抽象化 …………………………… 58

5.2 提取重复的内容 ………………… 58

5.3 高阶函数 ………………………… 59

5.4 语言字符集数据集 ……………… 60

5.5 过滤数组 ………………………… 61

5.6 用 map 转换 ……………………… 62

5.7 用 reduce 汇总 …………………… 62

5.8 组合性 …………………………… 63

5.9 字符串和字符代码 ……………… 64

5.10 文本识别 ………………………… 66

5.11 小结 ……………………………… 67

5.12 习题 ……………………………… 67

第6章　对象的秘密 …………………… 69

6.1 封装 ……………………………… 69

6.2 方法 ……………………………… 70

6.3 原型 ……………………………… 71

6.4 类 ………………………………… 72

6.5 类表示法 ………………………… 73

6.6 覆盖派生属性 …………………… 74

6.7 映射 ……………………………… 75

6.8 多态性 …………………………… 76

6.9 符号 ……………………………… 76

6.10 迭代器接口 ……………………… 78

6.11 读取器、设置器和静态 ………… 79

6.12 继承 ……………………………… 81

6.13 instanceof 运算符 ……………… 82

6.14 小结 ……………………………… 82

6.15 习题 ……………………………… 83

第 7 章　项目：机器人 ················ 85

7.1　村庄 Meadowfield ············ 85

7.2　任务 ······················ 86

7.3　持久化数据 ················ 88

7.4　模拟 ······················ 89

7.5　邮车的路线 ················ 90

7.6　寻找路线 ·················· 91

7.7　习题 ······················ 92

第 8 章　缺陷和错误 ············ 94

8.1　语言 ······················ 94

8.2　严格模式 ·················· 95

8.3　类型 ······················ 96

8.4　测试 ······················ 96

8.5　调试 ······················ 97

8.6　错误传播 ·················· 98

8.7　异常 ······················ 99

8.8　异常后清理 ················ 100

8.9　选择性捕获 ················ 102

8.10　断言 ····················· 103

8.11　小结 ····················· 104

8.12　习题 ····················· 104

第 9 章　正则表达式 ············ 106

9.1　创建正则表达式 ············ 106

9.2　匹配测试 ·················· 107

9.3　字符集 ···················· 107

9.4　模式的重复部分 ············ 108

9.5　对子表达式分组 ············ 109

9.6　匹配和组 ·················· 109

9.7　Date 类 ··················· 110

9.8　单词和字符串边界 ·········· 111

9.9　选择模式 ·················· 112

9.10　匹配机制 ················· 112

9.11　回溯 ····················· 113

9.12　replace 方法 ·············· 114

9.13　贪心 ····················· 116

9.14　动态创建 RegExp 对象 ······ 117

9.15　search 方法 ··············· 117

9.16　lastIndex 属性 ············ 118

9.17　解析 INI 文件 ············· 119

9.18　国际字符 ················· 121

9.19　小结 ····················· 122

9.20　习题 ····················· 123

第 10 章　模块 ················· 124

10.1　模块作为构件 ············· 124

10.2　包 ······················ 125

10.3　简易模块 ················· 126

10.4　将数据作为代码执行 ········ 127

10.5　CommonJS ················ 127

10.6　ECMAScript 模块 ·········· 129

10.7　构建和捆绑 ··············· 130

10.8　模块设计 ················· 131

10.9　小结 ····················· 132

10.10　习题 ···················· 133

第 11 章　异步编程 ············· 134

11.1　异步 ····················· 134

11.2　乌鸦技术 ················· 135

11.3　回调 ····················· 136

11.4　promise ·················· 138

11.5 失败 ……………………… 139

11.6 构建网络很困难 ………… 140

11.7 promise 集合 …………… 142

11.8 网络泛洪 ………………… 142

11.9 消息路由 ………………… 143

11.10 异步函数 ……………… 145

11.11 生成器 ………………… 147

11.12 事件循环 ……………… 148

11.13 异步 bug ……………… 149

11.14 小结 …………………… 150

11.15 习题 …………………… 150

第 12 章 项目：编程语言 ……… 152

12.1 解析 ……………………… 152

12.2 求解器 …………………… 156

12.3 特殊形式 ………………… 157

12.4 环境 ……………………… 158

12.5 函数 ……………………… 159

12.6 编译 ……………………… 160

12.7 作弊 ……………………… 161

12.8 习题 ……………………… 161

第二部分 浏览器

第 13 章 浏览器中的 JavaScript …… 164

13.1 网络和互联网 …………… 164

13.2 Web ……………………… 165

13.3 HTML …………………… 166

13.4 HTML 和 JavaScript …… 168

13.5 沙盒 ……………………… 168

13.6 兼容性和浏览器大战 ……… 169

第 14 章 文档对象模型 ……… 170

14.1 文档结构 ………………… 170

14.2 树 ………………………… 171

14.3 标准 ……………………… 172

14.4 通过树结构 ……………… 173

14.5 寻找元素 ………………… 174

14.6 更改文档 ………………… 175

14.7 创建节点 ………………… 175

14.8 属性 ……………………… 177

14.9 布局 ……………………… 177

14.10 样式 …………………… 179

14.11 层叠样式 ……………… 180

14.12 查询选择器 …………… 181

14.13 定位和动画 …………… 182

14.14 小结 …………………… 184

14.15 习题 …………………… 184

第 15 章 处理事件 …………… 186

15.1 事件处理程序 …………… 186

15.2 事件和 DOM 节点 ……… 187

15.3 事件对象 ………………… 188

15.4 传播 ……………………… 188

15.5 默认操作 ………………… 189

15.6 按键事件 ………………… 190

15.7 指针事件 ………………… 191

15.7.1 鼠标点击 …………… 191

15.7.2 鼠标移动 …………… 192

15.7.3 触摸事件 …………… 193

15.8 滚动事件 ………………… 194

15.9 焦点事件 ………………… 195

15.10 加载事件 ……………… 196

15.11 事件和事件循环 ·············· 196

15.12 计时器 ····················· 197

15.13 限频 ······················· 198

15.14 小结 ······················· 199

15.15 习题 ······················· 199

第16章 项目：平台游戏 ·········· 201

16.1 游戏 ······················· 201

16.2 技术 ······················· 202

16.3 关卡 ······················· 202

16.4 读取关卡 ··················· 203

16.5 演员 ······················· 204

16.6 封装是一种负担 ············ 207

16.7 绘图 ······················· 207

16.8 动作和碰撞 ················· 211

16.9 演员的更新 ················· 214

16.10 跟踪按键 ·················· 215

16.11 运行游戏 ·················· 216

16.12 习题 ······················ 218

第17章 在画布上绘图 ············ 219

17.1 SVG ························ 219

17.2 画布元素 ··················· 220

17.3 线和面 ····················· 221

17.4 路径 ······················· 222

17.5 曲线 ······················· 223

17.6 绘制饼图 ··················· 225

17.7 文本 ······················· 226

17.8 图片 ······················· 227

17.9 转换 ······················· 228

17.10 存储和清除转换 ··········· 230

17.11 回到游戏 ·················· 231

17.12 选择图形界面 ············· 236

17.13 小结 ······················ 236

17.14 习题 ······················ 237

第18章 HTTP和表单 ············· 239

18.1 协议 ······················· 239

18.2 浏览器和HTTP ············· 241

18.3 fetch ······················· 242

18.4 HTTP沙盒 ·················· 243

18.5 欣赏HTTP ·················· 243

18.6 安全性和HTTPS ············ 244

18.7 表单域 ····················· 244

18.8 焦点 ······················· 246

18.9 禁用域 ····················· 247

18.10 表单整体 ·················· 247

18.11 文本域 ···················· 248

18.12 复选框和单选按钮 ········· 249

18.13 选择域 ···················· 250

18.14 文件域 ···················· 251

18.15 在客户端存储数据 ········· 252

18.16 小结 ······················ 254

18.17 习题 ······················ 255

第19章 项目：像素绘图程序 ······ 257

19.1 组件 ······················· 257

19.2 状态 ······················· 259

19.3 DOM的建立 ················ 260

19.4 画布 ······················· 261

19.5 应用程序 ··················· 263

19.6 绘图工具 ··················· 264

19.7　保存和加载 ················ 267

19.8　撤销历史记录 ·············· 269

19.9　让我们画吧 ················ 270

19.10　为什么这么难 ············· 271

19.11　习题 ·················· 271

第三部分　Node

第 20 章　Node.js ············· 276

20.1　背景 ··················· 276

20.2　node 命令 ················ 277

20.3　模块 ··················· 277

20.4　使用 NPM 安装 ············· 278

　20.4.1　包文件 ··············· 279

　20.4.2　版本 ················ 279

20.5　文件系统模块 ·············· 280

20.6　HTTP 模块 ················ 281

20.7　流 ···················· 283

20.8　文件服务器 ··············· 284

20.9　小结 ··················· 288

20.10　习题 ·················· 289

第 21 章　项目：技能分享网站 ········ 290

21.1　设计 ··················· 290

21.2　长轮询 ·················· 291

21.3　HTTP 接口 ················ 292

21.4　服务器 ·················· 293

　21.4.1　路由器 ··············· 293

　21.4.2　提供文件服务 ··········· 294

　21.4.3　作为资源的讨论 ·········· 295

　21.4.4　长轮询支持 ············ 297

21.5　客户端 ·················· 299

　21.5.1　HTML ················ 299

　21.5.2　操作 ················ 299

　21.5.3　展现组件 ············· 301

　21.5.4　轮询 ················ 302

　21.5.5　应用程序 ············· 303

21.6　习题 ··················· 304

第 22 章　JavaScript 性能 ········ 305

22.1　分阶段编译 ··············· 305

22.2　图的布局 ················ 306

22.3　定义图 ·················· 307

22.4　力导向布局 ··············· 308

22.5　避免工作 ················ 310

22.6　分析器 ·················· 312

22.7　函数内联 ················ 313

22.8　减少垃圾 ················ 314

22.9　垃圾收集 ················ 314

22.10　动态类型 ··············· 315

22.11　小结 ·················· 316

22.12　习题 ·················· 317

附录　部分习题解答提示 ·········· 318

第一部分 *Part 1*

语　言

- 第 1 章　值、类型和运算符
- 第 2 章　程序结构
- 第 3 章　函数
- 第 4 章　数据结构：对象和数组
- 第 5 章　高阶函数
- 第 6 章　对象的秘密
- 第 7 章　项目：机器人
- 第 8 章　缺陷和错误
- 第 9 章　正则表达式
- 第 10 章　模块
- 第 11 章　异步编程
- 第 12 章　项目：编程语言

值、类型和运算符

在计算机世界里面，只有数据。你可以读取数据、修改数据、创建新数据——但不能提及非数据。所有这些数据都存储为一串长的比特序列，因此基本相同。

比特（二进制位）是任何一种二值化的东西，通常被描述为 0 和 1。在计算机内部，它们采取诸如高或低电荷、强或弱信号、光盘表面上的亮点或暗点等形式。任何一条离散信息都可以简化为 0 和 1 的序列，从而以比特表示。

例如，我们可以用二进制位表示数字 13。它的工作方式与十进制数相同，但不是有 10 个不同的数码，而是只有 2 个不同的数码，每个二进制位的权重从右到左依次增加 2 倍。以下是构成数字 13 的二进制位，其下方显示的为数字权重：

```
  0   0   0   0   1   1   0   1
128  64  32  16   8   4   2   1
```

所以这是二进制数 00001101。它的非零数码分别代表 8、4 和 1，加在一起是 13。

1.1 值

想象一下比特海——由比特组成的海洋。典型的现代计算机在其易失性数据存储（工作内存）中具有超过 300 亿比特。非易失性存储（硬盘或同等产品）往往还要高几个数量级。

为了能够使用这么多的位而不会丢失，我们必须将它们分成代表信息片段的块。在 JavaScript 环境中，这些块称为值。虽然所有的值都是由二进制位组成的，但它们扮演着不同的角色。每个值都有一个确定其角色的类型。有些值是数字，有些值是文本，有些值是函数，等等。

要创建值，你只需调用（invoke）其名称即可。这很方便。你无须为你的值收集原料或为其付费。你只需要呼叫一个值，就能拥有它。当然，它们并非是真的凭空创造出来的。每个值都必须存储在某个地方，如果你想同时使用大量的值，则可能会耗尽内存。幸运的是，只有当你同时需要它们时，这才是个问题。一旦你不再使用一个值，它就会消失，留下它的比特循环利用充当下一代值的原料。

本章介绍 JavaScript 程序的原子元素，即简单的值类型和可以对这些值起作用的运算符。

1.2　数字

不出所料，数字类型的值是数值。在 JavaScript 程序中，它们用如下格式编写：

13

在程序中使用它，将使得计算机内存中存在数字 13 的二进制位模式。

JavaScript 使用固定长度的二进制位（64 位）来存储单个数值。使用 64 位可以做出的模式只有那么多，这意味着它可以表示的不同数字的数量是有限的。使用 N 个十进制数字，你可以表示 10^N 个数字。同样，给定 64 个二进制数字，你可以表示 2^{64} 个不同的数字，大约是 18 百亿亿（18 之后有 18 个零）。

过去的计算机存储器比现在小得多，人们倾向于使用 8 个或 16 个二进制位的组来表示它们的数字。这么小的数字很容易意外地溢出——最终得到一个在给定位数中放不下的数字。如今即使是口袋电脑也有足够的内存，所以你可以自由使用 64 位块，而你只有在处理真正的天文数字时才需要担心溢出。

但是，并非所有小于 18 百亿亿的数字都适合用 JavaScript 编码。由于这些二进制位也存储负数，因此要用一个二进制位表示数字的符号。更大的问题是还必须表示非整数。为此，还要用一些位来存储小数点位置。实际可以存储的最大整数更多的是在 9 千万亿（9 后面 15 个零）的范围内——这仍然是非常大的。

小数是用带小数点的数来表示的。

9.81

对于非常大或非常小的数字，你也可以使用科学记数法，通过添加 e（表示指数），后面跟着整数的指数来实现。

2.998e8

即 $2.998 \times 10^8 = 299\ 800\ 000$。

计算小于上述 9 千万亿的整数（也称为整型数）可以保证始终精确。遗憾的是，带小数的计算通常不精确。正如 π（pi）不能用有限数量的十进制数精确表示一样，当只有 64 位可用于存储它们时，许多数字会丢失一些精度。这是一种耻辱，但只有在特定情况下才会引起实际问题。重要的是要注意这件事并将小数数字视为近似值，而不是精确值。

1.2.1 算术

与数字有关的主要是算术。加法或乘法等算术运算需要两个数值，并从中产生一个新数值。这是它们在 JavaScript 中的样子：

```
100 + 4 * 11
```

+ 和 * 符号称为运算符。第一个代表加法，第二个代表乘法。将运算符放在两个值之间将对这些值进行运算并生成新值。

但这个例子的意思是"把 4 和 100 相加，然后将结果乘以 11"，还是在加法之前完成乘法呢？正如你可能已经猜到的那样，乘法首先执行。但是在数学中，你可以通过把加法包含在括号中来改变这一点。

```
(100 + 4) * 11
```

对于减法，有 - 运算符，还可以使用 / 运算符进行除法。

当多个运算符一起出现而没有括号时，它们的运算顺序取决于运算符的优先级。本例显示乘法在加法之前执行。运算符 / 与 * 具有相同的优先级。+ 和 - 也有相同的优先级。当具有相同优先级的多个运算符彼此相邻时，应从左到右运算，如在 1 - 2 + 1 中，运算顺序是 (1 - 2) + 1。

不需要担心记不住这些优先规则。如果你不确定，添加括号即可。

还有一个算术运算符，你可能无法立即认出来。% 符号用于表示取余数操作。X%Y 是取 X 除以 Y 的余数。例如，314%100 得到 14，144%12 得到 0。余数运算符的优先级与乘法和除法的优先级相同。还经常会将此运算符称为取模运算符。

1.2.2 特殊数字

JavaScript 中有三个特殊值，它们被视为数字，但其行为不像普通数字那样。

前两个是 Infinity 和 -Infinity，代表正无穷大和负无穷大。Infinity - 1 仍然是 Infinity，等等。但是，不要过分信任基于无穷大的计算。它不是像数学上的那样，它会很快导致下一个特殊值：NaN。

NaN 代表"不是数字"，即使它是数字类型的值。例如，当你尝试计算 0/0（零除以零）、Infinity - Infinity 或任何其他不产生有意义结果的数字运算时，你都会得到这个结果。

1.3 字符串

下一个基本数据类型是字符串。字符串用于表示文本。它们是通过将其内容括在引号中来编写的。

```
`Down on the sea`
"Lie on the ocean"
'Float on the ocean'
```

只要字符串的开头和结尾处的引号匹配，你就可以使用单引号、双引号或反引号来标记字符串。

几乎任何东西都可以放在引号之间，JavaScript 会从中产生一个字符串值。但是一些字符更难处理。你可以想象在引号之间加入引号会很难。只有当字符串用反引号（`）引用时，才能包含换行符（当你按下 ENTER 时得到的字符）而不转义。

为了能够在字符串中包含这些字符，使用以下表示法：每当在引用文本中找到反斜杠（\）时，它表示后面的字符具有特殊含义。这称为转义字符。以反斜杠开头的引号不会结束某个字符串，而是作为字符串的一部分。在反斜杠后出现字符 n 时，它将被解释为换行符。类似地，反斜杠后面的 t 表示制表符。使用以下字符串：

```
"This is the first line\nAnd this is the second"
```

包含的实际文本是：

```
This is the first line
And this is the second
```

当然，在某种情况下，你希望字符串中的反斜杠只是反斜杠，而不是特殊代码。如果两个反斜杠紧挨着，它们将一起折叠，并且在结果字符串值中只有一个反斜杠。因此，字符串 "A newline character is written like "\n"." 可以表达成如下形式：

```
"A newline character is written like \"\\n\"."
```

字符串也必须被表示为一系列位，以便能够存在于计算机内部。JavaScript 执行此操作的方式基于 Unicode 标准。该标准几乎为你需要的每个字符都分配一个数字，包括希腊语、阿拉伯语、日语、阿尔曼语等语言中的字符。如果我们为每个字符都分配一个数字，则可以用一系列数字来描述字符串。

这就是 JavaScript 处理字符串的方式。但是有一个复杂因素：JavaScript 的表示法中每个字符串元素使用 16 位，最多可以描述 2^{16} 个不同的字符。但是 Unicode 定义的字符数量多于此数量——大约是此数量的两倍。因此，一些字符，如许多表情符号，最多采取 JavaScript 字符串中的两个"字符位置"。我们将在 5.9 节中详细讨论此问题。

不能对字符串执行减法、乘法或除法，但可以在它们上使用 + 运算符。它不表示相加，而表示拼接——它将两个字符串黏合在一起。以下行将生成字符串"concatenate"：

```
"con" + "cat" + "e" + "nate"
```

字符串值具有许多可对其执行其他操作的关联函数（方法）。我将在 4.4 节中详细介绍这些内容。

用单引号或双引号写的字符串表现非常相似——唯一的区别在于你需要在其中转义哪种类型的引号。反引号引用的字符串，通常称为模板文字（template literals），可以做更多的技巧。除了能够跨行，它们还可以嵌入其他值。

```
`half of 100 is ${100 / 2}`
```

当你在模板文字中的 ${} 内写一些东西时，它的结果将被计算出来，转换为字符串，并放在此位置。此示例得到 half of 100 is 50。

1.4　一元运算符

并非所有运算符都是符号。有些运算符是用英文字母写的。一个例子是 typeof 运算符，它生成一个字符串值，得出你给它的值的类型名。

```
console.log(typeof 4.5)
// → number
console.log(typeof "x")
// → string
```

我们将在示例代码中使用 console.log 来表明我们想要查看计算内容的结果。关于它的更多内容请见下一章。

前面显示的其他运算符都在两个值上执行，但 typeof 只在一个值上执行。使用两个值的运算符称为二元运算符，而使用一个值的运算符称为一元运算符。减号运算符既可以用作二元运算符，也可以用作一元运算符。

```
console.log(- (10 - 2))
// → -8
```

1.5　布尔值

拥有一个仅区分两种可能性的值通常很有用，例如"是"和"否"或"打开"和"关闭"。为此，JavaScript 具有一个布尔类型，它只有 true 和 false 这两个可能的值，它们都被写为英语单词。

1.5.1　比较

以下是生成布尔值的一种方法：

```
console.log(3 > 2)
// → true
console.log(3 < 2)
// → false
```

> 和 < 符号分别是"大于"和"小于"的传统符号。它们是二元运算符。应用它们会得

到一个布尔值，表示在这种情况下它们是否成立。

字符串可以用相同的方式进行比较。

```
console.log("Aardvark" < "Zoroaster")
// → true
```

对字符串排序的方式大致是字母顺序，但不是你所想的在字典中看到的顺序：大写字母总是"小于"小写字母，所以 "Z" < "a"，而且非字母字符（!、-，等等）也包括在排序规则中。比较字符串时，JavaScript 从左到右遍历字符，逐个比较它们的 Unicode 代码。

其他类似的运算符是 >=（大于或等于），<=（小于或等于），==（等于）和 !=（不等于）。

```
console.log("Itchy" != "Scratchy")
// → true
console.log("Apple" == "Orange")
// → false
```

JavaScript 中只有一个值不等于它自己，它就是 NaN（"不是数字"）。

```
console.log(NaN == NaN)
// → false
```

NaN 应该表示无意义计算的结果，因此，它不等于任何其他无意义计算的结果。

1.5.2　逻辑运算符

还有一些操作可以应用于布尔值本身。JavaScript 支持三个逻辑运算符：与、或、否。这些运算符可以用来"推理"布尔值。

&& 运算符表示逻辑与。它是一个二元运算符，只有当给定的值都为真时，结果才为真。

```
console.log(true && false)
// → false
console.log(true && true)
// → true
```

|| 运算符表示逻辑或。如果给定的任何一个值为真，则结果为真。

```
console.log(false || true)
// → true
console.log(false || false)
// → false
```

逻辑否是用感叹号表示的（!）。它是一个一元运算符，可以对传给它的值取反，!true 产生 false，而 !false 得出 true。

将这些布尔运算符与算术运算符和其他运算符混合时，何时需要括号并不总是很明显。在实践中，你通常可以了解到目前为止我们已经看到的运算符中，|| 具有最低优先级，然后是 &&，然后是比较运算符（>、==，等等），然后是其余的运算符。选择这样的顺序，是为了在类似下面的典型表达式中，使用尽可能少的括号：

```
1 + 1 == 2 && 10 * 10 > 50
```

我将讨论最后一个逻辑运算符，它既不是一元的，也不是二元的，而是三元的，运算于三个值。它用问号和冒号写成，如下所示：

```
console.log(true ? 1 : 2);
// → 1
console.log(false ? 1 : 2);
// → 2
```

这被称为条件运算符（又称三元运算符，它是此语言中唯一的三元运算符）。问号左侧的值"选择"其他两个值中的哪一个将出现。如果左侧的值为 true，则选择中间值，如果左侧的值为 false，则选择右侧的值。

1.6　空值

有两个特殊值，分别写成 null 和 undefined，用于表示缺少有意义的值。它们本身就是值，但它们不带任何信息。

此语言中的许多运算都没有产生有意义的值（稍后会看到一些），因为它们必须产生某个值，所以产生 undefined。

undefined 和 null 之间的含义差异是 JavaScript 设计的意外，并且这种差异在大多数情况下并不重要。如果你实际中不得不关注这些值，我建议大多数时候将它们视为可互换的。

1.7　自动类型转换

在前言中，我提到过 JavaScript 几乎可以接受你给它的任何程序，甚至是做奇怪事情的程序。以下表达式很好地证明了这一点：

```
console.log(8 * null)
// → 0
console.log("5" - 1)
// → 4
console.log("5" + 1)
// → 51
console.log("five" * 2)
// → NaN
console.log(false == 0)
// → true
```

当运算符应用于"错误"类型的值时，JavaScript 将使用一组规则将此值默不作声地转换为所需的类型，但此规则通常不是你想要或期望的。这称为类型强制转换。第一个表达式中的 null 变为 0，第二个表达式中的 "5" 变为 5（从字符串到数字）。然而在第三个表达式中，+ 在数字加法之前尝试字符串连接，因此 1 被转换为 "1"（从数字到字符串）。

当某些未以明显方式映射到数字的内容（例如 "five" 或 undefined）转换为数字时，你将得到值 NaN。对 NaN 的进一步算术运算会继续产生 NaN，所以如果你在这些地方看到意想不到的结果，请找一下是否有意外的类型转换。

当使用 == 比较相同类型的值时，结果很容易预测：当两个值相同时，应该得到 true，只有 NaN 除外。但是当类型不同时，JavaScript 会使用一组复杂而混乱的规则来确定要执行的操作。在大多数情况下，它只是尝试将其中一个值转换为另一个值的类型。但是，如果在运算符的任一侧出现 null 或 undefined，则仅当两侧都是 null 或 undefined 之一时才生成 true。

```
console.log(null == undefined);
// → true
console.log(null == 0);
// → false
```

这种行为通常很有用。如果要测试一个值是否具有实际值而不是 null 或 undefined，则可以用 ==（或 !=）运算符将其与 null 进行比较。

但是，如果你想测试某些东西是否指的是精确值 false，该怎么办呢？表达式如 0 == false 和 ""== false 都是正确的。当你不希望发生任何自动类型转换时，可以用两个额外的运算符：=== 和 !==。第一个测试一个值是否与另一个值完全相等，第二个测试它是否不完全相等。所以 ""=== false 是错误的。[⊖]

我建议使用三字符比较运算符，以防发生意外的类型转换。但是当你确定双方的类型相同时，就可以使用较短的运算符。

逻辑运算符的短路

逻辑运算符 && 和 || 以一种特殊的方式处理不同类型的值。它们将按顺序将左侧的值转换为布尔类型，以决定做什么，再根据运算符及转换结果，返回原始的左侧值或右侧值。

例如，如果 || 运算符左侧的值能转换为 true，它就返回左侧的值，否则返回其右侧的值。当值为布尔值时，这具有预期的效果，并且对于其他类型的值也执行类似的操作。

```
console.log(null || "user")
// → user
console.log("Agnes" || "user")
// → Agnes
```

我们可以使用此功能作为返回默认值的方法。如果你的值可能为空，则可以在它之后放一个 ||，再跟一个替换值。如果初始值可以转换为 false，那么你将得到替换值。将字符串和数字转换为布尔值的规则规定：0、NaN 和空字符串（""）计为 false，而所有其他值都计为 true。所以 0 || -1 产生 -1，而 "" || "!?" 得到 "!?"。

&& 运算符的工作方式与 || 类似，但结果相反。当左侧的值能转换为 false 值时，它返回左侧的值，否则返回右侧的值。

⊖ null === undefined 返回 false。——译者注

这两个运算符的另一个重要特性是，只有在必要时，才计算其右侧的部分。例如 true || X，无论 X 是什么——即使它是一个做一些糟糕事情的程序——结果也是 true，而 X 永远不会被计算。对于 false && X 也是如此，结果是 false 并且将忽略 X。这称为短路计算（short-circuit evaluation）。

条件运算符以类似的方式工作。在第二个和第三个值中，仅计算所选的那一个。

1.8 小结

我们在本章中介绍了四种类型的 JavaScript 值：数字、字符串、布尔值和未定义的值。

通过键入其名称（true，null）或值（13，"abc"）来创建此类值。你可以将值与运算符组合并转换。我们学习了二元的算术运算符（+、-、*、/ 和 %），字符串连接运算符（+），比较运算符（==、!=、===、!==、<、>、<=、>=）和逻辑运算符（&& 和 ||），以及几个一元运算符（- 对一个数字取反，! 用来逻辑取反，typeof 用来获取一个值的类型），三元运算符（? :）根据第一个值选择后两个值中的一个。

这为你提供了足够的知识，可以将 JavaScript 用作袖珍计算器，但仅此而已。下一章将开始将这些表达式绑定到基本程序中。

第 2 章 *Chapter 2*

程序结构

在本章中，我们将开始做一些实际上可以被称为编程的事情。我们将扩展 JavaScript 语言的命令，超出我们目前所看到的名词和句子片段，以达到表达有意义的文章的程度。

2.1 表达式和语句

在第 1 章中，我们造了一些值并应用运算符来获取新值。任何 JavaScript 程序的主要内容都是像这样创建值。但是，这种东西必须放在一个更大的结构中才能发挥作用。因此，我们接下来就要介绍这些内容。

生成值的代码片段称为表达式。字面上写的每一个值（如 22 或 "psychoanalysis"）都是一种表达式。括号之间的表达式也是一个表达式，把二元运算符应用于两个表达式或把一元运算符应用于一个表达式形成的东西也都是表达式。

这显示了基于语言的界面的一部分美妙之处。表达式可以用类似于子句的方式包含其他表达式，人类语言中的子句是嵌套的——子句还可以包含它自己的子句，等等。这使我们能够构建描述任意复杂计算的表达式。

如果表达式对应于句子片段，JavaScript 语句就对应于完整的句子。程序则是语句的列表。最简单的语句类型是后面带有分号的表达式。下面是一个程序：

```
1;
!false;
```

不过，这只是一个无用的程序。表达式的内容可以是只生成一个值，然后由封闭代码使用此值。语句是独立的，所以只有当它影响到世界时，它才有某种意义。它可以在屏幕上显示一些东西，这算是改变世界，或者它可能会改变机器的内部状态，从而影响它之后的语句。这些变化称为副作用。上例中的语句只生成值 1 和 true，然后立即将它们丢弃。这根本没给世界留下什么印象。运行此程序时，不会发生任何可观察到的情况。

在有些情况下，JavaScript 允许你省略语句末尾的分号。在有些情况下，分号必须存在，否则下一行将被视为同一语句的一部分。何时可以安全地省略分号，规则有点复杂，容易出错。所以在这本书里，每一个需要分号的语句后面总是带一个分号。我建议你也这样做，至少在你更多地了解省略分号的细节之前都这么做。

2.2 绑定

程序如何保持内部状态？它如何记住事情呢？我们已经看到了如何从旧值生成新值，但这不会改变旧值，并且必须立即使用新值，否则它将再次消失。为了捕获和保留值，JavaScript 提供了一个称为绑定（binding）或变量（variable）的东西：

```
let caught = 5 * 5;
```

这是第二种语句。特殊单词（关键字）let 表示此语句将定义一个绑定。它后面是绑定的名称，如果我们想要立即给它一个值，则由 = 运算符和表达式来完成。

前面的语句创建了一个名为 caught 的绑定，并用它来获取 5 乘以 5 生成的数字。

定义绑定后，其名称可用作表达式。此类表达式的值是绑定当前持有的值。下面是一个示例：

```
let ten = 10;
console.log(ten * ten);
// → 100
```

当绑定指向一个值时，这并不意味着它永远与此值相关联。= 运算符可随时用于现有绑定，以断开它们与当前值的连接，并让它们指向一个新的值。

```
let mood = "light";
console.log(mood);
// → light
mood = "dark";
console.log(mood);
// → dark
```

你应该将绑定想象成触手，而不是盒子。它们不包含值，只抓住值，两个绑定可以引用相同的值。程序只能访问它仍然引用的值。当你需要记住某样东西时，你长出一个触手来抓住它，或者你重新连接你现有的某个触手。

让我们来看另一个例子。为了记住 Luigi 还欠你多少美元，你创建了一个绑定。然后，当他偿还 35 美元后，你给这个绑定一个新的值。

```
let luigisDebt = 140;
luigisDebt = luigisDebt - 35;
```

```
console.log(luigisDebt);
// → 105
```

当你定义绑定而不赋予它值时，触手就没有什么可抓住的，所以它在稀薄的空气中结束。如果索求空绑定的值，你将获得 undefined 值。

单个 let 语句可以定义多个绑定。多个绑定的定义必须用逗号分隔。

```
let one = 1, two = 2;
console.log(one + two);
// → 3
```

var 和 const 等单词也可用于创建绑定，其方式类似于 let。

```
var name = "Ayda";
const greeting = "Hello ";
console.log(greeting + name);
// → Hello Ayda
```

第一个 var（variable 的缩写）是在 2015 年以前的 JavaScript 中声明绑定的方式。我将在下一章回过头来精确解释它与 let 的区别。现在，请记住，它大多时候与 let 做同样的事情，但我们在这本书很少使用它，因为它有一些令人困惑的属性。

const 一词代表常量（constant）。它定义了一个常量绑定，只要它存在，它就一直指向相同的值。这对于为值指定名称的绑定很有用，在以后可以轻松地引用它。

2.3　绑定名称

绑定名称可以是任何单词。数字可以是绑定名称的一部分，例如，catch22 是有效的名称，但名称不能以数字开头。绑定名称可以包含美元符号（$）或下划线（_），但不能包含其他标点符号或特殊字符。

具有特殊含义的单词（如 let）是关键字，它们不能用作绑定名称。还有一些单词是"保留"给 JavaScript 的未来版本用的，这些单词也不能用作绑定名称。关键字和保留词的完整清单有点长。

```
break case catch class const continue debugger default
delete do else enum export extends false finally for
function if implements import interface in instanceof let
new package private protected public return static super
switch this throw true try typeof var void while with yield
```

不要担心记不住这个清单。若创建绑定时出现意外的语法错误，只需要检查一下你是否把某个保留字用来定义绑定了。

2.4　环境

绑定及其在给定时间内存在的值的集合称为环境。当程序启动时，此环境不为空。它始终包含作为语言标准一部分的绑定，并且大多数时候，它还具有提供与周围系统交互的方式的绑定。例如，在浏览器中，有与当前加载的网站进行交互以及读取鼠标和键盘输入的功能。

2.5 函数

默认环境中提供的许多值具有函数（function）类型。函数是包装在一个值中的一段程序。可以应用这些值以运行它包装的程序。例如，在浏览器环境中，绑定 prompt 包含一个函数，此函数显示一个小对话框，要求用户输入。它像这样使用：

```
prompt("Enter passcode");
```

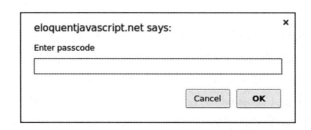

执行函数称为调用或应用函数。可以通过在生成函数值的表达式后放置括号来调用函数。通常，你将直接使用包含此函数的绑定的名称。括号之间的值提供给函数中的程序。在此示例中，prompt 函数使用我们赋予它的字符串作为对话框中显示的文本。给函数的值称为参数。不同的函数可能需要不同的参数或不同类型的参数。

prompt 函数在现代 Web 编程中使用不多，主要是因为你无法控制它生成的对话框的外观，但它在示例程序和实验中非常有用。

2.6 console.log 函数

在示例中，我使用 console.log 输出值。大多数 JavaScript 系统（包括所有现代 Web 浏览器和 Node.js）都提供了一个 console.log 函数，用于将其参数写到某些文本输出设备上。在浏览器中，输出位于 JavaScript 控制台中。默认情况下，浏览器界面的这一部分是隐藏的，但在大多数浏览器中都可以按下 F12 键来打开它，在 Mac 上则需要按命令 – 选项 – I 来打开。如果这不起作用，则在菜单中查找"开发人员工具"或类似的条目来打开它。

虽然绑定名称不能包含句点字符，但 console.log 中确实有这个字符。这是因为 console.log 不是简单的绑定，它实际上是从 console 绑定持有的值中获取 log 属性的表达式。我们将在 4.3 节中准确了解这意味着什么。

2.7 返回值

向屏幕显示对话框或写入文本是一种副作用。许多函数是因为它们产生的副作用而有用的。函数也可能生成值，在这种情况下它们不需要产生副作用就有用。例如，函数 Math.max 采用任意数量的参数，并返回最大值。

```
console.log(Math.max(2, 4));
// → 4
```

当函数生成值时，它称为返回此值。任何产生值的东西都是 JavaScript 中的表达式，这意味着可以在较大的表达式中使用函数调用。此处对 Math.min 的调用效果与 Math.max 相反，它用作加法表达式的一部分：

```
console.log(Math.min(2, 4) + 100);
// → 102
```

下一章将介绍如何编写自己的函数。

2.8 控制流

当程序包含多个语句时，这些语句将像故事一样从上到下执行。此示例程序有两个语句。第一个要求用户输入一个数字，在第一个数字之后执行的语句显示该数字的平方。

```
let theNumber = Number(prompt("Pick a number"));
console.log("Your number is the square root of " +
            theNumber * theNumber);
```

函数 Number 将值转换为数字。我们需要这个转换，因为 prompt 的结果是字符串值，而我们需要一个数字。有一些称为 String 和 Boolean 的类似函数可以将值转换为这些类型。

下面是线性控制流的相当简单的原理图表示：

2.9 条件执行

并非所有程序都是直道。例如，我们可能想要创建一条分支道路，其中程序根据当前条件采用适当的分支。这称为条件执行。

使用 JavaScript 中的 if 关键字产生条件执行。在简单的情况下，我们希望在某种条件

成立时（并且仅当某种条件成立时）执行某些代码。例如，我们可能只想在输入实际上是一个数字时才显示输入的平方。

```
let theNumber = Number(prompt("Pick a number"));
if (!Number.isNaN(theNumber)) {
  console.log("Your number is the square root of " +
              theNumber * theNumber);
}
```

通过此修改，如果输入 "parrot"，则不显示输出。

if 关键字根据布尔表达式的值执行或跳过语句。在关键字之后、括号之间编写条件表达式，后跟要执行的语句。

Number.isNaN 函数是一个标准的 JavaScript 函数，仅当给定的参数为 NaN 时才返回 true。当你为 Number 函数提供不表示有效数字的字符串时，Number 恰好返回 NaN。因此，条件转换为"除非 theNumber 不是数字，否则执行此操作"。

在此示例中，if 之后的语句用大括号（{ 和 }）括起来。大括号可用于将任意数量的语句打捆到称为块的单个语句中。在本例中，你也可以省略它们，因为它们之间只包含一个语句，但为了避免考虑是否需要它们，大多数 JavaScript 程序员在像这样的每个包装语句中都使用大括号。在这本书中，我们基本上将遵守这个约定，除了偶尔出现的单行语句。

```
if (1 + 1 == 2) console.log("It's true");
// → It's true
```

通常，你不仅拥有在条件为 true 时执行的代码，而且还具有处理其他情况的代码。此备用路径由关系图中的第二个箭头代表。你可以使用 else 关键字以及 if 来创建两个单独的备用执行路径。

```
let theNumber = Number(prompt("Pick a number"));
if (!Number.isNaN(theNumber)) {
  console.log("Your number is the square root of " +
              theNumber * theNumber);
} else {
  console.log("Hey. Why didn't you give me a number?");
}
```

如果你有两条以上的路径可供选择，则可以将多个 if/else 对"链接"在一起。下面是一个示例：

```
let num = Number(prompt("Pick a number"));

if (num < 10) {
  console.log("Small");
} else if (num < 100) {
  console.log("Medium");
} else {
  console.log("Large");
}
```

程序将首先检查 num 是否小于 10。如果是，它将选择此分支，显示 "Small"，并结束。如果不是，它采用 else 分支，它本身包含第二个 if。如果第二个条件（< 100）成立，这意味着数字介于 10 和 100 之间，那么显示 "Medium"；否则，选择第二个也是最后一个 else 分支。

此程序的架构如下所示：

2.10　while 和 do 循环

考虑一个程序，输出从 0 到 12 的所有偶数。编写此程序的一种方法如下：

```
console.log(0);
console.log(2);
console.log(4);
console.log(6);
console.log(8);
console.log(10);
console.log(12);
```

这行得通，但编写程序的目的是让一些工作更少，而不是更多。如果我们需要输出所有小于 1000 的数字，这种方法将行不通。我们需要的是一种多次运行一段代码的方法。这种形式的控制流称为循环（loop）。

循环控制流允许我们回到程序的某个点，然后用我们当前的程序状态重复它。如果我们将其与计数的绑定相结合，我们可以执行类似操作：

```
let number = 0;
while (number <= 12) {
  console.log(number);
  number = number + 2;
}
// → 0
// → 2
// 诸如此类
```

以关键字 while 开头的语句创建一个循环。在 while 后面跟的是括号中的表达式，然后是语句，就像 if 一样。只要表达式生成的值转换为布尔值时为 true，循环就继续进入此语句。

number 绑定演示了绑定跟踪程序进度的方式。每次循环重复时，数字 number 都会得到一个比其以前的值多 2 的值。每次重复的开始，它都与数字 12 进行比较，以决定程序的工作是否完成。

作为实际执行一些有用功能的示例，我们现在可以编写一个计算并显示 2^{10}（2 的 10 次方）值的程序。我们使用两个绑定：一个用于跟踪结果，另一个用于计算我们用 2 乘以此结果的次数。循环测试第二个绑定是否已达到 10，如果还没有达到，则同时更新两个绑定。

```
let result = 1;
let counter = 0;
while (counter < 10) {
  result = result * 2;
  counter = counter + 1;
}
console.log(result);
// → 1024
```

计数器也可以从 1 开始并检查 <= 10，但最好习惯从 0 开始计数，我们将在第 4 章中说明这么做的原因。

do 循环是类似于 while 循环的控制结构。它只在一点上不同：do 循环始终至少执行其循环体一次，并且仅在第一次执行后开始测试是否应该停止。为了反映这一点，测试出现在循环的循环体之后。

```
let yourName;
do {
  yourName = prompt("Who are you?");
} while (!yourName);
console.log(yourName);
```

此程序将强制你输入名称。它会反复询问，直到它得到不是空字符串的东西为止。应用 ! 运算符将在取反某个值之前先将此值转换为布尔类型，除 "" 之外的所有字符串都将转换为 true。这意味着循环继续下去，直到你提供一个非空名称为止。

2.11　缩进代码

在示例中，我一直在语句前面添加空格，这些语句是某些较大语句的一部分。这些空格不是必需的，没有这些空格，计算机也将很好地接受程序。事实上，即使是程序中的换行符也是可选的。如果你喜欢的话，你可以把程序写成一长行。

块内这种缩进的作用是使代码的结构醒目。在其他块中包含新块的代码时，很难看出一个块在哪里结束，另一个块在哪里开始。使用正确的缩进时，程序的可视形状对应于程序内部块的层次。我喜欢为每个新开启的块使用两个空格，但不同的人风格不同——有些人使用四个空格，有些人使用 tab 字符。要点是为每个新块都添加相同的空格数。

```
if (false != true) {
  console.log("That makes sense.");
  if (1 < 2) {
    console.log("No surprise there.");
  }
}
```

大多数代码编辑器程序将通过对新行自动缩进适当数量来提供帮助。

2.12　for 循环

许多循环遵循 while 示例所示的模式。首先创建"计数器"绑定以跟踪循环的进度。然后是一个 while 循环，通常带有一个条件测试表达式，用于检查计数器是否达到其结束值。在循环体的末尾，计数器将更新以跟踪进度。

由于此模式非常常见，JavaScript 和类似语言都支持一个稍短、更综合的形式，即 for 循环。

```
for (let number = 0; number <= 12; number = number + 2) {
  console.log(number);
}
// → 0
// → 2
// 诸如此类
```

此程序完全等同于前面的打印偶数示例。唯一的改动是，与循环的"状态"相关的所有语句在 for 之后都打捆在一起。

for 关键字之后的括号中必须包含两个分号。第一个分号之前的部分初始化循环，通常通过定义绑定来实现。第二部分是检查循环是否必须继续的表达式。最后一部分在每次迭代后更新循环的状态。在大多数情况下，这比 while 结构更短、更清晰。

这是使用 for（而不是 while）计算 2^{10} 的代码：

```
let result = 1;
for (let counter = 0; counter < 10; counter = counter + 1) {
  result = result * 2;
}
console.log(result);
// → 1024
```

2.13　跳出循环

循环条件生成 false 并不是循环完成的唯一方法。有一个称为 break 的特殊语句，它具有从封闭循环中跳出的作用。

此程序演示了 break 语句。它找到大于或等于 20 并能被 7 整除的第一个数字。

```
for (let current = 20; ; current = current + 1) {
  if (current % 7 == 0) {
    console.log(current);
    break;
  }
}
// → 21
```

使用余数（%）运算符是测试一个数字是否被另一个数字整除的简便方法。如果是，则其除法的余数部分为零。

示例中的 for 构造没有检查循环的末尾。这意味着循环永远不会停止，除非 break 语句执行。

如果删除此 break 语句，或者意外写入始终产生 true 的结束条件，则程序将卡在无限循环中。卡在无限循环中的程序永远不会结束运行，这通常是一件坏事。

continue 关键字类似于 break，因为它会影响循环的进度。在循环体中遇到 continue 时，它控制跳出循环体并继续循环的下一次迭代。

2.14　简洁地更新绑定

尤其是在循环时，程序通常需要通过"更新"绑定来保存基于绑定先前的值算出的值。

```
counter = counter + 1;
```

JavaScript 为此提供了一个快捷方式。

```
counter += 1;
```

类似的快捷方式适用于许多其他运算符，例如用 result *= 2 将 result 加倍，或用 counter -= 1 减少计数。

这使我们能够进一步缩短我们的计数示例程序代码。

```
for (let number = 0; number <= 12; number += 2) {
  console.log(number);
}
```

对于 counter += 1 和 counter -= 1，甚至还有更短的等效表示：counter++ 和 counter--。

2.15　使用 switch 调度值

如下代码所示的情况并不少见：

```
if (x == "value1") action1();
else if (x == "value2") action2();
else if (x == "value3") action3();
else defaultAction();
```

为了以更直接的方式表达这种"调度",人们设计了一个叫作 switch 的结构。不幸的是,JavaScript 用于此的语法(它从 C/Java 系列的编程语言中继承的)有点笨拙——一连串的 if 语句可能看起来更好。下面是一个示例:

```
switch (prompt("What is the weather like?")) {
  case "rainy":
    console.log("Remember to bring an umbrella.");
    break;
  case "sunny":
    console.log("Dress lightly.");
  case "cloudy":
    console.log("Go outside.");
    break;
  default:
    console.log("Unknown weather type!");
    break;
}
```

你可以将任意数量的 case 标签放在通过 switch 开启的块内。程序将从与提供给 switch 的值对应的标签处开始执行,或者如果未找到匹配值,则在 default 处开始执行。它将继续执行,甚至跨其他标签执行,直到它遇到 break 语句为止。在某些情况下,例如示例中的 "sunny" 情况,这可用于在 case 之间共享一些代码(建议在阳光明媚(sunny)和多云(cloudy)的天气外出)。但要小心——很容易忘记这样的 break,这将导致程序执行你不希望执行的代码。

2.16 首字母大写

绑定名称不允许包含空格,但使用多个单词清楚地描述绑定表示的内容通常很有帮助。用几个单词编写绑定名称存在相当多的选择:

```
fuzzylittleturtle
fuzzy_little_turtle
FuzzyLittleTurtle
fuzzyLittleTurtle
```

第一种样式可能难以阅读。我比较喜欢下划线的形式,尽管那种风格打字有点痛苦。标准的 JavaScript 函数和大多数 JavaScript 程序员都遵循最底下一行的那种样式——他们把除第一个单词以外的每个单词的首字母都大写。习惯这样的小事情并不难,采用混合命名样式的代码阅读起来会很别扭,所以我们遵循这个约定。

在少数情况下,如 Number 函数,绑定的第一个字母也会大写。这样做是为了将此函数标记为构造函数。在第 6 章,将详细讲解构造函数的内容。就目前而言,重要的是不要被这种明显缺乏一致性的情况所困扰。

2.17　注释

通常，原始代码不会把你希望程序传达给人类读者的所有信息都表达出来，或者它用来传达信息的方式是如此隐秘，以至于人们可能无法理解它。有些时候，你可能想将一些相关想法包含在程序中。这就是注释的目的。

注释是一段文本，它是程序的一部分，但计算机完全忽略它。JavaScript 有两种编写注释的方法。要写一个单行注释，你可以使用两个斜杠字符（//），然后在它之后书写注释文本。

```
let accountBalance = calculateBalance(account);
// It's a green hollow where a river sings
accountBalance.adjust();
// Madly catching white tatters in the grass.
let report = new Report();
// Where the sun on the proud mountain rings:
addToReport(accountBalance, report);
// It's a little valley, foaming like light in a glass.
```

// 注释仅延续到行的末尾。而 /* 和 */ 之间的文本部分，无论是否包含换行符，都将全部被忽略。这对于添加有关文件或程序块的信息块非常有用。

```
/*
I first found this number scrawled on the back of
an old notebook. Since then, it has often dropped by,
showing up in phone numbers and the serial numbers of
products that I've bought. It obviously likes me, so I've
decided to keep it.
*/
const myNumber = 11213;
```

2.18　小结

现在你知道程序是由语句构建的，语句本身有时包含更多语句。语句往往包含表达式，它们本身可以由较小的表达式组成。

将语句逐个放置，会产生一个从上到下顺序执行的程序。可以使用条件（if、else 和 switch）和循环（while、do 和 for）语句改变控制流。

绑定用于以名称来记录数据段，可用于跟踪程序中的状态。环境是已定义的绑定的集合。JavaScript 系统始终将许多有用的标准绑定放入你的环境中。

函数是封装程序的特殊值。你可以通过 functionName（argument 1，argument 2）的写法来调用它们。这种函数调用是一个表达式，它可以生成值。

2.19　习题

如果你不确定如何测试习题的答案，请参阅简介。

　　每个习题都从问题描述开始。阅读问题说明并尝试完成这些习题。如果你遇到问题，考虑阅读书后的习题解答提示。书中不包括习题的完整答案，但你可以在 https://eloquentjavascript.net/code 上在线找到它们。如果你想从习题中学到一些东西，我建议你只在解决某个习题之后，或者至少在努力尝试很久，想得头痛了都解决不了问题时，才去看答案。

1. 循环三角形

编写一个循环，对 console.log 进行七次调用以输出以下三角形：

```
#
##
###
####
#####
######
#######
```

提示：可以通过在字符串后面写 .length 来查看它的长度。

```
let abc = "abc";
console.log(abc.length);
// → 3
```

2. FizzBuzz

编写一个使用 console.log 打印从 1 到 100 之间所有数字，但有两种情况除外的程序。对于能被 3 整除的数字，打印 "Fizz" 而不是这个数字，对于能被 5 整除（但不能被 3 整除）的数字，请改为打印 "Buzz"。

完成上述任务后，请修改程序，将同时被 3 和 5 整除的数字打印为 "FizzBuzz"（对于只能被 3 和 5 中的一个整除的数字，仍打印 "Fizz" 或 "Buzz"）。

（这实际上是一道面试题，有人声称要用它来筛掉相当比例的程序员候选人。所以，如果你解决了它，你的职场价值将会提升。）

3. 棋盘

编写一个程序，创建表示 8×8 网格的字符串，使用换行字符分隔行。在网格的每个位置都有一个空格或一个 # 字符。这些字符应该组成一个国际象棋棋盘。

将此字符串传给 console.log 应显示类似内容：

```
 # # # #
# # # #
 # # # #
# # # #
 # # # #
# # # #
 # # # #
# # # #
```

当程序生成此图案时，请定义绑定 size = 8 并修改此程序，使其适用于任何 size，并显示给定宽度和高度的网格。

函　　数

函数是 JavaScript 编程的基础。将一个程序包装在一个值中的概念有很多用途。它为我们提供了一种方法来构建更大的程序、减少重复、将名称与子程序相关联，以及将这些子程序相互隔离。

函数最明显的应用是定义新的词汇。在文章中创造新词通常是不好的风格。但在编程方面，它是不可或缺的。

典型的说英语的成人的词汇量大约有 20 000 个。很少有编程语言内置 20 000 个命令。而且，与人类语言相比，编程语言可用的词汇定义更精确，因而灵活性更低。因此，我们通常必须引入新概念以避免过多的重复。

3.1　定义一个函数

函数定义是一个常规的绑定，其中绑定的值是函数。例如，以下代码定义 square 来引用生成给定数字平方的函数。

```
const square = function(x) {
  return x * x;
};

console.log(square(12));
// → 144
```

使用以关键字 function 开头的表达式创建函数。函数有一组参数（在本例中，只有 x）和一个函数体，其中包含调用函数时要执行的语句。以这种方式创建的函数的函数体必须始终用大括号括起来，即使它只包含一个语句。

　　一个函数可以有多个参数或根本没有参数。在以下示例中，makeNoise 未列出任何参数，而 power 列出两个参数：

```
const makeNoise = function() {
  console.log("Pling!");
};

makeNoise();
// → Pling!

const power = function(base, exponent) {
  let result = 1;
  for (let count = 0; count < exponent; count++) {
    result *= base;
  }
  return result;
};

console.log(power(2, 10));
// → 1024
```

某些函数会生成一个值，例如 power 和 square，而有些函数则不会生成值，例如 makeNoise，其唯一的结果是副作用。return 语句确定函数返回的值。当控制流遇到这样的语句时，它会立即跳出当前函数并将返回的值提供给调用此函数的代码。return 关键字后面没有表达式将导致函数返回 undefined。完全没有 return 语句的函数，例如 makeNoise，同样返回 undefined。

　　函数的参数表现得像常规绑定，但它们的初始值由函数的调用者给出，而不是函数本身的代码给出。

3.2　绑定和作用域

　　每个绑定都有一个作用域，它是程序中此绑定可见的一部分。对于在任何函数或块之外定义的绑定，作用域是整个程序意味着你可以在任何地方引用此类绑定。这些被称为全局绑定。

　　但是为函数参数创建的绑定或在函数内声明的绑定只能在此函数中引用，因此它们被称为局部绑定。每次调用此函数时，都会创建这些绑定的新实例。这在函数之间提供了一些隔离——每个函数调用都在它自己的小世界（它的局部环境）中运行，并且经常可以在不了解全局环境中发生的事情的情况下被理解。

　　用 let 和 const 声明的绑定实际上是在声明它们的块中局部可见的，所以如果你在循环中创建上面两种中的一种绑定，循环之前和之后的代码都不能"看到"它。在 2015 年之前的 JavaScript 中，只有函数才能创建新的作用域，因此使用 var 关键字创建的旧式绑定在出现它们的整个函数中是可见的，如果它们不在一个函数中，则它们在全局作用域内可见。

```
let x = 10;
if (true) {
  let y = 20;
  var z = 30;
  console.log(x + y + z);
  // → 60
}
// y 在此处不可见⊖
console.log(x + z);
// → 40
```

每个作用域都可以"查看"包围它的作用域，因此 x 在示例中的块内部是可见的。异常情况是多个绑定具有相同的名称——在这种情况下，代码只能看到最里面的一个。例如，当 halve 函数内的代码引用 n 时，它会看到自己的 n，而不是全局的 n。

```
const halve = function(n) {
  return n / 2;
};

let n = 10;
console.log(halve(100));
// → 50
console.log(n);
// → 10
```

嵌套作用域

JavaScript 不仅区分全局绑定和局部绑定。它还可以在其他块和函数内创建块和函数，从而产生多个度的局部。

例如，下面这个函数会输出制作一批鹰嘴豆泥所需的成分，在它内部有另一个函数：

```
const hummus = function(factor) {
  const ingredient = function(amount, unit, name) {
    let ingredientAmount = amount * factor;
    if (ingredientAmount > 1) {
      unit += "s";
    }
    console.log(`${ingredientAmount} ${unit} ${name}`);
  };
  ingredient(1, "can", "chickpeas");          // 成分（1，"罐"，"鹰嘴豆"）
  ingredient(0.25, "cup", "tahini");           // 成分（0.25，"杯"，"芝麻酱"）
  ingredient(0.25, "cup", "lemon juice");      // 成分（0.25，"杯"，"柠檬汁"）
  ingredient(1, "clove", "garlic");            // 成分（1，"瓣"，"大蒜"）
  ingredient(2, "tablespoon", "olive oil");    // 成分（2，"汤匙"，"橄榄油"）
  ingredient(0.5, "teaspoon", "cumin");        // 成分（0.5，"茶匙"，"小茴香"）
};
```

⊖ var 声明的 z 未在函数中，所以它的作用域是全局的。——译者注

ingredient 函数内的代码可以看到外部函数的 factor 绑定。但是它的局部绑定（例如 unit 或 ingredientAmount）在外部函数中是不可见的。

块内可见的绑定集由程序文本中此块的位置确定。每个局部作用域可以查看包含它的所有局部作用域，并且所有作用域都可以看到全局作用域。这种绑定可见性的方法称为词法作用域。

3.3　作为值的函数

函数绑定通常只是作为程序特定部分的名称。这样的绑定被定义一次并且永不改变。这使得函数容易与其名称混淆。

但两者是不同的。函数值能执行其他值能执行的所有操作——你可以在任意表达式中使用它，而不仅仅是调用它。可以将函数值存储在新绑定中，将其作为参数传递给函数，等等。类似地，保存函数的绑定仍然只是一个常规绑定，如果它不是常量，就可以赋予一个新值，如下所示：

```
let launchMissiles = function() {
  missileSystem.launch("now");
};
if (safeMode) {
  launchMissiles = function() {/* do nothing */};
}
```

在第 5 章中，我们将讨论将函数值传递给其他函数可以完成的有趣事情。

3.4　声明表示法

这种创建函数绑定的方法略短。当在语句的开头使用 function 关键字的时候，它的工作方式有所不同。

```
function square(x) {
  return x * x;
}
```

这是一个函数声明。此语句定义绑定 square 并将其指向给定函数。它稍微容易编写，并且在函数后不需要分号。

这种形式的功能定义有一个不易察觉之处。

```
console.log("The future says:", future());

function future() {
  return "You'll never have flying cars";
}
```

即使函数是在使用它的代码下面定义的，前面的代码也可以工作。函数声明不是常规的从上到下控制流程的一部分。它们在概念上被移到了它们的作用域的顶部，可以由此作用域内的所有代码使用。这有时很有用，因为它提供了一种排序代码的自由，而不必在使用之前定义所有函数。

3.5 箭头函数

函数的第三种表示法与其他函数表示法看起来非常不同。它使用由等号和大于号字符组成的箭头（=>）代替 function 关键字（不要与大于或等于运算符混淆，它写作 >=）。

```
const power = (base, exponent) => {
  let result = 1;
  for (let count = 0; count < exponent; count++) {
    result *= base;
  }
  return result;
};
```

箭头位于参数列表之后，后跟函数体。它表达了类似"这个输入（参数）产生这个结果（函数体）"的意思。

如果只有一个参数名称，则可以省略参数列表周围的括号。如果函数体是单个表达式，而不是大括号中的块，则该函数将返回这个表达式。所以，square 下面的这两个定义做了同样的事情：

```
const square1 = (x) => { return x * x; };
const square2 = x => x * x;
```

当箭头函数根本没有参数时，其参数列表只是一组空括号。

```
const horn = () => {
  console.log("Toot");
};
```

语言中同时具备箭头函数和 function 表达式没有深层次的理由。除了我们将在第 6 章讨论的一个小细节之外，它们都做同样的事情。2015 年增加了箭头函数，主要是为了能够以较简明的方式编写小型函数表达式。我们将在第 5 章中大量使用它们。

3.6 调用栈

控制流经函数的方式有些复杂。让我们仔细地看看。这是一个简单的程序，它可以进行一些函数调用：

```
function greet(who) {
  console.log("Hello " + who);
}
greet("Harry");
console.log("Bye");
```

贯穿这个程序的过程大致如下：对 greet 的调用导致控制跳转到此函数的开头（第 2 行）。此函数调用 console.log，让它接受控制，完成其工作，然后将控制返回到第 2 行。在此它到达了 greet 函数的末尾，因此它返回到调用它的位置，即第 4 行。之后再次调用 console.log。之后返回，程序到达终点。

我们可以像这样显示控制流程：

```
not in function
  in greet
      in console.log
  in greet
not in function
  in console.log
not in function
```

因为函数返回时必须跳回到调用它的位置，所以计算机必须记住调用发生的上下文。在第一种情况下，console.log 必须在完成后返回 greet 函数。在另一种情况下，它返回到程序的末尾。

计算机存储此上下文的位置是调用栈。每次调用函数时，当前上下文都存储在此栈的顶部。当函数返回时，它会从栈中删除顶层上下文并使用此上下文继续执行。

存储此栈需要计算机内存中的空间。当栈变得太大时，计算机将失败并显示"栈空间不足"或"递归过多"等消息。以下代码通过向计算机询问一个会导致在两个函数之间无限来回的非常难的问题⊖来说明这一点。相反，如果计算机具有无限的栈，它将是无限的。事实上，我们将耗尽空间或"吹爆栈"。

```
function chicken() {
  return egg();
}
function egg() {
  return chicken();
}
console.log(chicken() + " came first.");
// → ??
```

3.7　可选参数

JavaScript 允许编写以下代码并且没有任何问题地执行它：

```
function square(x) { return x * x; }
console.log(square(4, true, "hedgehog"));
// → 16
```

我们只用一个参数定义了 square。然而，当我们用三个参数调用它时，JavaScript 语言不会抱怨。它忽略了额外的参数并计算了第一个参数的平方。

⊖　先有鸡还是先有蛋。——译者注

JavaScript 对于传递给函数的参数数量极为宽容。如果传递太多参数，则会忽略额外的参数。

如果传递的参数太少，则缺少的参数将被赋值为 undefined。

这样做的缺点是，你可能偶然会将错误数量的参数传递给函数。而没有人会告诉你这件事。

好处是，此行为可用于允许使用不同数量的参数调用的函数。例如，以下 minus 函数试图通过对一个或两个参数进行操作来模仿 - 运算符：

```
function minus(a, b) {
  if (b === undefined) return -a;
  else return a - b;
}

console.log(minus(10));
// → -10
console.log(minus(10, 5));
// → 5
```

如果在参数之后写一个 = 运算符，后跟一个表达式，那么将在未给出某参数时用此表达式的值替换该参数。

例如，下面版本的 power 使其第二个参数可选。如果你没有提供第二个参数或传递给它未定义的值，它将默认为 2，并且此函数表现与 square 相同。

```
function power(base, exponent = 2) {
  let result = 1;
  for (let count = 0; count < exponent; count++) {
    result *= base;
  }
  return result;
}

console.log(power(4));
// → 16
console.log(power(2, 6));
// → 64
```

在下一章中，我们将看到一个函数体获取传递给它的参数列表的方法（参见 4.13 节）。这很有用，因为它使函数可以接受任意数量的参数。例如，console.log 会执行此操作——它输出给定的所有值。

```
console.log("C", "O", 2);
// → C O 2
```

3.8 闭包

将函数视为值的能力，以及每次调用函数时都重新创建（函数中的）局部绑定的事实，都会带来一个有趣的问题。当创建它们的函数调用不再处于活动状态时,局部绑定会发生什么?

以下代码显示了此示例。它定义了一个函数 wrapValue,它创建了一个局部绑定。然后它返回一个访问并返回此局部绑定的函数。

```
function wrapValue(n) {
  let local = n;
  return () => local;
}

let wrap1 = wrapValue(1);
let wrap2 = wrapValue(2);
console.log(wrap1());
// → 1
console.log(wrap2());
// → 2
```

这是允许的,并且可以按照你的预想工作——仍然可以访问绑定的两个实例。这种情况很好地证明了每次调用都会重新创建局部绑定的事实,并且不同的调用不能在其他调用的局部绑定上进行操作。

这个能够引用封闭作用域中局部绑定的特定实例的功能被称为闭包(closure)。引用其周围局部作用域的绑定的一个函数称为一个闭包。这种行为不仅使你不必担心绑定的生命周期,而且还能以某种创造性的方式使用函数值。

稍作修改,我们可以将前面的示例转换为能够创建乘以任意数量的函数。

```
function multiplier(factor) {
  return number => number * factor;
}

let twice = multiplier(2);
console.log(twice(5));
// → 10
```

由于参数本身就是局部绑定,因此实际上不需要来自 wrapValue 示例的显式 local 绑定。

考虑这样的程序需要做一些练习。一个好的思路模型是将函数值视为同时包含其函数体内的代码和创建它们的环境。调用时,函数体会看到创建它的环境,而不是调用它的环境。

在此示例中,调用 multiplier 并创建一个将其 factor 参数定为 2 的环境。它返回的函数值(存储在 twice 中)会记住此环境。因此,当调用 twice 时,它将其参数乘以 2。

3.9　递归

函数调用自身是完全可以的,只要它不这样调用太多次就不会溢出栈。调用自身的函数称为递归函数。递归允许以不同的样式编写一些函数。举例来说，下面这种替代的 power 实现：

```
function power(base, exponent) {
  if (exponent == 0) {
    return 1;
  } else {
    return base * power(base, exponent - 1);
  }
}

console.log(power(2, 3));
// → 8
```

这与数学家定义求幂运算的方式非常接近，并且可以说比其用循环实现的版本更清楚地描述了这个概念。此函数使用更小的指数多次调用自身以实现重复乘法。

但是这个实现有一个问题：在典型的 JavaScript 实现中，它的速度大约是循环版本的三分之一。而且通过简单循环运行通常比多次调用函数成本低。

速度与易读性的困境是一个有趣的问题。你可以将其视为对人类友好和对机器友好之间的一种对立与统一。几乎任何程序都可以通过使其更大、更复杂来加快运行速度。程序员必须做出适当的权衡。

在 power 函数的例子中，循环版本仍然相当简单且易于阅读。用递归版本替换它没有多大意义。但是，通常程序处理这样复杂的概念时，放弃一些效率以使程序更直截了当是有帮助的。

担心效率可能会分散注意力。这是使程序设计复杂化的另一个因素，当你做的事情已经很困难时，担心的额外事情可能会使人崩溃。

因此，总是先写一些正确且易于理解的东西。如果你担心它太慢——通常不是这样，因为大多数代码根本不会经常执行，所以它们不足以花费任何大量的时间，你可以在之后进行测量并在必要时进行改进。

递归并不总是一种替代循环的低效方法。使用递归比使用循环更容易解决一些问题。大多数情况下，这些问题需要探索或处理几个"分支"，而每个分支可能会再次扩展到更多分支。

考虑一下这个难题：从数字 1 开始，重复加 5 或乘以 3，可以生成一个由无数的数字组成的集合。对于给定一个数字，要找到产生这个数字的一系列这样的加法和乘法，你会如何编写函数呢？

例如，可以通过首先乘以 3 然后再两次加上 5 来达到数字 13，而数字 15 根本不可能达到。

以下一个递归解决方案：

```
function findSolution(target) {
  function find(current, history) {
```

```
      if (current == target) {
        return history;
      } else if (current > target) {
        return null;
      } else {
        return find(current + 5, `(${history} + 5)`) ||
               find(current * 3, `(${history} * 3)`);
      }
    }
    return find(1, "1");
}

console.log(findSolution(24));
// → (((1 * 3) + 5) * 3)
```

请注意，此程序不一定能找到最短的操作顺序。它在找到任何序列时都会满足。

如果你没有立即看明白它是如何工作的，那也没关系。让我们来分析它，因为它很好的练习了递归思维。

内部函数 find 执行实际的递归。它需要两个参数：当前数字和记录我们如何达到这个数字的字符串。如果找到解决方案，则返回一个字符串，显示如何到达目标。如果从此数字开始找不到解决方案，则返回 null。

为此，此函数执行如下三个操作之一。如果当前数字是目标数字，则当前历史记录就是达到此目标数字的一种方式，因此返回此历史记录。如果当前数字大于目标数字，则进一步对此分支探索没有任何意义，因为加法和乘法操作只会使数字更大，因此它返回 null。最后，如果我们仍然小于目标数字，此函数会通过调用自身两次尝试两条可能的路径，这些路径从当前数字开始，一次用于加法，一次用于乘法。如果第一个调用返回非 null 的内容，则返回此调用。否则，返回第二个调用，无论它是否生成字符串或 null。

为了更好地理解这个函数如何产生我们正在寻找的效果，让我们看看在搜索数字 13 的解决方案时所做的所有 find 调用。

```
find(1, "1")
  find(6, "(1 + 5)")
    find(11, "((1 + 5) + 5)")
      find(16, "(((1 + 5) + 5) + 5)")
        too big
      find(33, "(((1 + 5) + 5) * 3)")
        too big
    find(18, "((1 + 5) * 3)")
      too big
  find(3, "(1 * 3)")
    find(8, "((1 * 3) + 5)")
      find(13, "(((1 * 3) + 5) + 5)")
        found!
```

缩进指示调用栈的深度。第一次 find 被调用时，它首先调用自己来探索以（1 + 5）开

头的解决方案。该调用将进一步递归以探索产生的数字小于或等于目标数字的每个后续算法。既然没有找到一个命中目标，它将 null 返回到第一个调用。在那里 || 运算符使探测（1 * 3）的调用发生。这个搜索有更好的运气——它的第一个递归调用通过另一个递归调用，命中目标数。最里面的调用返回一个字符串，并且每个中间调用中的 || 运算符都会传递此字符串，最终返回解决方案。

3.10　函数的增长方式

有两种情况会自然而然地将函数引入程序。

首先，你发现自己多次编写类似的代码。而你不想这样做。拥有更多代码意味着有错误的可能性更高，并使尝试理解程序的人阅读更多材料。因此，你可以把重复的功能提取出来，为它找到一个好名称，并将其放入一个函数中。

第二种方式是你发现你需要一些你尚未编写的功能，并且似乎它应该有自己的函数。你将从命名函数开始，然后编写它的函数体。在实际定义函数之前，你甚至可能已经开始编写使用此函数的代码了。

为某个函数找到一个好名字的难度很好地体现了你试图包装的概念的清晰度。我们来看一个例子。

我们想要编写一个打印两个数字的程序：农场上奶牛和鸡的数量，每个数字后面分别跟着 Cows（奶牛）和 Chickens（鸡），在这两个数字之前填充零，使得它们总是三位数。

```
007 Cows
011 Chickens
```

这要求编写一个函数，它带有两个参数，分别是奶牛的数量和鸡的数量。我们来编写代码吧。

```
function printFarmInventory(cows, chickens) {
  let cowString = String(cows);
  while (cowString.length < 3) {
    cowString = "0" + cowString;
  }
  console.log(`${cowString} Cows`);
  let chickenString = String(chickens);
  while (chickenString.length < 3) {
    chickenString = "0" + chickenString;
  }
  console.log(`${chickenString} Chickens`);
}
printFarmInventory(7, 11);
```

在字符串表达式后写入 .length 将为我们提供该字符串的长度。因此，while 循环不断地在数字字符串前面添加零，直到它们至少有三个字符长。

任务完成！但当我们正要向农民发送这个代码（以及一张大额的发票）时，她打电话告诉我们她也开始养猪了，我们能将软件扩展到也能打印猪的数量吗？

我们当然可以。但就在我们再次复制和粘贴这四行代码的过程中，我们停下来重新考虑。一定有更好的方法。以下是第一次尝试：

```
function printZeroPaddedWithLabel(number, label) {
  let numberString = String(number);
  while (numberString.length < 3) {
    numberString = "0" + numberString;
  }
  console.log(`${numberString} ${label}`);
}

function printFarmInventory(cows, chickens, pigs) {
  printZeroPaddedWithLabel(cows, "Cows");
  printZeroPaddedWithLabel(chickens, "Chickens");
  printZeroPaddedWithLabel(pigs, "Pigs");
}

printFarmInventory(7, 11, 3);
```

这个函数很管用！但是这个名字 printZeroPaddedWithLabel 有点尴尬。它将打印、填充零和添加标签这三种内容混合到了一个函数中。

我们试图找出一个单一的概念，而不是把我们程序整个重复的部分都提取出来。

```
function zeroPad(number, width) {
  let string = String(number);
  while (string.length < width) {
    string = "0" + string;
  }
  return string;
}

function printFarmInventory(cows, chickens, pigs) {
  console.log(`${zeroPad(cows, 3)} Cows`);
  console.log(`${zeroPad(chickens, 3)} Chickens`);
  console.log(`${zeroPad(pigs, 3)} Pigs`);
}

printFarmInventory(7, 16, 3);
```

具有简单明了的好名字的函数（如 zeroPad）使读取代码的人更容易弄清楚它的功能。并且这个函数能在更多情况下使用，而不仅在这个特定程序中使用。例如，你可以使用它来帮助打印精确对齐的数字表。

我们的函数应该有多少的功能呢？我们可以编写任何东西，从一个非常简单的只能将一个数字填充为三个字符长的函数，到一个复杂的广义数字格式系统，处理包括小数、负数、十进制点的对齐，并可以用不同的字符填充，等等。

一个有用的原则是不增加功能，除非你绝对确定你需要它。为你遇到的每一点功能编写一般"框架"可能很诱人。但要克服那种冲动。因为你不会完成任何实际的工作，你只是在编写你永远都用不着的代码。

3.11 函数和副作用

函数可以粗略地分为为了副作用而调用的函数和为了其返回值而调用的函数。（尽管两者都有可能产生副作用并返回一个值。）

农场示例中的第一个辅助函数 printZeroPaddedWithLabel 因其副作用而被调用：它打印一行。第二个版本的 zeroPad 因为其返回值而被调用。第二版比第一版更有用，这并非巧合。与直接执行副作用的函数相比，产生值的函数更容易以新的方式组合。

纯函数是一种特定的产生值的函数，它不仅没有副作用，而且不依赖于其他代码的副作用。例如，它不会读取值可能会改变的全局绑定。纯函数具有令人喜欢的属性，当使用相同的参数调用时，它总是生成相同的值（并且不会执行任何其他操作）。对这样一个函数的调用可以用它的返回值代替而不改变代码的含义。当你不确定纯函数是否正常工作时，你可以通过简单地调用它来测试它，并且知道如果它在该上下文中有效，它就将在任何上下文中都有效。非纯函数往往需要更多的脚手架来测试。

尽管如此，在编写不纯的函数时，没有必要感到难过，也没有必要执着地从代码中清除不纯的函数。副作用通常很有用。例如，没有办法把 console.log 编写成纯的版本，而 console.log 也很好用。当我们使用副作用时，某些操作也更容易以高效的方式表达，因此计算速度可能是不使用纯函数的原因。

3.12 小结

本章介绍如何编写自己的函数。当用作表达式时，function 关键字可以创建函数值。当用作语句时，它可用于声明绑定并为其赋予一个函数作为值。箭头函数是另一种创建函数的方法。

```
// 定义 f 以保存函数值
const f = function(a) {
  console.log(a + 2);
};

// 将 g 声明为函数
function g(a, b) {
  return a * b * 3.5;
}

// 一个简明的函数值
let h = a => a % 3;
```

理解函数的一个关键方面是理解作用域。每个块都会创建一个新作用域。在给定作用域内声明的参数和绑定是局部的，从外部不可见。用 var 声明的绑定行为与此不同——它们最终在最近的函数作用域或全局作用域中。

将程序执行的任务分离到不同的函数中是有好处的。你不必重复自己的代码，函数可以通过将代码打捆为执行特定操作的部分来帮助组织程序。

3.13 习题

1. 最小值

第 2 章介绍了标准函数 Math.min，它返回其最小的参数（请参见 2.7 节）。我们可以建立一些类似的东西。写一个函数 min，它接收两个参数并返回它们的最小值。

2. 递归

我们已经看到可以用 %2 来检查某个数是否可被 2 整除，从而判定数字是偶数还是奇数。下面是另一种定义正整数是偶数还是奇数的方法：

- 0 是偶数。
- 1 是奇数。
- 对于任何其他数字 N，其奇偶性与 $N - 2$ 相同。

定义与此描述相对应的递归函数 isEven。此函数应接收单个参数（正整数）并返回布尔值。

用 50 和 75 测试它。看看它在 –1 上的表现。以及为什么？你能想出解决这个问题的方法吗？

3. 字符计数

你可以通过编写 "string"[N] 从字符串中获取第 N 个字符或字母。返回的值将是仅包含一个字符的字符串（例如，"b"）。第一个字符的位置为 0，这导致最后一个字符的位置在 string.length - 1。换句话说，包含两个字符的字符串长度为 2，其字符的位置为 0 和 1。

编写一个函数 countBs，它将一个字符串作为唯一参数，并返回一个数字，表示字符串中有多少个大写 "B" 字符。

接下来，编写一个名为 countChar 的函数，其行为类似于 countBs，除了它需要第二个参数来指示要计数的字符（而不是仅计算大写的 "B" 字符）。使用这个新函数重写 countBs。

数据结构：对象和数组

数字、布尔值和字符串是构建数据结构的原子。但是，许多类型的信息需要不止一个原子。对象允许我们对值（包括其他对象）进行分组，以构建更复杂的结构。

事实上，到目前为止我们构建的程序都仅限于在简单数据类型上运行。本章将介绍基本数据结构。到最后，你所了解到的东西将足以开始编写有用的程序。

本章将通过一个有点实际的编程示例，介绍适用于具体问题的概念。示例代码通常建立在本书前面引入的函数和绑定上。

本书的在线编程沙盒（https://eloquentjavascript.net/code）提供了在特定章节的上下文中运行代码的方法。如果你决定在其他环境中处理这些示例，请务必先从沙盒页面下载本章的完整代码。

4.1 松鼠人

有时候在晚上八点到十点之间，雅克就会变身为一只毛茸茸的小松鼠，长着一条毛茸茸的大尾巴。

一方面，雅克很庆幸他没有变成经典的狼人。与变成狼人相比，变成松鼠的确会产生更少的问题。他不必担心偶然吃掉邻居（那会很尴尬），而是担心被邻居的猫吃掉。在两次从橡树树冠上的一根小树枝上醒来，光着身子并迷失方向后，他在晚上锁上了房间的门窗，并在地板上放了几个核桃来使自己有事可做。

这就解决了猫和树的问题。但雅克更希望完全摆脱他的状况。不规律发生的变身使他怀疑，这可能会由某种东西触发。有一段时间，他相信只有在他靠近橡树时才会发生。但是避开橡树并不能阻止这个问题。

雅克转换到了更科学的方法，开始每天记录他一天中所做的每件事，以及他是否变身。有了这些数据，他希望能够缩小范围以找到触发变身的条件。

他需要的第一个东西是存储这些信息的数据结构。

4.2　数据集

要处理大量数字数据，我们首先必须找到一种在机器内存中表示它的方法。比如说，我们想要表示数字 2、3、5、7 和 11 的集合。

我们可以通过字符串获得创意——毕竟字符串可以有任何长度，我们可以将大量数据放入其中，并使用 "2 3 5 7 11" 作为我们的表示法。但这很难用。你必须以某种方式提取数字并将它们转换回数字，才能访问它们。

幸运的是，JavaScript 提供了专门用于存储值序列的数据类型。它被称为数组，写法是将一连串的值写在方括号当中，值之间使用逗号分隔。

```
let listOfNumbers = [2, 3, 5, 7, 11];
console.log(listOfNumbers[2]);
// → 5
console.log(listOfNumbers[0]);
// → 2
console.log(listOfNumbers[2 - 1]);
// → 3
```

获取数组内部元素的方法也使用方括号来表示。写法是在表达式后紧跟一对方括号，并在方括号中填写表达式，这将会在左侧表达式里查找方括号中给定的索引所对应的值，并返回结果。

数组的第一个索引是 0，而不是 1。所以用 listOfNumbers[0] 获取第一个元素。基于零的计数在技术方面具有悠久的传统，并且在某些方面很有意义，但需要一些时间来适应。可将索引视为从数组的开头算起要跳过的项目数量。

4.3　属性

在前面的章节中，我们已经看到了一些可疑的表达式，如 myString.length（获取字符串的长度）和 Math.max（取最大值函数）。这些是访问某个值的属性（property）的表达式。在第一种情况下，我们访问 myString 中值的 length 属性。在第二种情况下，我们在 Math 对象（这是与数学相关的常量和函数的集合）中访问名为 max 的属性。

几乎所有 JavaScript 值都具有属性，但 null 和 undefined 除外。如果你尝试访问这两种值的属性，则会出现错误。

```
null.length;
// → TypeError: null has no properties
```

在 JavaScript 中访问属性的两种主要方法是使用句点和方括号。value.x 和 value[x] 都访问值上的属性，但不一定是相同的属性。不同之处在于如何解释 x。使用句点时，点后面的单词是属性的文字名称。使用方括号时，将计算括号之间的表达式以获取属性名称。value.x 获取名为"x"的值的属性，而 value[x] 尝试计算表达式 x 并使用转换为字符串的结果作为属性名称。

因此，如果你知道需要获取的属性为 color，则使用 value.color。如果要提取由绑定 i 中保存的值命名的属性，则使用 value[i]。属性名称是字符串。它们可以是任何字符串，但点表示法仅适用于其名称看起来像有效绑定名称的情况。因此，如果要访问名为 2 或 John Doe 的属性，则必须使用方括号：value[2] 或 value["John Doe"]。

数组中的元素存储为数组的属性，使用数字作为属性名称。因为你不能将点表示法与数字一起使用，并且通常来说，要使用包含索引的绑定，你必须使用括号表示法来获取它们。

数组的 length 属性告诉我们它有多少个元素。此属性名称是一个有效的绑定名称，我们事先知道它的名称，因此要找出数组的长度，通常写成 array.length，因为它比 array["length"] 更容易书写。

4.4　方法

除了 length 属性之外，字符串和数组对象都包含许多保存函数值的属性。

```
let doh = "Doh";
console.log(typeof doh.toUpperCase);
// → function
console.log(doh.toUpperCase());
// → DOH
```

每个字符串都有一个 toUpperCase 属性。调用时，它将返回字符串的副本，其中所有字母都已转换为大写。另外还有 toLowerCase，它将所有字母都转换为小写。

有趣的是，即使对 toUpperCase 的调用没有传递任何参数，此函数也能以某种方式访问字符串 "Doh"，即我们调用其属性的值。6.2 节中介绍了其工作原理。

通常把包含函数的属性称为它们所属值的方法，如"toUpperCase 是字符串的方法"。

此示例演示了可用于操作数组的两种方法：

```
let sequence = [1, 2, 3];
sequence.push(4);
sequence.push(5);
console.log(sequence);
// → [1, 2, 3, 4, 5]
```

```
console.log(sequence.pop());
// → 5
console.log(sequence);
// → [1, 2, 3, 4]
```

push 方法将值添加到数组的末尾，而 pop 方法则相反，删除数组中的最后一个值并返回它。

这两个有些愚蠢的名称是栈操作的传统术语。编程中的栈是一种数据结构，它允许你将值推入其中并以相反的顺序再次弹出它们，以便首先删除最后添加的内容。这些在编程中很常见——你可能还记得 3.6 节中的函数调用栈，这是同一想法的实例。

4.5　对象

回到松鼠人的例子。可以用数组来表示一组每日日志条目。但条目不仅包含数字或字符串——每个条目都需要存储活动列表和指示雅克是否变成了松鼠的布尔值。理想情况下，我们想将这些分组一起放入单个值中，然后将这些分组的值放入一个日志条目数组中。

类型对象的值是属性的任意集合。创建对象的一种方法是使用大括号作为表达式。

```
let day1 = {
  squirrel: false,
  events: ["work", "touched tree", "pizza", "running"]
};
console.log(day1.squirrel);
// → false
console.log(day1.wolf);
// → undefined
day1.wolf = false;
console.log(day1.wolf);
// → false
```

在大括号内，有一个以逗号分隔的属性列表。每个属性都有一个名称，后跟冒号和值。当一个对象在多行上写入时，像示例中那样缩进它有助于提高可读性。对于不是有效绑定名称或有效数字的属性名，必须用引号将其括起来。

```
let descriptions = {
  work: "Went to work",
  "touched tree": "Touched a tree"
};
```

这意味着大括号在 JavaScript 中有两种含义。在语句开头，它们用来开始一个语句块。在任何其他位置，它们描述一个对象。幸运的是，很少用大括号来开始一个使用对象的语句，因此这两者之间的模糊性不是很大的问题。

读取不存在的属性将返回 undefined。

可以使用 = 运算符为属性表达式赋值。如果属性已经存在，它将替换属性的值，如果不存在，则在对象上创建新属性。

简要回顾一下我们描述绑定的触手模型，属性绑定与此类似。它们抓取值，但其他绑定和属性可能会持有相同的值。你可以将对象视为具有任意数量触手的章鱼，每个触手上都刻有名字。

delete 运算符切断了这种章鱼的触手。它是一元运算符，当应用于对象属性时，将从对象中删除命名属性。这样的事情不常见，但它是可能发生的。

```
let anObject = {left: 1, right: 2};
console.log(anObject.left);
// → 1
delete anObject.left;
console.log(anObject.left);
// → undefined
console.log("left" in anObject);
// → false
console.log("right" in anObject);
// → true
```

当应用于字符串和对象时，二元运算符 in 会告诉你此对象是否具有该名称的属性。将属性设置为 undefined 与实际删除它之间的区别在于，在第一种情况下，对象仍然具有此属性（它只是没有非常有意义的值），而在第二种情况下，属性不再存在并且 in 将返回 false。

要找出对象具有哪些属性，可以使用 Object.keys 函数。你给它输入一个对象，它返回一个字符串数组，其中列出对象的所有属性名。

```
console.log(Object.keys({x: 0, y: 0, z: 2}));
// → ["x", "y", "z"]
```

有一个 Object.assign 函数可以从一个对象把所有属性复制到另一个对象。

```
let objectA = {a: 1, b: 2};
Object.assign(objectA, {b: 3, c: 4});
console.log(objectA);
// → {a: 1, b: 3, c: 4}
```

因此，数组只是一种专门用于存储事物序列的对象。如果你计算 typeof []，它会产生 "object"。你可以把它们看作长而扁平的章鱼，它们的所有触手都整齐排列，每个触手都标有数字。

我们把雅克的日志保存为一个对象数组。

```
let journal = [
  {events: ["work", "touched tree", "pizza",
           "running", "television"],
   squirrel: false},
  {events: ["work", "ice cream", "cauliflower",
           "lasagna", "touched tree", "brushed teeth"],
   squirrel: false},
  {events: ["weekend", "cycling", "break", "peanuts",
```

```
          "beer"],
     squirrel: true},
   /* 等等 */
];
```

4.6　可变性

我们真的很快就会进入真正的编程阶段。但是首先，还有一个理论需要理解。

我们看到对象值是可以修改的。前几章讨论的值类型，如数字、字符串和布尔值，都是不可变的——不可能改变这些类型的值。你可以组合它们并从中获取新值，但是当你获取特定字符串值时，此值将始终保持不变。其中的文字无法更改。如果你有一个包含 "cat" 的字符串，则其他代码不可能修改此字符串中的一个字符以使其拼写为 "rat"。

对象的工作方式与它们不同，你可以更改其属性，从而使单个对象值在不同的时候具有不同的内容。

当我们有两个 120 数字时，我们完全可以认为它们是同一个数字，无论它们是否指向相同的物理位。对于对象，对同一对象具有两个引用跟具有包含相同属性的两个不同对象之间存在差异。请考虑以下代码：

```
let object1 = {value: 10};
let object2 = object1;
let object3 = {value: 10};

console.log(object1 == object2);
// → true
console.log(object1 == object3);
// → false

object1.value = 15;
console.log(object2.value);
// → 15
console.log(object3.value);
// → 10
```

object1 和 object2 绑定抓住了同一个对象，这就是更改 object1 也会更改 object2 的值的原因。也就是说它们具有相同的标识。绑定 object3 指向一个不同的对象，此对象最初包含与 object1 相同的属性，但却单独存在。

绑定可以是可变的也可以是不变的，但这与它们的值的行为方式是分开的。尽管值不会更改，但你可以使用 let 绑定通过更改绑定指向的值来跟踪更改的数字。类似地，虽然对于一个对象的 const 绑定本身不能更改并且将继续指向同一对象，但此对象的内容可能会更改。

```
const score = {visitors: 0, home: 0};
// 这是允许的
score.visitors = 1;
```

```
// 这是不允许的
score = {visitors: 1, home: 1};
```

当你使用 JavaScript 的 == 运算符比较对象时，它会按标识进行比较：仅当两个对象都是完全相同的值时才会得到 true。即使它们具有相同的属性，比较不同的对象也将返回 false。JavaScript 中没有"深度"比较操作（按内容比较对象），但可以自己编写"深度"比较操作（这是本章末尾的一道习题）。

4.7 松鼠人的日志

因此，雅克启动了他的 JavaScript 解释器并建立了所需的环境以保存他的日志。

```
let journal = [];

function addEntry(events, squirrel) {
  journal.push({events, squirrel});
}
```

请注意，添加到日志中的对象看起来有点奇怪。它不是声明像 events: events 这样的属性，而只是给出一个属性名称。这是简写，两者意思相同——如果括号表示法中的属性名称后面没有值，则其值取自具有相同名称的绑定。

那么，每天晚上 10 点——或者有时第二天早上，从书架的顶层爬下来之后，雅克就记录了这一天的情况。

```
addEntry(["work", "touched tree", "pizza", "running",
          "television"], false);
addEntry(["work", "ice cream", "cauliflower", "lasagna",
          "touched tree", "brushed teeth"], false);
addEntry(["weekend", "cycling", "break", "peanuts",
          "beer"], true);
```

他打算一旦有足够的数据点，就使用统计数据来找出哪些事件可能与变成松鼠人有关。

相关性度量的是对统计变量之间的依赖性。统计变量与编程变量不完全相同。在统计学中，你通常有一组测量值，每个测量值都会测量每个变量。变量之间的相关性通常表示为 –1 到 1 之间的值。零相关意味着变量不相关。相关系数 1 表示两者完全相关——如果你知道一个，你也知道了另一个。相关性 –1 也意味着变量是完全相关的，但它们是对立的——如果一个是真的，另一个就是假的。

为了计算两个布尔变量之间的相关性度量，我们可以使用 phi 系数（φ）。这是一个公式，其输入是一个频率表，包含观察到的变量的不同组合的次数。公式的输出是介于 –1 和 1 之间的数字，它描述了相关性。

我们可以取得吃比萨饼的事件并把它放在这样的频率表中，其中每个数字表示我们的测量中发生该组合的次数：

如果我们将此表称为 n，我们可以使用以下公式计算 φ：

$$\varphi = \frac{n_{11}n_{00} - n_{10}n_{01}}{\sqrt{n_{1\bullet}\,n_{0\bullet}\,n_{\bullet1}\,n_{\bullet0}}} \qquad (4\text{-}1)$$

（如果此时你正在把这本书放下而专注于 10 年级数学课上的可怕回忆中，请保持镇静，我不打算用无穷无尽的数学推导过程来折磨你——这里只有现在这个公式。即使是这个公式，我们要做的也就是把它变成 JavaScript。）

符号 n_{01} 表示第一变量（松鼠）为假（0）且第二变量（比萨）为真（1）的测量次数。在比萨饼表中，n_{01} 是 9。

值 $n_{1\bullet}$ 指的是第一个变量为真的所有测量值的总和，示例表中为 5。同样，$n_{\bullet0}$ 表示第二个变量为假的测量值的总和。

所以对于比萨饼表，分割线上方的部分（分子）将是 $1 \times 76 - 4 \times 9 = 40$，它下面的部分（分母）将是 $5 \times 85 \times 10 \times 80$ 的平方根，即 $\sqrt{340000}$。这得出 $\varphi \approx 0.069$，很小。吃比萨似乎没有对变身成松鼠产生影响。

4.8 计算相关性

我们可以用带有四个元素的 JavaScript 数组（[76,9,4,1]）表示一个 2×2 的表格。我们还可以使用其他表示形式，例如包含两个双元素数组（[[76,9],[4,1]]）的数组或具有属性名称如 "11" 和 "01" 的对象，但是平面数组很简单，使得访问表的表达式非常简短。我们将这些数组索引解释为两位二进制数，其中最左侧（最高有效位）的数字表示松鼠变量，最右侧（最低有效位）的数字表示事件变量。例如，二进制数 10 指的是雅克确实变成松鼠的情况，但事件（比如"比萨"）没有发生。这发生了四次。由于二进制数 10 是十进制表示法的 2，所以我们将此数字存储在数组的索引 2 处。

这是从这样的数组计算 φ 系数的函数：

```
function phi(table) {
  return (table[3] * table[0] - table[2] * table[1]) /
    Math.sqrt((table[2] + table[3]) *
              (table[0] + table[1]) *
              (table[1] + table[3]) *
              (table[0] + table[2]));
}

console.log(phi([76, 9, 4, 1]));
// → 0.068599434
```

这是把 φ 公式直接翻译为 JavaScript 的结果。Math.sqrt 是平方根函数，由标准 JavaScript 环境中的 Math 对象提供。我们必须往表中添加两个字段来获取 n_1 等字段，因为行或列的总和不会直接存储在我们的数据结构中。

雅克把他的日志保留了三个月。结果数据集可以在本章的编程沙盒中找到（https://eloquentjavascript.net/code#4），它存储在 JOURNAL 绑定和可下载文件中。

要从日志中提取特定事件的 2×2 表格，我们必须遍历所有条目并计算与变身松鼠相关的事件的发生次数。

```
function tableFor(event, journal) {
  let table = [0, 0, 0, 0];
  for (let i = 0; i < journal.length; i++) {
    let entry = journal[i], index = 0;
    if (entry.events.includes(event)) index += 1;
    if (entry.squirrel) index += 2;
    table[index] += 1;
  }
  return table;
}

console.log(tableFor("pizza", JOURNAL));
// → [76, 9, 4, 1]
```

数组有一个 include 方法，用于检查数组中是否存在给定值。上述函数使用它来确定它感兴趣的事件名称是否是给定日期的事件列表的一部分。

tableFor 中的循环体通过检查条目是否包含它感兴趣的特定事件以及事件是否与松鼠事件一起发生，来确定每个日志条目对应表格中的哪个框。然后循环将 1 加到表中的正确框中。

我们现在拥有计算各个相关性所需的工具。剩下的唯一步骤是找到记录的每种事件的相关性，看看是否有任何突出的事件。

4.9 数组循环

在 tableFor 函数中，有一个这样的循环：

```
for (let i = 0; i < JOURNAL.length; i++) {
  let entry = JOURNAL[i];
  // 对 entry 做一些工作
}
```

这种循环在经典的 JavaScript 中是常见的——逐个元素遍历数组要编写很多东西，为此，你需要运行一个等于数组长度的计数器，并依次取出每个元素。

在现代 JavaScript 中编写这样的循环有一种更简便的方法。

```
for (let entry of JOURNAL) {
  console.log(`${entry.events.length} events.`);
}
```

当 for 循环看起来像这样时——在变量定义之后接 of 单词，它将循环遍历 of 之后给定的值的元素。这不仅适用于数组，也适用于字符串和其他一些数据结构。我们将在第 6 章讨论它的工作原理。

4.10　最终分析

我们需要计算数据集中发生的每种事件类型的相关性。要做到这一点，我们首先需要找到每种类型的事件。

```
function journalEvents(journal) {
  let events = [];
  for (let entry of journal) {
    for (let event of entry.events) {
      if (!events.includes(event)) {
        events.push(event);
      }
    }
  }
  return events;
}

console.log(journalEvents(JOURNAL));
// → ["carrot", "exercise", "weekend", "bread", ...]
```

通过遍历所有事件并将那些尚不存在的事件添加到事件数组中，此函数会收集每种类型的事件。

使用它，我们可以看到所有事件与变身松鼠人的相关系数。

```
for (let event of journalEvents(JOURNAL)) {
  console.log(event + ":", phi(tableFor(event, JOURNAL)));
}
// → carrot:   0.0140970969
// → exercise: 0.0685994341
// → weekend:  0.1371988681
```

```
// → bread:    -0.0757554019
// → pudding: -0.0648203724
// 等等
```

大多数相关性似乎都接近于零。吃胡萝卜、面包或布丁显然不会引发变身松鼠人。这似乎更频繁地发生在周末。让我们过滤结果，只显示相关性大于 0.1 或小于 –0.1 的条目。

```
for (let event of journalEvents(JOURNAL)) {
  let correlation = phi(tableFor(event, JOURNAL));
  if (correlation > 0.1 || correlation < -0.1) {
    console.log(event + ":", correlation);
  }
}
// → weekend:         0.1371988681
// → brushed teeth: -0.3805211953
// → candy:          0.1296407447
// → work:          -0.1371988681
// → spaghetti:      0.2425356250
// → reading:        0.1106828054
// → peanuts:        0.5902679812
```

啊哈！有两个因素的相关性明显比其他因素更强。吃花生对变成松鼠人的概率有很大的正面影响，而刷牙则会产生明显的负面影响。

有趣。让我们试试吧。

```
for (let entry of JOURNAL) {
  if (entry.events.includes("peanuts") &&
      !entry.events.includes("brushed teeth")) {
    entry.events.push("peanut teeth");
  }
}
console.log(phi(tableFor("peanut teeth", JOURNAL)));
// → 1
```

这是一个很好的结果。变身松鼠人现象恰恰发生在雅克吃花生并且没有刷牙时。如果他不是一个不讲牙齿卫生的懒汉，他甚至永远不会有这种痛苦。

知道了这一点，雅克完全停止了吃花生，并发现他再也不会变成松鼠了。

几年来，雅克的生活变得很棒。但后来他失去了工作。因为他生活在一个贫穷的国家，没有工作意味着没有钱看病，他被迫在马戏团就业，在那里他扮演着"不可思议的松鼠"，在每场秀之前他都用花生酱塞满嘴。

有一天，厌倦了这种可怜的生活，雅克没有变回人形，他跳过马戏团帐篷的裂缝，消失在森林里，再也不见了。

4.11 其他数组方法

在结束本章之前，我想向你介绍一些与对象相关的概念。我将首先介绍一些通常很有用的数组方法。

我们在 4.4 节中看到了 push 和 pop，它们在数组的末尾添加和删除元素。而在数组的开头添加和删除元素的相应方法称为 unshift 和 shift。

```
let todoList = [];
function remember(task) {
  todoList.push(task);
}
function getTask() {
  return todoList.shift();
}
function rememberUrgently(task) {
  todoList.unshift(task);
}
```

此程序管理任务队列。你可以通过调用 remember("groceries") 将任务添加到队列的末尾，当你准备做某事时，可以调用 getTask() 从队列中获取（并删除）前端的项。remember-Urgently 函数也添加一个任务，但将其添加到队列的前面而不是后面。

为搜索特定值，数组提供了 indexOf 方法。此方法从开始到结束搜索数组并返回找到给定值的索引；如果未找到，则返回 –1。

要从末尾而不是从头开始搜索，有一个类似的方法叫作 lastIndexOf。

```
console.log([1, 2, 3, 2, 1].indexOf(2));
// → 1
console.log([1, 2, 3, 2, 1].lastIndexOf(2));
// → 3
```

indexOf 和 lastIndexOf 都有一个可选的第二参数，表示从哪里开始搜索。

另一个基本的数组方法是 slice，它接收起始和结束索引并返回一个只包含它们之间元素的数组。起始索引是包含在内的，结束索引是不包含在内的。

```
console.log([0, 1, 2, 3, 4].slice(2, 4));
// → [2, 3]
console.log([0, 1, 2, 3, 4].slice(2));
// → [2, 3, 4]
```

当没有给出结束索引时，slice 将获取起始索引之后的所有元素。你还可以省略起始索引以复制整个数组。

concat 方法可用于将数组黏合在一起以创建新数组，类似于 + 运算符对字符串所做的操作。

以下示例显示了 concat 和 slice 的操作。它接收一个数组和一个索引，并返回一个新数组，此数组是原始数组的副本，其中删除了给定索引处的元素。

```
function remove(array, index) {
  return array.slice(0, index)
    .concat(array.slice(index + 1));
}
```

```
console.log(remove(["a", "b", "c", "d", "e"], 2));
// → ["a", "b", "d", "e"]
```

如果你给 concat 传递一个不是数组的参数，那么此值将被添加到新数组中，就好像它是一个单元素数组一样。

4.12　字符串及其属性

我们可以从字符串值中读取 length 和 toUpperCase 等属性。但是如果你试图添加一个新属性，它却不会保持这个新属性。

```
let kim = "Kim";
kim.age = 88;
console.log(kim.age);
// → undefined
```

字符串、数字和布尔类型的值不是对象，虽然你尝试在它们上设置新属性时，JavaScript 语言不会报错，但它实际上并不存储这些属性。[⊖] 如前所述，这些值是不可变的，不能更改。

但是这些类型确实具有内置属性。每个字符串值都有许多方法。其中非常有用的是 slice 和 indexOf，它们的作用类似于同名的数组方法。

```
console.log("coconuts".slice(4, 7));
// → nut
console.log("coconut".indexOf("u"));
// → 5
```

两者的区别之一是字符串的 indexOf 方法可以搜索包含多个字符的字符串，而同名的数组方法只查找单个元素。

```
console.log("one two three".indexOf("ee"));
// → 11
```

trim 方法从字符串的开头和结尾删除空格（空格、换行符、制表符和类似字符）。

```
console.log("  okay \n ".trim());
// → okay
```

前一章中的 zeroPad 函数也作为一种方法存在。它被称为 padStart，并将所需的长度和填充字符作为参数。

```
console.log(String(6).padStart(3, "0"));
// → 006
```

你可以使用 split[⊖]在每次出现另一个字符串时拆分字符串，并使用 join 再次把它们拼接起来。

⊖ 对于已有属性的赋值也不起作用，例如上述代码中 kim[0]='J' 不能改变 kim[0]，但也不报错。——译者注

⊖ 作为分隔符。——译者注

```
let sentence = "Secretarybirds specialize in stomping";
let words = sentence.split(" ");
console.log(words);
// → ["Secretarybirds", "specialize", "in", "stomping"]
console.log(words.join(". "));
// → Secretarybirds. specialize. in. stomping
```

可以使用 repeat 方法重复一个字符串, 这会创建一个把原始字符串的多个副本黏合在一起的新字符串。

```
console.log("LA".repeat(3));
// → LALALA
```

我们已经看到了字符串类型的 length 属性。访问字符串中的单个字符看起来像访问数组元素(我们将在 5.9 节中讨论这一点)。

```
let string = "abc";
console.log(string.length);
// → 3
console.log(string[1]);
// → b
```

4.13 剩余参数

函数能够接受任意数量的参数, 这一点可能很有用。例如, Math.max 计算给定的所有参数的最大值。

要编写这样的函数, 需要在函数的最后一个参数之前放三个点, 如下所示:

```
function max(...numbers) {
  let result = -Infinity;
  for (let number of numbers) {
    if (number > result) result = number;
  }
  return result;
}
console.log(max(4, 1, 9, -2));
// → 9
```

调用此类函数时, 剩余参数被绑定到包含所有后续参数的数组中。如果剩余参数之前还有其他参数, 则那些参数的值不是此数组的一部分。当像 max 一样剩余参数是唯一的参数时, 它将包含所有参数。

你可以使用类似的三点表示法来调用带有参数数组的函数。

```
let numbers = [5, 1, 7];
console.log(max(...numbers));
// → 7
```

这会把数组 "展开" 到函数调用中, 将其元素作为单独的参数传递。函数调用可以同时包含像这样的数组以及其他参数，如 max(9,... numbers,2)。

方括号数组表示法同样允许利用三点运算符将另一个数组展开到新数组中。

```
let words = ["never", "fully"];
console.log(["will", ...words, "understand"]);
// → ["will", "never", "fully", "understand"]
```

4.14 Math 对象

正如我们所见，Math 是一个与数字相关的实用函数的集合，例如 Math.max（最大值）、Math.min（最小值）和 Math.sqrt（平方根）。

Math 对象用作容器，用于对一组相关的功能进行分组。只有一个 Math 对象，它几乎从不作为值使用。相反，它提供了一个名称空间，以便所有这些函数和值都无须全局绑定。

有太多的全局绑定会"污染"命名空间。取的名字越多，你就越有可能意外覆盖一些现有绑定的值。例如，你未必不会在你的某个程序中命名 max。由于 JavaScript 的内置 max 函数安全地隐藏在 Math 对象中，因此我们不必担心会覆盖它。

当你使用已经使用过的名称定义绑定时，许多语言都会阻止你，或者至少会警告你。JavaScript 对你使用 let 或 const 声明的绑定执行此操作，但对于标准绑定和使用 var 或 function 声明的绑定并不执行此操作。

回到 Math 对象。如果你需要做三角运算，Math 可以提供帮助。它包含 cos（余弦）、sin（正弦）和 tan（正切），以及它们的反函数 acos、asin 和 atan。数字 π（pi）——JavaScript 所能表达的与原数最接近的近似数，可以通过 Math.PI 来使用。一种古老的编程传统是将名称的字母全部大写来命名常数值。

```
function randomPointOnCircle(radius) {
  let angle = Math.random() * 2 * Math.PI;
  return {x: radius * Math.cos(angle),
          y: radius * Math.sin(angle)};
}
console.log(randomPointOnCircle(2));
// → {x: 0.3667, y: 1.966}
```

如果你不熟悉正弦和余弦，请不要担心，在本书第 14 章中使用它们时我将详细解释。

前面的示例使用 Math.random。这是一个每次你调用时会返回 0（包含）和 1（不包含）之间的新伪随机数的函数。

```
console.log(Math.random());
// → 0.36993729369714856
console.log(Math.random());
// → 0.727367032552138
console.log(Math.random());
// → 0.40180766698904335
```

虽然计算机是确定性的机器——对于相同的输入，它们总是给出同样的反馈，但可以设法让它们产生随机出现的数字。为此，机器保留了一些隐藏值，每当你要求新的随机数时，它会对这些隐藏值进行复杂的计算以创建新值。它存储一个新值并返回从中派生的一些数字。这样，它能够以一种貌似随机的方式产生新的、难以预测的数字。

如果我们想要一个随机整数而不是一个小数，我们可以在 Math.random 的结果上使用 Math.floor（向下舍入到最接近的整数）。

```
console.log(Math.floor(Math.random() * 10));
// → 2
```

将随机数乘以 10 得到一个大于等于 0 且小于 10 的数字。由于 Math.floor 向下舍入，该表达式将以同等的机会产生从 0 到 9 的任何数字。

此外还有函数 Math.ceil（用于"向上取整"，它可以舍入到整数）、Math.round（四舍五入到最接近的整数）和 Math.abs（它取一个数字的绝对值，这意味着它对负值取相反数，但对 0 和正值保持不变）。

4.15　解构

让我们暂时回到 phi 函数。

```
function phi(table) {
  return (table[3] * table[0] - table[2] * table[1]) /
    Math.sqrt((table[2] + table[3]) *
              (table[0] + table[1]) *
              (table[1] + table[3]) *
              (table[0] + table[2]));
}
```

这个函数难以理解的原因之一是我们用一个绑定指向数组，但是我们更喜欢对数组的元素进行绑定，即让 n00 = table[0]，等等。幸运的是，在 JavaScript 中有一种简洁的方法可以做到这一点。

```
function phi([n00, n01, n10, n11]) {
  return (n11 * n00 - n10 * n01) /
    Math.sqrt((n10 + n11) * (n00 + n01) *
              (n01 + n11) * (n00 + n10));
}
```

这也适用于使用 let、var 或 const 创建的绑定。如果你知道绑定的值是一个数组，则可以使用方括号"查看"值，并绑定其内容。

类似的技巧也适用于对象，但使用的是大括号而不是方括号。

```
let {name} = {name: "Faraji", age: 23};
console.log(name);
// → Faraji
```

请注意，如果你尝试解构 null 或 undefined，则会出现错误，就像你直接尝试访问这些值的属性一样。

4.16　JSON

因为属性只抓取它们的值，而不是包含它，所以对象和数组在计算机的存储器中作为比特序列存储的是其内容的地址，也就是这些内容在内存中的位置。因此，其中包含另一个数组的数组（至少）包含内部数组的一个内存区域和外部数组的另一个内存区域，其中后者（除其他内容外）包含表示内部数组位置的二进制数。

如果要将数据保存在文件中以供以后使用或通过网络将其发送到另一台计算机，则必须以某种方式将这些混乱的内存地址转换为可以存储或发送的描述。你可以发送整个计算机内存以及你感兴趣的值的地址，但我认为这似乎不是最佳方法。

我们可以做的是序列化数据。这意味着它被转换为平面描述。一种流行的序列化格式称为 JSON（发音为"杰森"），它代表 JavaScript Object Notation。它被广泛用作 Web 上的数据存储和通信格式，即使是 JavaScript 以外的语言也是如此。

JSON 看起来类似于 JavaScript 编写数组和对象的方式，但有一些限制。所有属性名称都必须用双引号括起来，并且只允许使用简单的数据表达式——没有函数调用、绑定或涉及实际计算的任何内容。JSON 中不允许注释。

当表示为 JSON 数据时，日志条目可能如下所示：

```
{
  "squirrel": false,
  "events": ["work", "touched tree", "pizza", "running"]
}
```

JavaScript 为我们提供了 JSON.stringify 和 JSON.parse 函数，用于将数据转换为此格式或从此格式转换为数据。第一个函数获取 JavaScript 值并返回 JSON 编码的字符串。第二个函数取得这样的字符串并将其转换为它编码的值。

```
let string = JSON.stringify({squirrel: false,
                             events: ["weekend"]});
console.log(string);
// → {"squirrel":false,"events":["weekend"]}
console.log(JSON.parse(string).events);
// → ["weekend"]
```

4.17　小结

对象和数组（特定类型的对象）提供了将多个值组合为单个值的方法。从概念上讲，这允许我们将一堆相关的东西放在一个袋子里然后提着袋子跑来跑去，而不是七手八脚地试图分别抓住所有单独的物体。

JavaScript 中的大多数值都具有属性，null 和 undefined 除外。可以使用 value.prop 或 value["prop"] 来访问属性。对象倾向于使用名称作为其属性，并且基本上存储它们的固定集合。另一方面，数组通常包含不同数量的概念相同的值，并使用数字（从 0 开始）作为其属性的名称。

数组中存在一些命名属性，例如 length 和许多方法。方法是存在于属性中的函数，并且（通常）作用于它们属性的值。

你可以使用特殊类型的 for 循环如 for (let element of array) 来迭代数组。

4.18　习题

1. 求一个范围内数的总和

本书的前言提到了以下计算一系列数字之和的好方法：

```
console.log(sum(range(1, 10)));
```

编写一个 range 函数，它接收两个参数——start 和 end，并返回一个包含从 start 到（和包括）end 的所有数字的数组。

接下来，编写一个 sum 函数，它接收一个数字数组并返回这些数字的总和。运行示例程序，看看它是否确实返回 55。

作为附加任务，修改 range 函数以采用可选的第三个参数，此参数指示构建数组时使用的"步长"值。如果没有给出步长，则元素以 1 的增量递增，对应于原来的行为。函数调用 range(1, 10, 2) 应该返回 [1, 3, 5, 7, 9]。确保它也适用于负的步长值，以便 range(5, 2, -1) 产生 [5, 4, 3, 2]。

2. 反转数组

数组有一个 reverse 方法，通过反转其元素出现的顺序来更改数组。在本练习中，编写两个函数 reverseArray 和 reverseArrayInPlace。第一个 reverseArray，它将一个数组作为参数，并生成一个新的数组，此数组具有按相反顺序列出的相同元素。第二个是 reverseArrayInPlace，它执行 reverse 方法的操作：它通过反转其元素位置来修改作为参数给出的数组。两个函数都不用到标准的 reverse 方法。

回想 3.11 节中对副作用和纯函数的解释，你觉得哪种变体在更多情况下有用？哪一个运行速度较快？

3. 一个列表

对象作为值的一般集合，可用于构建各种数据结构。一个常见的数据结构是列表（不要与数组混淆）。列表是一组嵌套的对象，第一个对象包含对第二个对象的引用，第二个对象包含对第三个对象的引用，以此类推。

```
let list = {
  value: 1,
  rest: {
    value: 2,
    rest: {
      value: 3,
      rest: null
    }
  }
};
```

生成的对象形成一个链，如下所示：

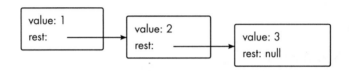

列表的一个好处是它们可以共享其结构的一部分。例如，如果我创建两个新值 {value:0,rest:list} 和 {value:-1,rest:list}（其中 list 引用此前定义的绑定），它们都是独立列表，但它们共享构成其最后三个元素的结构（即 list）。原始列表仍然是有效的三元素列表。

编写一个函数 arrayToList，它建立一个列表结构，类似于给定 [1,2,3] 作为参数时显示的列表结构。还要编写一个 listToArray 函数，从列表中生成一个数组。然后添加一个辅助函数 prepend，它接收一个元素和一个列表，并创建一个新的列表，将元素添加到输入列表的前面。再添加一个 nth 函数，它的参数是一个列表和一个数字，并返回列表中给定位置的元素（0 指向第一个元素），如果不存在此元素，则返回 undefined。

如果你还没有编写 nth 的递归版本，也编写一个。

4. 深度比较

== 运算符按标识比较对象。但有时你更愿意比较其实际属性的值。

编写一个函数 deepEqual，它接收两个值，只有当它们是相同的值或者是具有相同属性的对象时才返回 true，其中使用 deepEqual 的递归调用进行比较时，这些属性的值相等。

要确定是直接比较值（使用 === 运算符）还是比较其属性，可以使用 typeof 运算符。如果它对于两个值都产生 "object"，则应进行深入的比较。但是你必须考虑一个愚蠢的例外：由于历史原因，typeof null 也会产生 "object"。

当你需要查看对象的属性以比较它们时，Object.keys 函数将非常有用。

第 5 章 *Chapter 5*

高阶函数

大型程序的成本很高，不仅仅是因为构建它们所需的时间很长。程序的复杂性几乎总是与其大小成正比，而复杂会让程序员感到糊涂。反过来，糊涂的程序员会将错误（bug）引入程序。因此，大型程序为这些错误提供了大量藏身之处，使它们难以被找到。

让我们简要回顾一下前言中的最后两个示例程序。第一个程序的长度为六行，可以独立运行。

```
let total = 0, count = 1;
while (count <= 10) {
  total += count;
  count += 1;
}
console.log(total);
```

第二个程序的长度为一行，但它依赖于两个外部函数。

```
console.log(sum(range(1, 10)));
```

哪一个程序更容易隐藏错误呢？

如果我们算上 sum 和 range 定义的大小，那么第二个程序会比第一个程序大得多。但是，我仍然认为它的正确性更有保证。

第二个程序的正确性更有保证是因为它的代码中使用的词汇与要解决的问题是相对应的。对一个范围内的数字求和的问题同循环和计数器无关，它就是关于范围和求和的问题。

这些词汇的定义（函数 sum 和 range）仍将涉及循环、计数器和其他附带细节。但是因为它们表达的概念比整个程序更简单，所以它们更容易保证正确性。

5.1　抽象化

在编程环境中，这些类型的词汇通常称为抽象。抽象隐藏了细节，使我们能够在更高（或更抽象）的层面上讨论问题。

作为类比，比较下面这两个豌豆汤配方。第一个配方是这样的：

> 将每人 1 杯干豌豆放入容器中。加水直到豌豆被很好地覆盖。至少将豌豆留在水中 12 小时。将豌豆从水中取出并放入煮锅中。每人加 4 杯水。盖上锅盖，让豌豆慢慢煨两个小时。每人半个洋葱。用刀切成碎片。加入豌豆。每人一根芹菜。用刀切成碎片。加入豌豆。每人一根胡萝卜。把它切成碎片。用刀！加入豌豆。再煮 10 分钟。

这是第二个配方：

> 每人的分量：1 杯干豌豆、半个切碎的洋葱、一根芹菜和一根胡萝卜。
>
> 浸泡豌豆 12 小时。在 4 杯水（每人）中煨 2 小时。剁碎并加入蔬菜。再煮 10 分钟。

第二个配方更短，也更容易解释。但你需要了解一些与烹饪有关的词汇，比如浸泡、煨、剁，以及蔬菜。

在编程时，我们不能希望我们需要的所有功能都是现成的。因此，我们可能会陷入第一个配方的模式——逐个实现计算机必须执行的精确步骤，而对它们表达的更高级别的概念视而不见。

在编程时，当你工作的抽象级别太低时，提高抽象程度是一项值得注意的非常有用的技巧。

5.2　提取重复的内容

正如我们已经看到的那样，普通函数是构建抽象的好方法。但它们有时还不够。

程序通常会执行给定次数的操作。你可以为此编写 for 循环，如下所示：

```
for (let i = 0; i < 10; i++) {
  console.log(i);
}
```

我们可以把"做某事 N 次"抽象成为一个函数吗？有这必要吗，编写一个调用 console.log N 次的函数多容易啊。

```
function repeatLog(n) {
  for (let i = 0; i < n; i++) {
    console.log(i);
  }
}
```

但是，如果我们想要做记录数字以外的其他事情呢？由于"做某事"可以表示为函数，而函数只是值，因此我们可以将操作（action）作为一个函数值传递。

```
function repeat(n, action) {
  for (let i = 0; i < n; i++) {
    action(i);
  }
}

repeat(3, console.log);
// → 0
// → 1
// → 2
```

我们传递给 repeat 的不一定要求是预定义的函数。通常，在原地创建传入的函数值更方便。

```
let labels = [];
repeat(5, i => {
  labels.push(`Unit ${i + 1}`);
});
console.log(labels);
// → ["Unit 1", "Unit 2", "Unit 3", "Unit 4", "Unit 5"]
```

这个结构有点像 for 循环——它首先描述了循环的种类然后提供了一个循环体。但是，整个循环体现在被写为函数值，它包含在 repeat 调用的括号中。这就是为什么上述程序必须同时用大括号和圆括号括起来的原因。在这个例子中，循环体是一个小表达式，你也可以把循环写在一行上，这样就可以省略大括号。⊖

5.3 高阶函数

对其他函数进行操作（无论是将其他函数作为参数还是通过返回它们来进行操作）的函数都称为高阶函数。由于我们已经看到函数是普通的值，因此存在这样的函数这一事实并不特别值得惊讶。此术语来自数学，但数学中对函数和其他值有更严格的区分。

高阶函数允许我们不仅对值，而且对操作进行抽象。它们有多种形式。例如，我们可以使用高阶函数创建新的函数。

```
function greaterThan(n) {
  return m => m > n;
}
let greaterThan10 = greaterThan(10);
console.log(greaterThan10(11));
// → true
```

我们可以用高阶函数改变其他函数。

⊖ 例如 repeat(5, i => labels.push(`Unit ${i + 1}`));——译者注

```
function noisy(f) {
  return (...args) => {
    console.log("calling with", args);
    let result = f(...args);
    console.log("called with", args, ‖ ", returned", result);
    return result;
  };
}
noisy(Math.min)(3, 2, 1);
// → calling with [3, 2, 1]
// → called with [3, 2, 1] , returned 1
```

我们甚至可以用高阶函数提供新的控制流类型。

```
function unless(test, then) {
  if (!test) then();
}

repeat(3, n => {
  unless(n % 2 == 1, () => {
    console.log(n, "is even");
  });
});
// → 0 is even
// → 2 is even
```

数组内置的方法 forEach，提供了类似于把 for/of 循环作为高阶函数的功能。

```
["A", "B"].forEach(l => console.log(l));
// → A
// → B
```

5.4 语言字符集数据集

高阶函数大显身手的一个领域是数据处理。为此，我们需要准备一些实际数据。本章将使用有关语言字符集的数据集，如拉丁语、西里尔语或阿拉伯语。

还记得第 1 章中的 Unicode，即为书面语言中的每个字符分配一个数字的系统吗？大多数这些字符都与特定语言字符集相关联。该标准包含 140 种不同的语言字符集——目前仍在使用的有 81 种，另外 59 种只具有历史意义。

虽然我只能流利地阅读拉丁字符，但我很欣赏人们在至少 80 个其他书面语系统中书写文本的事实，其中许多我甚至都不认识。例如，这是泰米尔语笔迹的样本：

இன்னா செய்தாரை ஓறுத்தல் அவர்நாண
நின்னயம் செய்து விடல்.

示例数据集包含有关 Unicode 定义的 140 个语言字符集的一些信息。它可以在本章的编程沙盒中用 SCRIPTS 绑定得到（https://eloquentjavascript.net/code#5）。此绑定包含一组对象，每个对象都描述一个语言字符集。

```
{
  name: "Coptic",
  ranges: [[994, 1008], [11392, 11508], [11513, 11520]],
  direction: "ltr",
  year: -200,
  living: false,
  link: "https://en.wikipedia.org/wiki/Coptic_alphabet"
}
```

这样的对象告诉我们语言字符集的名称、分配给它的 Unicode 范围、书写的方向、（近似）最早出现的时间、是否仍在使用，以及指向更多信息的链接。方向可以是从左到右的 "ltr"，从右到左的 "rtl"（阿拉伯语和希伯来语文本是从右到左写的），或从上到下的 "ttb"（与书写蒙古文的方向一样）。

ranges 属性包含一个 Unicode 字符范围数组，每个字符范围都是一个包含下限和上限的双元素数组。这些范围内的任何字符代码都将分配给此语言字符集。下限包含在内（代码 994 是科普特字符），上限不包含在内（代码 1008 不是）。

5.5　过滤数组

要查找数据集中仍在使用的语言字符集，以下函数可能会有所帮助。它把数组中未通过测试的元素过滤掉。

```
function filter(array, test) {
  let passed = [];
  for (let element of array) {
    if (test(element)) {
      passed.push(element);
    }
  }
  return passed;
}

console.log(filter(SCRIPTS, script => script.living));
// → [{name: "Adlam", ...}, ...]
```

此函数使用名为 test 的参数（函数值）来填充计算中的"间隙"——决定收集哪些元素的过程。

请注意 filter 函数是如何构建一个只包含通过测试的元素的新数组，而不是从现有数组中删除元素的。这个函数是纯函数。它不会修改给定的数组。

与 forEach 一样，filter 也是一种标准的数组方法。本示例定义此函数仅用来显示其内部执行的操作。从现在开始，我们将使用如下的写法来代替上面的写法：

```
console.log(SCRIPTS.filter(s => s.direction == "ttb"));
// → [{name: "Mongolian", ...}, ...]
```

5.6　用 map 转换

假设我们以某种方式过滤 SCRIPTS 数组产生了一个表示语言字符集的对象数组，但我们想要一组名称，因为这更容易检查。

map 方法通过将函数应用于其所有元素并根据返回的值构建新数组来转换数组。新数组的长度将与输入数组相同，但其内容将由函数映射为新形式。

```
function map(array, transform) {
  let mapped = [];
  for (let element of array) {
    mapped.push(transform(element));
  }
  return mapped;
}

let rtlScripts = SCRIPTS.filter(s => s.direction == "rtl");
console.log(map(rtlScripts, s => s.name));
// → ["Adlam", "Arabic", "Imperial Aramaic", ...]
```

与 forEach 和 filter 一样，map 也是一种标准的数组方法。

5.7　用 reduce 汇总

与数组有关的另一个常见问题是从它们计算单个值。我们反复使用的对一组数字求和的例子，就是这方面的一个实例。另一个例子是找到具有最多字符的语言字符集。

表示这种模式的高阶操作称为 reduce（有时也称为 fold）。它通过重复从数组中取出一个元素并将其与当前值组合来构建一个值。在对数字进行求和时，你将从数字零开始，将每个元素加到总和中。

reduce 的参数除数组外，还有组合函数和起始值。这个函数比 filter 和 map 要稍微复杂一点，所以仔细看看它：

```
function reduce(array, combine, start) {
  let current = start;
  for (let element of array) {
    current = combine(current, element);
  }
  return current;
}

console.log(reduce([1, 2, 3, 4], (a, b) => a + b, 0));
// → 10
```

理所当然地，对应于此函数的是标准数组方法 reduce，它具有额外的便利性。如果你的数组包含至少一个元素，则可以不使用 start 参数。此方法将数组的第一个元素作为其起始值，并从第二个元素开始减少。

```
console.log([1, 2, 3, 4].reduce((a, b) => a + b));
// → 10
```

要使用 reduce（两次）来查找具有最多字符的语言字符集，我们可以编写如下内容：

```
function characterCount(script) {
  return script.ranges.reduce((count, [from, to]) => {
    return count + (to - from);
  }, 0);
}

console.log(SCRIPTS.reduce((a, b) => {
  return characterCount(a) < characterCount(b) ? b : a;
}));
// → {name: "Han", ...}
```

characterCount 函数通过对分配给语言字符集的各个范围的大小进行累加来减少（reduce）这些范围。请注意在 reduce 函数参数列表中使用了解构功能。然后第二次调用 reduce 通过重复比较两个语言字符集并返回较大的语言字符集来使用它来查找规模最大的语言字符集。

汉字语言字符集在 Unicode 标准中被分配了超过 89 000 个字符，使其成为数据集中迄今为止最大的书写系统。汉字是一个（有时）用于中文、日文和韩文文本的语言字符集。这些语言共享很多字符，但它们的写法往往不同。（美国）Unicode 联盟决定将它们视为单个书写系统，用于保存字符代码。这称为 Han unification（中日韩越统一表意文字）。

5.8　组合性

考虑如何在不使用高阶函数的情况下编写前面的示例（找到规模最大的语言字符集）。代码并没有那么糟糕。

```
let biggest = null;
for (let script of SCRIPTS) {
  if (biggest == null ||
      characterCount(biggest) < characterCount(script)) {
    biggest = script;
  }
}
console.log(biggest);
// → {name: "Han", ...}
```

这个程序中还有一些绑定，程序长度比高阶函数版本多四行。但它仍然非常易读。

当你需要组合操作时，高阶函数的价值就开始突显了。举个例子，让我们编写代码，找到数据集中存活和死亡的语言字符集的平均起源年份。

```
function average(array) {
  return array.reduce((a, b) => a + b) / array.length;
}

console.log(Math.round(average(
  SCRIPTS.filter(s => s.living).map(s => s.year))));
// → 1188
console.log(Math.round(average(
  SCRIPTS.filter(s => !s.living).map(s => s.year))));
// → 188
```

因此，Unicode 中的死亡语言字符集比存活语言字符集平均来说更古老。这个统计结果并不非常有意义或令人惊讶。但我希望你会赞同用于计算它的代码并不难读。你可以将其视为一个管道：我们从所有语言字符集开始，过滤存活（或死亡）的语言字符集，从中获取年份，对它们求平均，并对结果进行舍入。

你当然也可以把这个计算写成一个大循环。

```
let total = 0, count = 0;
for (let script of SCRIPTS) {
  if (script.living) {
    total += script.year;
    count += 1;
  }
}
console.log(Math.round(total / count));
// → 1188
```

但是很难看出计算的内容和方式。并且因为中间结果表示为不相干的值，所以将平均值之类的东西提取到单独的函数中要做的工作要多得多。

就计算机实际执行的操作而言，这两种方法也有很大不同。第一种方法将在运行 filter 和 map 时构建新数组，而第二种方法仅计算一些数字，从而减少工作量。你通常可以提供可读的方法，但如果你正在处理非常大型的数组，并且要这样做很多次，那么可能值得用抽象程度不高的形式来提高速度。

5.9 字符串和字符代码

上述数据集的一个用途是确定一段文本正在使用的语言字符集。让我们来看一个执行此操作的程序。

请记住，每个语言字符集都有一个与之关联的字符代码范围数组。所以给定一个字符代码，我们就可以使用这样的函数来查找相应的语言字符集（如果有的话）：

```
function characterScript(code) {
  for (let script of SCRIPTS) {
    if (script.ranges.some(([from, to]) => {
      return code >= from && code < to;
```

```
    })) {
      return script;
    }
  }
  return null;
}

console.log(characterScript(121));
// → {name: "Latin", ...}
```

some 方法是又一个高阶函数。它需要一个测试函数，并告诉你数组中是否有任何元素输入测试函数后返回 true。

但是我们如何在字符串中获取字符代码呢？

在第 1 章中，我提到 JavaScript 字符串被编码为 16 位数字序列。这些数字序列被称为代码单元。一个 Unicode 字符代码最初被假定应该能容纳在这样一个单元中（它能给你提供略超过 65 000 个的字符）。当这么多字符变得明显不够多时，很多人都不愿意为每个字符使用更多的内存。为了解决这些问题，发明了 JavaScript 字符串使用的 UTF-16 格式。它使用单个 16 位代码单元来描述最常见的字符，但使用两个这样的单元来表示其他字符。

UTF-16 今天通常被认为是一个坏格式。似乎几乎是故意设计来引发错误的。很容易编写出把代码单元和字符混淆在一起的程序来。如果你的语言不使用双单元字符，那么这类程序看起来效果会很好。但是，一旦有人试图将这样的程序用于一些不那么常见的中文字符，那么它就会坏掉。幸运的是，随着表情符号的出现，每个人都开始使用双单元字符，处理这些问题的负担分摊得更公平了。

不幸的是，对 JavaScript 字符串的明显操作，例如通过 length 属性获取它们的长度以及使用方括号访问它们的内容，只能处理代码单元。

```
// 两个表情字符马和鞋
let horseShoe = "🐎👟";
console.log(horseShoe.length);
// → 4
console.log(horseShoe[0]);
// → （非法的半个字符）
console.log(horseShoe.charCodeAt(0));
// → 55357（半个字符的代码）
console.log(horseShoe.codePointAt(0));
// → 128052（马表情字符的实际代码）
```

JavaScript 的 charCodeAt 方法为你提供一个代码单元，而不是一个完整的字符。后来添加的 codePointAt 方法确实提供了一个完整的 Unicode 字符。所以我们可以用它来从字符串中获取字符。但传递给 codePointAt 的参数仍然是代码单元序列的索引。所以取出一个字符串中的所有字符我们仍然需要处理某个字符是占用一个还是两个代码单元的问题。

在 4.9 节中提到了 for/of 循环也可用于字符串。像 codePointAt 一样，这种类型的循环是在人们敏锐地意识到 UTF-16 的问题的时候引入的。当你使用它来遍历一个字符串时，提供给你的是真正的字符而不是代码单元。

```
let roseDragon = "🌹🐉";
for (let char of roseDragon) {
  console.log(char);
}
// → 🌹
// → 🐉
```

如果你有一个字符（它是一个或两个代码单元的字符串），你可以使用 codePointAt(0) 来获取它的代码。

5.10 文本识别

有了 characterScript 函数和一种正确遍历字符的方法。下一步就是计算属于每个语言字符集的字符。如下的计数抽象在那一步会很有用。

```
function countBy(items, groupName) {
  let counts = [];
  for (let item of items) {
    let name = groupName(item);
    let known = counts.findIndex(c => c.name == name);
    if (known == -1) {
      counts.push({name, count: 1});
    } else {
      counts[known].count++;
    }
  }
  return counts;
}

console.log(countBy([1, 2, 3, 4, 5], n => n > 2));
// → [{name: false, count: 2}, {name: true, count: 3}]
```

countBy 函数需要一个集合（我们可以用 for/of 循环的任何东西）和一个计算给定元素的组名的函数。它返回一个对象数组，每个对象都命名一个组，并告诉你在该组中找到的元素数。

它使用另一个数组方法——findIndex。此方法有点像 indexOf，但它不是查找特定值，而是查找给定函数返回 true 的第一个值。与 indexOf 一样，当没有找到这样的元素时，它返回 -1。

使用 countBy，可以编写函数来告诉我们在一段文本中使用了哪些语言字符集。

```
function textScripts(text) {
  let scripts = countBy(text, char => {
    let script = characterScript(char.codePointAt(0));
    return script ? script.name : "none";
  }).filter(({name}) => name != "none");
```

```
let total = scripts.reduce((n, {count}) => n + count, 0);
if (total == 0) return "No scripts found";

return scripts.map(({name, count}) => {
  return `${Math.round(count * 100 / total)}% ${name}`;
}).join(", ");
}

console.log(textScripts('英国的狗说"woof", 俄罗斯的狗说"тяв"'));
// → 61% Han, 22% Latin, 17% Cyrillic
```

此函数首先按名称对字符分别进行计数，使用 characterScript 为其指定名称，并为不属于任何语言字符集的字符返回字符串 "none"。filter 调用会从结果数组中删除 "none" 条目，因为我们对这些字符不感兴趣。

为了能够计算百分比，我们首先需要找出属于各种语言字符集的字符总数，我们可以使用 reduce 计算它们。如果未找到此类字符，则此函数返回特定字符串。否则，此函数用 map 将计数条目和与对应名称转换为可读字符串，然后用 join 将这些字符串拼接在一起。

5.11　小结

能够将函数值传递给其他函数是 JavaScript 的一个非常有用的方面。我们可以用这个功能编写出其中包含"间隙"的计算的函数。调用这些函数的代码可以通过提供函数值来填补这些间隙。

数组提供了许多有用的高阶方法。你可以使用 forEach 循环遍历数组中的元素。filter 方法返回一个新数组，其中只包含符合谓词函数条件的元素。将每个元素放入函数来转换数组是通过 map 完成的。你可以使用 reduce 将数组中的所有元素组合为单个值。some 方法测试任何元素是否与给定的谓词函数匹配。findIndex 查找与谓词匹配的第一个元素的位置。

5.12　习题

1. 展平

将 reduce 方法与 concat 方法结合使用，将数组的数组"展平"为包含原始数组所有元素的单个数组。

2. 你自己的循环

编写一个高阶函数 loop，提供类似 for 循环语句的东西。它需要一个值、一个测试函数、一个更新函数和一个体函数。每次迭代，它首先在当前循环值上运行测试函数，如果返回 false 则停止。然后它调用体函数，给它当前值。最后，它调用更新函数创建一个新值并从头开始。

定义函数时，可以使用常规循环来执行实际循环。

3. 全都

类似于 some 方法，数组也有 every 方法。当给定函数对数组中的每个元素都返回 true 时，此方法返回 true。在某种程度上，some 是 || 运算符作用于数组的一个版本，every 运算符类似于 && 运算符。

将 every 实现为一个将数组和谓词函数作为参数的函数。编写两个版本，一个使用循环，一个使用 some 方法。

4. 主要书写方向

编写一个函数来计算文本字符串中的主要书写方向。请记住，每个语言字符集对象都有一个 direction（方向）属性，可以是 "ltr"（从左到右）、"rtl"（从右到左）或 "ttb"（从上到下）。

主要方向是具有与之关联的语言字符集的大多数字符的方向。在这里可以利用本章前面定义的 characterScript 和 countBy 函数。

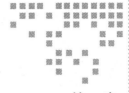

第 6 章 *Chapter 6*

对象的秘密

第 4 章介绍了 JavaScript 的对象。在编程文化中，我们有一种称为面向对象编程的技术，它使用对象（和相关概念）作为程序组织的核心原则。

虽然没有人真正同意其精确定义，但面向对象编程已经深刻影响了许多编程语言的设计，包括 JavaScript。本章将介绍在 JavaScript 中应用这些思想的方法。

6.1 封装

面向对象编程的核心思想是将程序划分为更小的部分，并使每个部分负责管理自己的状态。这样，关于程序的一部分工作方式的一些知识可以在该部分的局部保存。从事此程序其余部分的人不必记住甚至无须了解这些知识。当这些局部的细节发生变化时，只需要更新直接围绕它的代码。

这样的程序的不同部分通过接口（interface）、有限的函数集或绑定彼此交互，这些功能或绑定在更抽象的级别提供有用的功能，隐藏它们的精确实现。

这些程序块使用对象建模。它们的接口由一组特定的方法和属性组成。属于该接口的属性称为公共的（public）。外部代码不应该触及的其他内容称为私有的（private）。

许多语言都提供了区分公共和私有属性的方法，并完全阻止外部代码访问私有代码。JavaScript 再一次采用极简主义的方法，至少目前还没有实现这种区分。将其添加到语言中的工作正在进行中。

尽管语言没有内置这种区分，JavaScript 程序员还是成功地运用了这个思想。通常，可用的接口都在文档或注释中描述。在属性名称的开头加上下划线字符（_）以表示这些属性是私有的这种做法也很常见。

将接口与实现分离是一个好主意。它通常称为封装（encapsulation）。

6.2　方法

方法只不过是保存函数值的属性。下面是一个简单的方法 speak：

```
let rabbit = {};
rabbit.speak = function(line) {
  console.log(`The rabbit says '${line}'`);
};

rabbit.speak("I'm alive.");
// → The rabbit says 'I'm alive.'
```

通常，方法需要对调用它的对象执行某些操作。当一个函数作为一个方法被调用（作为一个属性查询并被立即调用时，就像在 object.method() 中一样）时，在它的函数体中的 this 绑定会自动指向调用它的对象。

```
function speak(line) {
  console.log(`The ${this.type} rabbit says '${line}'`);
}
let whiteRabbit = {type: "white", speak};
let hungryRabbit = {type: "hungry", speak};

whiteRabbit.speak("Oh my ears and whiskers, " +
                  "how late it's getting!");
// → The white rabbit says 'Oh my ears and whiskers, how
//   late it's getting!'
hungryRabbit.speak("I could use a carrot right now.");
// → The hungry rabbit says 'I could use a carrot right now.'
```

你可以将 this 视为以不同方式传递的额外参数。如果要显式传递它，可以使用函数的 call 方法，此方法将 this 值作为其第一个参数，并将其他参数视为普通参数。

```
speak.call(hungryRabbit, "Burp!");
// → The hungry rabbit says 'Burp!'
```

由于每个函数都有自己的 this 绑定，其值取决于它的调用方式，因此不能在使用 function 关键字定义的常规函数中引用包装作用域中的 this。

箭头函数是不同的——它们不绑定它们自己的 this，但可以看到围绕它们的作用域的 this 绑定。因此，你可以执行类似以下代码的操作，该代码从局部函数内部引用 this：

```
function normalize() {
  console.log(this.coords.map(n => n / this.length));
}
normalize.call({coords: [0, 2, 3], length: 5});
// → [0, 0.4, 0.6]
```

如果我使用 function 关键字将参数写入 map，则代码将无效。

6.3　原型

看好了。

```
let empty = {};
console.log(empty.toString);
// → function toString(){...}
console.log(empty.toString());
// → [object Object]
```

我从一个空对象中取出了一个属性。真是神奇！

好吧，这不是真的。我只是隐瞒了有关 JavaScript 对象的工作方式的信息罢了。除了它们自己的属性集之外，大多数对象还都有一个原型。原型是另一个用作属性后备源的对象。当一个对象收到一个对它没有的属性的请求时，将到它的原型那里搜索这个属性，然后是原型的原型，以此类推。

那么谁是那个空对象的原型呢？它是伟大的祖先原型，几乎所有对象背后的实体 Object.prototype。

```
console.log(Object.getPrototypeOf({}) ==
            Object.prototype);
// → true
console.log(Object.getPrototypeOf(Object.prototype));
// → null
```

正如你所猜测的，Object.getPrototypeOf 返回一个对象的原型。

JavaScript 对象的原型关系形成一个树形结构——这个结构的根是 Object.prototype。它提供了一些在所有对象中显示的方法，例如 toString，它将对象转换为字符串表示形式。

许多对象不直接将 Object.prototype 作为其原型，而是使用另一个提供不同默认属性集的对象。函数派生自 Function.prototype，数组派生自 Array.prototype。

```
console.log(Object.getPrototypeOf(Math.max) ==
            Function.prototype);
// → true
console.log(Object.getPrototypeOf([]) ==
            Array.prototype);
// → true
```

这样的原型对象本身就有一个原型，通常是 Object.prototype，所以它仍然间接提供像 toString 这样的方法。

你可以使用 Object.create 创建具有特定原型的对象。

```
let protoRabbit = {
  speak(line) {
    console.log(`The ${this.type} rabbit says '${line}'`);
```

```
  }
};
let killerRabbit = Object.create(protoRabbit);
killerRabbit.type = "killer";
killerRabbit.speak("SKREEEE!");
// → The killer rabbit says 'SKREEEE!'
```

对象表达式中的 speak(line) 属性是定义方法（method）的简便方法。它创建了一个名为 speak 的属性，并赋予它一个函数作为其值。

"proto" 兔子充当了所有兔子共享属性的容器。像杀手兔这样的单个兔子对象包含仅适用于自身的属性——在这种情况下是它的类型，并从其原型派生共享属性。

6.4　类

JavaScript 的原型系统可以解释为对面向对象编程中类（class）的概念的一种非正式的实现。类定义了一种对象的形状——它具有哪些方法和属性。这样的对象称为类的实例（instance）。

原型可用于定义类的所有实例共享相同值的属性，例如方法。每个实例不同的属性，例如我们兔子的 type 属性，需要直接存储在对象本身中。

因此，要创建给定类的实例，你必须创建一个派生自适当原型的对象，但你还必须确保它本身具有此类实例应具有的属性。这是通过构造函数实现的。

```
function makeRabbit(type) {
  let rabbit = Object.create(protoRabbit);
  rabbit.type = type;
  return rabbit;
}
```

JavaScript 提供了一种定义此类函数更方便的方法。如果将关键字 new 放在函数调用前面，则此函数将被视为构造函数。这意味着具有正确原型的对象会自动创建，在函数中绑定到 this，并在函数末尾返回。

构造对象时使用的原型对象是通过获取构造函数的 prototype 属性来找到的。

```
function Rabbit(type) {
  this.type = type;
}
Rabbit.prototype.speak = function(line) {
  console.log(`The ${this.type} rabbit says '${line}'`);
};

let weirdRabbit = new Rabbit("weird");
```

构造函数（实际上所有函数）会自动获取名为 prototype 的属性，此属性默认包含一个从 Object.prototype 派生的普通空对象。如果需要，可以使用新对象覆盖它。或者，你可以向现有对象添加属性，如示例所示。

按照惯例，构造函数的名称首字母大写，以便可以很容易地将它们与其他函数区分开来。

理解原型与构造函数（通过其 prototype 属性）关联的方式与对象具有原型的方式（可以使用 Object.getPrototypeOf 找到）之间的区别非常重要。

因为构造函数是函数，所以它的实际原型是 Function.prototype。它的 prototype 属性保存的是通过它创建的实例的原型。

```
console.log(Object.getPrototypeOf(Rabbit) ==
            Function.prototype);
// → true
console.log(Object.getPrototypeOf(weirdRabbit) ==
            Rabbit.prototype);
// → true
```

6.5 类表示法

所以 JavaScript 类是带有 prototype 属性的构造函数。这就是它们的工作方式，直到 2015 年，这就是你编写它们的唯一方式。现在，我们有了一个不那么丑陋的新表示法。

```
class Rabbit {
  constructor(type) {
    this.type = type;
  }
  speak(line) {
    console.log(`The ${this.type} rabbit says '${line}'`);
  }
}

let killerRabbit = new Rabbit("killer");
let blackRabbit = new Rabbit("black");
```

class 关键字开始一个类声明，它允许我们在一个地方同时定义一个构造函数和一组方法。可以在声明的大括号内写入任意数量的方法。一个名为 constructor 的方法被特殊处理。它提供了实际的构造函数，其将被绑定到名称 Rabbit。其他方法都被打包到此构造函数的原型中。因此，上述类声明等同于上一节中的构造函数定义。它看起来更好。

类声明当前只允许将包含函数的属性（即方法）添加到原型中。当你想要在其中保存非函数值时，这可能有点不方便。JavaScript 语言的下一个版本可能会改善这一点。现在，你可以在定义类之后直接操作原型来创建此类属性。

与 function 类似，class 可以在语句和表达式中使用。当用作表达式时，它不定义绑定，而只是将构造函数作为值生成。你可以在类表达式中省略类名。

```
let object = new class { getWord() { return "hello"; } };
console.log(object.getWord());
// → hello
```

6.6　覆盖派生属性

向对象添加属性时，无论它是否存在于原型中，此属性都会被添加到对象本身。如果原型中已存在具有相同名称的属性，则原型中的此属性将不再影响这个对象，因为它现在隐藏在对象自己的属性后面。

```
Rabbit.prototype.teeth = "small";
console.log(killerRabbit.teeth);
// → small
killerRabbit.teeth = "long, sharp, and bloody";
console.log(killerRabbit.teeth);
// → long, sharp, and bloody
console.log(blackRabbit.teeth);
// → small
console.log(Rabbit.prototype.teeth);
// → small
```

下图概述了运行此代码后的情况。Rabbit 和 Object 原型位于 killerRabbit 背后，作为一种背景，可以查找到对象本身中找不到的属性。

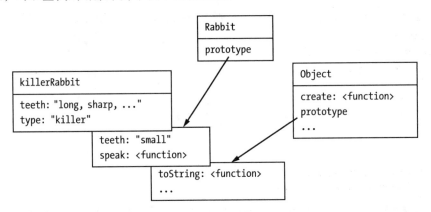

覆盖原型中存在的属性可能是一件有用的事情。正如兔子牙齿的示例所示，覆盖可用于在更通用的对象类的实例中表达异常属性，同时让非异常的对象从它们的原型中获取标准值。

覆盖也可以用于为标准函数和数组原型提供与基本对象原型不同的 toString 方法。

```
console.log(Array.prototype.toString ==
            Object.prototype.toString);
// → false
console.log([1, 2].toString());
// → 1,2
```

在数组上调用 toString 会产生类似于在其上调用 .join(",") 的结果——它在数组中的值之间放置逗号。直接使用数组调用 Object.prototype.toString 会产生不同的字符串。此函数不知道数组的信息，因此它只是将单词 object 和类型名称放在方括号之间。

```
console.log(Object.prototype.toString.call([1, 2]));
// → [object Array]
```

6.7　映射

我们在 5.6 节中看到了单词 map，它用于对某个数据结构的元素调用某个函数来转换此数据结构的操作。令人困惑的是，在编程中，相同的单词 map 也用于相关但相当不同的东西。

map（映射）是将值（键）与其他值相关联的数据结构。例如，你可能希望将名字映射到年龄。可以使用对象实现这种需求：

```
let ages = {
  Boris: 39,
  Liang: 22,
  Júlia: 62
};

console.log(`Júlia is ${ages["Júlia"]}`);
// → Júlia is 62
console.log("Is Jack's age known?", "Jack" in ages);
// → Is Jack's age known? false
console.log("Is toString's age known?", "toString" in ages);
// → Is toString's age known? true
```

这里，对象的属性名是人名，属性值是他们的年龄。但我们当然没有在映射中列出任何名为 toString 的人。然而，因为普通对象派生自 Object.prototype，所以看起来该属性就在那里。

因此，使用普通对象作为映射是危险的。有几种方法可以避免这个问题。首先，可以创建没有原型的对象。如果将 null 传递给 Object.create，则生成的对象将不会从 Object.prototype 派生，并且可以安全地用作映射。

```
console.log("toString" in Object.create(null));
// → false
```

对象属性名称必须是字符串。如果你需要一个无法方便地把其键转换为字符串（如对象）的映射，则无法使用对象作为映射。

幸运的是，JavaScript 附带了一个名为 Map 的类，它正是为了这个目的而编写的。它存储映射并允许使用任何类型的键。

```
let ages = new Map();
ages.set("Boris", 39);
ages.set("Liang", 22);
ages.set("Júlia", 62);

console.log(`Júlia is ${ages.get("Júlia")}`);
```

```
// → Júlia is 62
console.log("Is Jack's age known?", ages.has("Jack"));
// → Is Jack's age known? false
console.log(ages.has("toString"));
// → false
```

方法 set、get 和 has 是 Map 对象接口的一部分。能够快速更新和搜索大量值的数据结构并不容易编写，但我们不必担心。其他人已经为我们做了这些，我们可以通过这个简单的接口来使用他们的工作成果。

如果因为某种原因你确实有一个普通的对象需要被视为一个映射，那么知道 Object. keys 只返回一个对象自己的键，而不是原型中的那些属性是很有用的。作为 in 运算符的替代，你可以使用 hasOwnProperty 方法，此方法忽略对象的原型。

```
console.log({x: 1}.hasOwnProperty("x"));
// → true
console.log({x: 1}.hasOwnProperty("toString"));
// → false
```

6.8　多态性

当你在对象上调用 String 函数（将值转换为字符串）时，它将调用此对象上的 toString 方法以尝试从中创建有意义的字符串。我提到一些标准原型都定义了自己的 toString 版本，因此它们可以创建一个比 "[object Object]" 包含更多有用信息的字符串。你也可以自己实现这一点。

```
Rabbit.prototype.toString = function() {
  return `a ${this.type} rabbit`;
};
console.log(String(blackRabbit));
// → a black rabbit
```

这是一个很有用的思想的简单实例。当编写一段代码来处理具有特定接口的对象时——在本例中采用 toString 方法，任何正好支持此接口的对象都可以插入到代码中，它自动就可以正常工作。

这种技术称为多态。多态代码可以使用不同类型的值，只要它们支持它所期望的接口即可。

我在 4.9 节中注意到 for/of 循环可以循环遍历几种数据结构。这是多态的另一种情况——这种循环期望数据结构公开特定接口，数组和字符串都是这样做的。我们还可以将此接口添加到你自己的对象中！但在我们做到这一点之前，我们需要先了解符号是什么。

6.9　符号

多个接口可以使用相同的属性名称来进行不同的操作。例如，我可以定义一个接口，其中 toString 方法应该将对象转换为一段纱线。对象不可能同时符合这个接口和 toString 的标准用法。

这是一种不好的做法，而且这个问题并不常见。大多数 JavaScript 程序员根本就没有考虑过它。但语言设计师，其职责就是考虑这些东西，无论如何他们已经为我们提供了解决方案。

当我声称属性名称是字符串时，这并不完全准确。它们通常是字符串，但它们也可以是符号。符号是使用 Symbol 函数创建的值。与字符串不同，新创建的符号是唯一的——你不能两次创建相同的符号。○

```
let sym = Symbol("name");
console.log(sym == Symbol("name"));
// → false
Rabbit.prototype[sym] = 55;
console.log(blackRabbit[sym]);
// → 55
```

当你将符号转换为字符串时，会包含传递给 Symbol 的字符串，并且可以使符号更容易识别，例如在控制台中显示符号时。但除此以外它没有任何意义——多个符号可能具有相同的名称。○

符号既独一无二又可用作属性名称，使得它适用于定义可以与其他属性（无论属性的名称是什么）并行生存的接口。

```
const toStringSymbol = Symbol("toString");
Array.prototype[toStringSymbol] = function() {
  return `${this.length} cm of blue yarn`;
};

console.log([1, 2].toString());
// → 1,2
console.log([1, 2][toStringSymbol]());
// → 2 cm of blue yarn
```

通过在属性名称周围使用方括号，可以在对象表达式和类中包含符号属性。这会导致对属性名称进行求值，就像方括号属性访问表示法一样，这使得我们能够引用包含符号的绑定。

```
let stringObject = {
  [toStringSymbol]() { return "a jute rope"; }
};
console.log(stringObject[toStringSymbol]());
// → a jute rope
```

○　可以把 Symbol 函数当成一个类似 UUID 的东西，永不重复。——译者注
○　符号的字符串名称相当于注释。——译者注

6.10　迭代器接口

赋予 for/of 循环的对象应该是可迭代的。这意味着它有一个用 Symbol.iterator 符号命名的方法（由语言定义的符号值，存储为 Symbol 函数的属性）。

调用时，此方法应该返回一个提供第二个接口的对象——迭代器。这个对象是迭代的实际内容。它有一个 next 方法来返回下一个结果。那个结果应该是一个对象，它提供下一个值的 value 属性（如果有）和 done 属性，当没有更多结果时，done 属性应为 true，否则为 false。

请注意，next、value 和 done 属性名称是纯字符串，而不是符号。只有可能添加到许多不同对象的 Symbol.iterator 才是实际符号。

我们可以自己直接使用这个接口。

```
let okIterator = "OK"[Symbol.iterator]();
console.log(okIterator.next());
// → {value: "O", done: false}
console.log(okIterator.next());
// → {value: "K", done: false}
console.log(okIterator.next());
// → {value: undefined, done: true}
```

让我们实现一个可迭代的数据结构。我们将构建一个矩阵类，用来充当二维数组。

```
class Matrix {
  constructor(width, height, element = (x, y) => undefined) {
    this.width = width;
    this.height = height;
    this.content = [];

    for (let y = 0; y < height; y++) {
      for (let x = 0; x < width; x++) {
        this.content[y * width + x] = element(x, y);
      }
    }
  }

  get(x, y) {
    return this.content[y * this.width + x];
  }
  set(x, y, value) {
    this.content[y * this.width + x] = value;
  }
}
```

Matrix 类将其内容存储在 width × height 个元素的单个数组中。元素是逐行存储的，因此，例如，第 5 行中的第 3 个元素存储在位置 4 × width + 2（使用从零开始的索引）。

构造函数采用 width、height 和可选的 content 函数，用于填充初始值。这个类有 get 和 set 方法来获取和更新矩阵中的元素。

循环遍历矩阵时，你通常会对元素位置以及元素本身感兴趣，所以我们将使用迭代器生成具有 x、y 和 value 属性的对象。

```
class MatrixIterator {
  constructor(matrix) {
    this.x = 0;
    this.y = 0;
    this.matrix = matrix;
  }

  next() {
    if (this.y == this.matrix.height) return {done: true};

    let value = {x: this.x,
                 y: this.y,
                 value: this.matrix.get(this.x, this.y)};
    this.x++;
    if (this.x == this.matrix.width) {
      this.x = 0;
      this.y++;
    }
    return {value, done: false};
  }
}
```

该类利用 x 和 y 属性跟踪矩阵的迭代进度。next 方法首先检查矩阵是否已到达底部。如果没有到达底部，则首先创建保持当前值的对象，然后更新其位置，必要时移动到下一行。

让我们将 Matrix 类设置为可迭代的。在本书中，我偶尔会使用事后（after the fact）原型操作来向类添加方法，以便各个代码段保持简短而且独立。在常规程序中，不需要将代码拆分成小块，而是直接在类中声明这些方法。

```
Matrix.prototype[Symbol.iterator] = function() {
  return new MatrixIterator(this);
};
```

我们现在可以使用 for/of 循环遍历矩阵。

```
let matrix = new Matrix(2, 2, (x, y) => `value ${x},${y}`);
for (let {x, y, value} of matrix) {
  console.log(x, y, value);
}
// → 0 0 value 0,0
// → 1 0 value 1,0
// → 0 1 value 0,1
// → 1 1 value 1,1
```

6.11 读取器、设置器和静态

接口通常主要由方法组成，但也可以包含保存非函数值的属性。例如，Map 对象具有一个 size 属性，此属性可以告诉你存储了多少个键。

这样的对象甚至不需要直接在实例中计算和存储这样的属性。即使是直接访问的属性也可能隐藏方法调用。这些方法称为 getter（读取器），它们是通过在对象表达式或类声明中将 get 写入方法名之前来定义的。

```
let varyingSize = {
  get size() {
    return Math.floor(Math.random() * 100);
  }
};

console.log(varyingSize.size);
// → 73
console.log(varyingSize.size);
// → 49
```

只要有人从此对象的 size 属性中读取，就会调用关联的方法。使用 setter（设置器）写入属性时，你可以执行类似的操作。

```
class Temperature {
  constructor(celsius) {
    this.celsius = celsius;
  }
  get fahrenheit() {
    return this.celsius * 1.8 + 32;
  }
  set fahrenheit(value) {
    this.celsius = (value - 32) / 1.8;
  }

  static fromFahrenheit(value) {
    return new Temperature((value - 32) / 1.8);
  }
}

let temp = new Temperature(22);
console.log(temp.fahrenheit);
// → 71.6
temp.fahrenheit = 86;
console.log(temp.celsius);
// → 30
```

Temperature 类允许你以摄氏度或华氏度读取和写入温度，但在内部它只存储摄氏度，并自动在 fahrenheit 读取器和设置器中将摄氏度与华氏度进行转换。

有时你希望将某些属性直接附加到构造函数，而不是原型中。此类方法无法访问类实例，但可以用于提供创建实例的其他方法。

在类声明中，在名称之前写入 static（静态）的方法被存储在构造函数中。因此，Temperature 类允许你编写 Temperature.fromFahrenheit(100) 以使用华氏度创建温度。

6.12 继承

已知一些矩阵是对称的。如果围绕左上角到右下角的对角线来翻转对称矩阵，则它保持不变。换句话说，存储在 (x, y) 处的值总是与 (y, x) 处的值相同。

想象一下，我们需要一个像 Matrix 这样的数据结构，但却强制要求矩阵是对称的。我们可以从头开始编写它，但这将会重复编写一些代码，它们与我们已编写的代码非常相似。

JavaScript 的原型系统可以实现创建一个新类，使它就像旧类一样，但是对它的一些属性有新的定义。新类的原型来自旧类的原型，但为 set 方法添加了新的定义。

在面向对象的编程术语中，这称为继承。新类继承旧类的属性和行为。

```
class SymmetricMatrix extends Matrix {
  constructor(size, element = (x, y) => undefined) {
    super(size, size, (x, y) => {
      if (x < y) return element(y, x);
      else return element(x, y);
    });
  }

  set(x, y, value) {
    super.set(x, y, value);
    if (x != y) {
      super.set(y, x, value);
    }
  }
}

let matrix = new SymmetricMatrix(5, (x, y) => `${x},${y}`);
console.log(matrix.get(2, 3));
// → 3,2
```

使用单词 extends 表示此类不应直接基于默认的 Object 原型，而应基于其他类。作为基础的类被称为超类（superclass）。派生类是子类（subclass）。

要初始化 SymmetricMatrix 实例，构造函数通过 super 关键字调用其超类的构造函数。这是必要的，因为如果这个新对象的行为（大致）类似于 Matrix，那么它将需要矩阵具有的实例属性。为了确保矩阵是对称的，构造函数包装 element 函数以交换对角线下方的值的坐标。

set 方法再次使用 super，但这次不是调用构造函数，而是从超类的方法集来调用特定方法。我们正在重新定义 set，但确实想要使用原始的行为。因为 this.set 指的是新的 set 方法，所以这种调用不起作用。在类内部方法中，super 提供了一种调用超类中定义的方法的途径。

　　继承允许我们使用相对较少的工作从现有数据类型构建稍微不同的数据类型。它是面向对象传统的基本组成部分，与封装和多态一样。虽然后两者现在普遍被视为伟大的想法，但继承更具争议性。

　　封装和多态可以用来将代码片段彼此分开，减少整个程序的耦合，继承从根本上将各个类连接在一起，产生更多的耦合。比起仅使用某个类，从某个类继承时通常必须更多地了解它的工作原理。继承可以是一个有用的工具，我偶尔在我自己的程序中使用它，但它不应该是你使用的第一个工具，你可能不应该积极寻找机会来构建类层次结构（类的家族树）。

6.13　instanceof 运算符

　　有时候知道一个对象是否来自一个特定的类是有用的。为此，JavaScript 提供了一个名为 instanceof 的二元运算符。

```
console.log(
  new SymmetricMatrix(2) instanceof SymmetricMatrix);
// → true
console.log(new SymmetricMatrix(2) instanceof Matrix);
// → true
console.log(new Matrix(2, 2) instanceof SymmetricMatrix);
// → false
console.log([1] instanceof Array);
// → true
```

　　instanceof 运算符将查看继承的类型，因此 SymmetricMatrix 是 Matrix 的实例。此运算符也可以应用于像 Array 这样的标准构造函数。几乎每个对象都是 Object 的一个实例。[⊖]

6.14　小结

　　总之对象不只是拥有自己的属性。它们还拥有原型，原型是其他的对象。只要它们的原型具有某个属性，它们就表现得好像它们也具有这个属性，而它们实际上没有这个属性。简单对象将 Object.prototype 作为其原型。

　　构造函数的名称通常以大写字母开头，它可以与 new 运算符一起使用来创建新对象。新对象的原型将是从构造函数的 prototype 属性中找到的对象。你可以通过添加属性把给定类型的所有值都共享到它们的原型中来充分利用它。class 表示法提供了一种明确的方法来定义构造函数及其原型。

　　⊖　子类对象是其所有超类的实例。——译者注

每次访问对象的属性时，你都可以定义 getter 和 setter 以秘密调用方法。静态方法是存储在类的构造函数中，而不是存储在其原型中的方法。

在给定对象和构造函数的情况下，instanceof 运算符可以告诉你此对象是否是该构造函数的实例。

对象的一个有用的事情是为它们指定一个接口，告诉每个人他们应该只通过该接口与你的对象对话。构成对象的其余细节现在都已封装，它们隐藏在接口后面。

多个类型可以实现相同的接口。编写成使用接口的代码会自动知道如何使用提供接口的任意数量的不同对象。这称为多态性。

当实现仅在某些细节上有所不同的多个类时，通过将新类编写为现有类的子类，对继承其部分行为可能会有所帮助。

6.15　习题

1. 向量类型

编写一个 Vec 类，它代表二维空间中的一个向量。它需要 x 和 y 参数（数字），它应该保存到同名属性中。

给 Vec 原型编写两个方法 plus 和 minus，它们用另一个向量作为参数，并返回一个新向量，该新向量具有两个向量（this 和参数）的 x 和 y 值的和或差。

向原型添加一个读取器属性 length，用于计算向量的长度——即点 (x, y) 与原点（0，0）间的距离。

2. 组

标准 JavaScript 环境提供了另一种称为 Set（集合）的数据结构。就像 Map 的一个实例一样，一个集合包含一组值。与 Map 不同，它不会将其他值与那些值相关联——它只跟踪哪些值是集合的一部分。某个值只能被添加到集合一次，再次添加它没有任何效果。[^①]

编写一个名为 Group（组）的类（因为 Set 已经被使用了）。与 Set 类似，它具有 add、delete 和 has 方法。它的构造函数创建一个空组，add 为该组添加一个值（但仅当这个值不是该组的一个成员时），delete 从该组中删除它的参数（如果这个参数是该组的一个成员），has 返回一个布尔值，表示它的参数是否是该组的成员。

使用 === 运算符或类似的东西（如 indexOf）来确定两个值是否相同。

为这个类提供一个静态 from 方法，此方法将可迭代对象作为参数，并创建一个包含迭代生成的所有值的组。

3. 可迭代的组

使上一个练习中的 Group 类可迭代。如果你不再清楚其接口的确切形式，请参阅本章前

[^①]: 集合中的元素各不相同。——译者注

面有关迭代器接口的部分。

如果使用数组来表示组的成员，则返回的迭代器不要只通过在数组上调用 Symbol.iterator 方法来创建。虽然这可行，但它违背了这个习题的初衷。

如果在迭代期间修改组的内容，迭代器的行为很奇怪，那也没关系。

4. 借用一种方法

在本章的前面我提到，当你想忽略原型的属性时，可以用对象的 hasOwnProperty 方法作为 in 运算符的更强大的替代品。但是如果你的 Map 需要包含 "hasOwnProperty" 这个词怎么办？你将无法再调用此方法，因为对象自己的属性会隐藏方法值。

你能想到一种方法来调用一个具有同名属性的对象上的 hasOwnProperty 方法吗？

项目：机器人

在本章中，我将暂时停止用新理论轰击你，而且我们将共同完成一个程序。理论是学习编程的必要条件，但阅读和理解实际的程序同样重要。

我们在本章中的项目是构建一个自动机，它是一个在虚拟世界中执行任务的小程序。我们的自动机将是一个接收和投递包裹的邮件发送机器人。

7.1　村庄 Meadowfield

Meadowfield 村不是很大。它由 11 个地点组成，其间有 14 条道路。可以用如下道路（road）数组来描述：

```
const roads = [
  "Alice's House-Bob's House",    "Alice's House-Cabin",
  "Alice's House-Post Office",    "Bob's House-Town Hall",
  "Daria's House-Ernie's House",  "Daria's House-Town Hall",
  "Ernie's House-Grete's House",  "Grete's House-Farm",
  "Grete's House-Shop",           "Marketplace-Farm",
  "Marketplace-Post Office",      "Marketplace-Shop",
  "Marketplace-Town Hall",        "Shop-Town Hall"
];
```

村里的道路网络形成了一个图（graph）。此图包含一组地点（村庄中的位置），它们之间有线（道路）连接。这张图将是我们的机器人要行走的世界。

字符串数组不是很容易使用。我们感兴趣的是我们可以从特定地点到达的目的地。让我们将道路列表转换为如下的数据结构，对于每个地点，它都告诉我们可以从那里到达什么地点。

```
function buildGraph(edges) {
  let graph = Object.create(null);
  function addEdge(from, to) {
    if (graph[from] == null) {
      graph[from] = [to];
    } else {
      graph[from].push(to);
    }
  }
  for (let [from, to] of edges.map(r => r.split("-"))) {
    addEdge(from, to);
    addEdge(to, from);
  }
  return graph;
}

const roadGraph = buildGraph(roads);
```

给定一个边（edge）数组，buildGraph 创建了一个 map 对象，为每个节点存储一个它所连接的节点的数组。

它使用 split 方法将具有 "Start-End" 形式的道路字符串转化成包含起点（start）和终点（end）单独字符串的双元素数组。

7.2 任务

我们的机器人将在村庄周围移动。各个地点都有包裹，每个包裹都要投递到其他地点。当机器人见到包裹时，它会拾取包裹并将其送到目的地。

自动机必须在每个地点决定下一步去哪里。当所有包裹已送到时，它就完成了任务。

为了能够模拟这个过程，我们必须定义一个可以描述它的虚拟世界。该模型告诉我们机器人在哪里以及包裹在哪里。当机器人决定移动到某处时，我们需要更新模型以反映新情况。

如果你正在考虑面向对象编程，那么你的第一个冲动可能是开始为这个模拟世界上的各种元素定义对象：创建各种类，一个用于机器人，一个用于包裹，可能还有一个用于地点。然后，这些对象可以包含描述其当前状态的属性，例如某个位置的一堆包裹，我们可以在更新模拟世界时更改这些属性。

这种设计思路是错的。

至少，它通常是错的。某种东西听起来像对象，并不意味着它就应该是程序中的对象。反射性地为应用程序中的每个概念编写一个类，往往会为你留下一组互联的对象，每个对象都有自己不断变化的内部状态。这些程序通常很难理解，因此很容易搞砸。

相反，让我们将村庄的状态浓缩为定义它的最小值集，即机器人的当前位置和未送到的包裹的集合，每个包裹都有当前位置和目的地地址，仅此而已。

让我们按照这种思路来实现，这样我们就不会在机器人移动时改变这种状态，而是为移动后的情况计算一个新的状态。

```
class VillageState {
  constructor(place, parcels) {
    this.place = place;
    this.parcels = parcels;
  }

  move(destination) {
    if (!roadGraph[this.place].includes(destination)) {
      return this;
    } else {
      let parcels = this.parcels.map(p => {
        if (p.place != this.place) return p;
        return {place: destination, address: p.address};
      }).filter(p => p.place != p.address);
      return new VillageState(destination, parcels);
    }
  }
}
```

move 方法是负责产生动作的。它首先检查是否有从当前位置到目的地的道路，如果没有，则返回旧状态，因为这个移动是无效的。

然后它创建一个新的状态，把目的地作为机器人的新位置。但它还需要创建一个新的包裹集——机器人携带的包裹（位于机器人当前位置）需要移动到新的地点。并且需要投递发往新地点的包裹——也就是说，需要将它们从未送到的包裹集中移除。对 map 的调用负责移动，而对 filter 的调用则执行投递。

移动并重新创建包裹对象时不会更改它们。move 方法给我们一个新的村庄状态，但旧的村庄状态依旧完整。

```
let first = new VillageState(
  "Post Office",
  [{place: "Post Office", address: "Alice's House"}]
);
let next = first.move("Alice's House");

console.log(next.place);
// → Alice's House
console.log(next.parcels);
// → []
console.log(first.place);
// → Post Office
```

移动导致包裹被投递，这反映在下一个状态中。但最初的状态仍然描述了机器人在邮局并且包裹未送达的情况。

7.3 持久化数据

不更改的数据结构称为不可变（immutable）或持久化（persistent）数据结构。这类数据结构的行为很像字符串和数字，因为它们就是一直保持原来的状态，而不是在不同的时间包含不同的东西。

在 JavaScript 中，几乎所有内容都可以更改，因此应该持久化的值使用起来需要一些约束。有一个名为 Object.freeze 的函数可以把对象更改为冻结状态，以便忽略对其属性的写入。如果你要小心行事，可以使用它来确保你的对象不会被更改。冻结确实需要计算机做一些额外的工作，并且某个对象忽略更新很可能会让别人迷惑，从而让他们做错事。所以我通常更愿意告诉人们一个特定的对象不应该被搞乱，并希望他们记住它。

```
let object = Object.freeze({value: 5});
object.value = 10;
console.log(object.value);
// → 5
```

当语句明显地期待我改变对象时，为什么我刻意地不去改变它们呢？

因为这么做可以帮助我理解我的程序。这又是关于复杂性管理的。当我系统中的对象是稳定不变的东西时，我可以单独考虑对它们的操作——从给定的开始状态移动到 Alice 的房子总是产生相同的新状态。当对象随时间变化时，这为这种推理增加了一个全新的复杂维度。

对于我们在本章中构建的小型系统，我们可以处理那些额外的复杂性。但是我们可以构建怎么样的系统最重要的限制是我们对它能够理解多少。任何使你的代码更容易理解的东西，都有利于构建一个规模更加宏大的系统。

不幸的是，尽管基于持久化数据结构的系统更容易理解，但设计一个这样的系统，尤其是当你的编程语言对此没有支持时，可能会有点困难。我们会寻找机会在本书中使用持久化数据结构，但我们也将使用可变数据结构。

7.4　模拟

送货机器人观察周围世界并决定它想要移动的方向。因此，我们可以说机器人是一个函数，它接收一个 VillageState 对象并返回附近地点的名称。

因为我们希望机器人能够记住一些事情，以便它们可以制定和执行计划，我们也会将它们的记忆（memory）传递给它们并允许它们返回新的记忆。因此，机器人返回的东西是一个对象，它既包含要移动的方向，也包含下次调用时将返回给它的记忆值。

```
function runRobot(state, robot, memory) {
  for (let turn = 0;; turn++) {
    if (state.parcels.length == 0) {
      console.log(`Done in ${turn} turns`);
      break;
    }
    let action = robot(state, memory);
    state = state.move(action.direction);
    memory = action.memory;
    console.log(`Moved to ${action.direction}`);
  }
}
```

考虑机器人必须做什么来"解决"给定的状态。它必须通过访问包裹的每个位置来获取所有包裹，并通过访问包裹的每个目的位置来投递它们，但包裹只有在取得后才能投递出去。

什么是可能有用的最笨的策略呢？机器人每个回合都可以随机行走。这意味着，有很大的可能性，它最终会遇到所有包裹，然后在某个时刻到达应该投递的地点。

这种策略可能的写法是这样的：

```
function randomPick(array) {
  let choice = Math.floor(Math.random() * array.length);
  return array[choice];
}

function randomRobot(state) {
  return {direction: randomPick(roadGraph[state.place])};
}
```

记住，Math.random() 返回一个介于 0 和 1 之间，但始终小于 1 的数字。将这个数乘以一个数组的长度，然后应用 Math.floor 就会给我们一个数组的随机索引。

由于这个机器人不需要记住任何东西，它会忽略它的第二个参数（请记住，JavaScript 函数可以使用多余的参数调用而不会产生不良影响）并省略其返回对象中的 memory 属性。

为了使这个复杂的机器人工作，我们首先需要一种方法来创建一些包裹的新状态。静态方法（通过直接向构造函数添加属性来编写）是实现该功能的好办法。

```
VillageState.random = function(parcelCount = 5) {
  let parcels = [];
  for (let i = 0; i < parcelCount; i++) {
    let address = randomPick(Object.keys(roadGraph));
    let place;
    do {
      place = randomPick(Object.keys(roadGraph));
    } while (place == address);
    parcels.push({place, address});
  }
  return new VillageState("Post Office", parcels);
};
```

我们不希望把任何包裹从所在的地点投递到同一地点。出于这个原因，当 do 循环得到一个等于目的地的地点时，它会继续选择新的地点。

让我们开启一个虚拟世界。

```
runRobot(VillageState.random(), randomRobot);
// → Moved to Marketplace
// → Moved to Town Hall
// → ...
// → Done in 63 turns
```

机器人需要很多轮次来投递包裹，因为它没有很好地提前计划。我们很快就会解决这个问题。

7.5 邮车的路线

我们应该能够比随机的机器人做得更好。一个简单的改进就是从现实世界的邮件投递方式中获取一些提示。如果我们找到通过某村庄所有地点的路线，机器人可以两次经过该路线，此时保证完成投递。⊖下面就是一条这样的路线（从邮局开始）：

```
const mailRoute = [
  "Alice's House", "Cabin", "Alice's House", "Bob's House",
  "Town Hall", "Daria's House", "Ernie's House",
  "Grete's House", "Shop", "Grete's House", "Farm",
  "Marketplace", "Post Office"
];
```

要实现路线跟踪机器人，我们需要利用机器人的记忆。机器人将其余的路径保留在其记忆中，并且每回合都丢弃第一个元素。

⊖ 最简单的办法是第一趟只收集包裹，完成后就拥有了所有包裹，另一趟只投递包裹。——译者注

```
function routeRobot(state, memory) {
  if (memory.length == 0) {
    memory = mailRoute;
  }
  return {direction: memory[0], memory: memory.slice(1)};
}
```

这个机器人已经快得多了。它最多需要 26 个回合（13 步路线的两倍）但通常用不着那么多。

7.6　寻找路线

尽管如此，我还是不会盲目地采取固定路线的小聪明行为。如果机器人将其行为调整为需要完成的实际工作，则机器人可以更高效地工作。

要做到这一点，它必须能够有针对性地移动到给定的包裹或者移动到包裹必须投递到的位置。即使目标在一次移动无法到达的地点也要这样做，这就需要某种寻路功能。

通过图来寻找路线的问题是典型的搜索问题。我们可以判断一个给定的解决方案（一条路线）是否是一个有效的解决方案，但我们不能以 2 + 2 的方式直接计算解决方案。相反，我们必须继续创建潜在的解决方案，直到我们找到一个有效的解决方案为止。

图中的可能路线数量是无限的。但是当搜索从 A 到 B 的路线时，我们只对那些从 A 开始的路线感兴趣。我们也不关心两次访问同一地点的路线——那些绝对不是最有效的路线。因此，减少了路线查找者必须考虑的路线数量。

事实上，我们最感兴趣的是最短路线。因此，我们希望在查看较长的路线之前先查看较短的路线。一个好的方法是从起点"增长"路线，探索尚未到访的每个可到达的地点，直到路线到达目标。这样，我们将只探索我们可能感兴趣的路线，并且将找到到达目标的最短路线（或最短路线之一，如果有多个路线）。

这是一个执行此操作的函数：

```
function findRoute(graph, from, to) {
  let work = [{at: from, route: []}];
  for (let i = 0; i < work.length; i++) {
    let {at, route} = work[i];
    for (let place of graph[at]) {
      if (place == to) return route.concat(place);
      if (!work.some(w => w.at == place)) {
        work.push({at: place, route: route.concat(place)});
      }
    }
  }
}
```

必须以正确的顺序进行探索——必须首先把率先到达的地点探索完成。即使可能还有其他较短的路径尚未探索过，我们也不能每到达一个地点就立即探索它，因为这意味着它可到达的地点也要立即被探索，以此类推。

因此，此函数保留一个工作列表。这是一系列应该接下来探索的地点，以及让我们到达那里的路线。它始于起始位置和空路线。

然后，通过获取列表中的下一个条目并对其进行探索的操作来执行搜索，这意味着将查看从该位置开始的所有道路。如果其中一个道路到达目标，则可以返回完成的路线。否则，如果我们之前没有查看过这个地点，则会在列表中添加一个新条目。如果我们之前已经查看过它，我们就不需要探索它。因为我们首先查看短路线，所以如果我们找到了通往那个地点的新路线，它要么更长，要么恰好与现有路线一样长。

你可以在视觉上将其视为从起始位置伸出的由已知路线组成的一张网络，它在所有边均匀生长（但不会自己绕回去）。一旦第一条线到达目标位置，这条线就会追溯到起点，从而为我们提供一条路线。

我们的代码不处理工作列表中没有更多工作项的情况，因为我们知道我们的图是连通的，这意味着可以从所有其他位置到达每个位置。我们总能找到两点之间的路线，搜索不会失败。

```
function goalOrientedRobot({place, parcels}, route) {
  if (route.length == 0) {
    let parcel = parcels[0];
    if (parcel.place != place) {
      route = findRoute(roadGraph, place, parcel.place);
    } else {
      route = findRoute(roadGraph, place, parcel.address);
    }
  }
  return {direction: route[0], memory: route.slice(1)};
}
```

此机器人将其记忆值用作要移入的方向列表，就像路线跟踪机器人一样。每当该列表为空时，它必须弄清楚下一步该做什么。它需要处理集合中的第一个未投递的包裹，如果该包裹尚未拾取，则算出一条通往它的路线。如果包裹已被拾取，它仍然需要被投递，因此机器人会创建一条通往送货地址的路线。

这个机器人通常在大约 16 个回合内完成投递 5 个包裹的任务。这比 routeRobot 略胜一筹但仍然绝对不是最佳的。

7.7 习题

1. 测量机器人

通过让机器人解决少数场景来客观地比较机器人是很困难的。也许一个机器人碰巧得到了更容易的任务或者它擅长的任务，而另一个则没有。

编写一个函数 compareRobots，它需要两个机器人（以及它们的起始记忆）。它应该生成

100 个任务，让每个机器人都解决这些任务。完成后，它应输出每个机器人解决每个任务所花费的平均步数。

为了公平起见，请确保将每个任务都同时交给两个机器人，而不是为每个机器人生成不同的任务。

2. 机器人效率

你能编写一个比 goalOrientedRobot 更快完成任务的机器人吗？如果你观察到机器人的行为，那么它会做什么显然是愚蠢的事情呢？可以怎么改进？

如果你解决了上一个习题，你可能想要使用你的 compareRobots 函数来验证你的机器人是否改进了。

3. 持久性组

标准 JavaScript 环境中提供的大多数数据结构都不太适合持久使用。数组具有 slice 和 concat 方法，这使我们可以轻松创建新数组而不会损坏旧数组。但是，例如 Set 就没有通过添加或删除条目创建新集合的方法。

编写一个新的类 PGroup，它类似于第 6 章习题 2 中的 Group 类，它存储一组值。与 Group 一样，它有 add、delete 和 has 方法。

但是，它的 add 方法应该返回一个新的 PGroup 实例，在新实例中添加给定的成员并保持旧的实例不变。同样，delete 会创建一个不含给定成员的新实例。

该类应该适用于任何类型的值，而不仅仅是字符串。它在处理大量值时不必高效。

构造函数不应该是类接口的一部分（尽管你肯定想在内部使用它）。相反，有一个空实例 PGroup.empty 可以用作起始值。

为什么你只需要一个 PGroup.empty 值，而不是每次都有一个创建一个新的空映射的函数呢？

缺陷和错误

计算机程序中的缺陷通常称为 bug（臭虫）。将它们想象成偶然爬进我们工作中的小东西，可以让程序员感觉很好。当然，实际上是我们自己把它们放在那里的。

如果一个程序是思想的结晶，你可以粗略地将 bug 分类为由混乱的思想引起的 bug 和由将思想转换为代码时的失误引起的 bug。前者通常比后者更难诊断和修复。

8.1　语言

如果计算机对我们想要做的事情了解得足够多，那么计算机就会自动向我们指出许多错误。但在这里，JavaScript 的模糊性是一种障碍。它的绑定和属性的概念太过模糊，它很少在实际运行程序之前捕获拼写错误。它可以让你做一些明显无意义的事情而不会报错，例如计算 true * "monkey"。

有些事情 JavaScript 确实会报错。编写一个不遵循语言语法的程序会立即让计算机报错。其他事情，例如调用不是函数的东西或在未定义的值上查找属性，将导致在程序尝试执行操作时报告错误。

但通常情况下，你的无意义计算只会产生 NaN（不是数字）或未定义的值，而程序会顺利地继续执行，相信它正在做一些有意义的事情。在无意义的值经过几个函数之后，程序代码中的编写错误才会暴露出来，它可能根本不会导致程序运行报错，而是静悄悄地让程序输出错的结果。找到这些问题的根源可能很困难。

查找程序中错误——bug 的过程称为调试（debug）。

8.2　严格模式

通过启用严格模式可以使 JavaScript 变得略微严格。将字符串 "use strict" 放在文件或函数体的开头就启用了严格模式。以下是一个例子：

```
function canYouSpotTheProblem() {
  "use strict";
  for (counter = 0; counter < 10; counter++) {
    console.log("Happy happy");
  }
}

canYouSpotTheProblem();
// → ReferenceError: counter is not defined
```

通常，当你忘记将 let 放在绑定之前时，就像示例中的 counter 一样，JavaScript 会静悄悄地创建一个全局绑定并使用它。在严格模式下，JavaScript 会报告错误。这非常有帮助。但应该指出的是，当所涉及的绑定已作为全局绑定存在时，这不起作用。在这种情况下，循环仍然会悄悄地覆盖绑定的值。

严格模式的另一个变化是 this 绑定在未作为方法调用的函数中保存未定义的值。在严格模式之外进行此类调用时，this 指的是全局范围作用域，此对象的属性是全局绑定。所以，如果你在严格模式下无意中不正确地调用一个方法或构造函数，JavaScript 一旦尝试从 this 中读取内容就会产生错误，而不是顺利地写入全局作用域。

例如，考虑以下代码，它不带 new 关键字地调用构造函数，以致它的 this 不会引用新构造的对象：

```
function Person(name) { this.name = name; }
let ferdinand = Person("Ferdinand"); // oops
console.log(name);
// → Ferdinand
```

因此，对 Person 的虚假调用成功，但它返回了未定义的值并创建了全局绑定 name。在严格模式下，结果是不同的。

```
"use strict";
function Person(name) { this.name = name; }
let ferdinand = Person("Ferdinand"); // forgot new
// → TypeError: Cannot set property 'name' of undefined
```

我们马上被告知出了问题。这很有帮助。幸运的是，使用 class 符号创建的构造函数，如果被不带 new 关键字地调用，它们始终如此报错，即使在非严格模式下也不会成为问题。

严格模式还可以做更多事情。它不允许给一个函数赋予相同名称的多个参数，并完全删除某些有问题的语言功能（例如 with 语句，因为它的错误太严重了，所以本书没有进一步讨论它）。

简而言之，在程序的开头放置 "use strict" 很少会伤害程序并可能帮助你发现问题。

8.3　类型

有些语言甚至在运行程序之前就想知道所有绑定和表达式的类型。当一种类型以不一致的方式被使用时，它们会马上告诉你。JavaScript 只有在实际运行程序时才考虑类型，甚至经常尝试将值隐式地转换为它期望的类型，因此类型对于发现问题没有多大帮助。

不过，类型提供了一个讨论程序的有用框架。许多错误都归咎于对进入函数或函数返回的值的类型的混淆。如果你记下了这些类型信息，那么你就不太可能感到困扰。

你可以在前一章的 goalOrientedRobot 函数之前添加如下注释来描述它的类型：

```
// (VillageState, Array) → {direction: string, memory: Array}
function goalOrientedRobot(state, memory) {
  // ...
}
```

JavaScript 程序使用类型注释有许多不同的约定。

有关类型的一件事是，它们需要引入自己的复杂性，以便能够描述足够的代码才会有用。你认为从数组中返回随机元素的 randomPick 函数的类型是什么？你需要引入一个类型变量 T，它可以代表任何类型，因此你可以为 randomPick 提供类似 $([T]) \to T$（从 T 的数组到 T 的一个函数）的类型。

当程序的类型已知时，计算机可以为你检查它们，在程序运行之前指出错误。有几种 JavaScript 方言可以为语言添加类型并检查它们。最受欢迎的一种叫作 TypeScript。如果你对为程序添加更多严谨性感兴趣，我建议你尝试一下。

在本书中，我们将继续使用原始而危险的无类型 JavaScript 代码。

8.4　测试

如果语言本身不能帮助我们找到错误，那么我们必须用困难的方法找到它：运行程序并查看它的执行结果是否正确。

一次又一次地手动执行此操作是一个非常糟糕的办法。它不仅令人烦恼，而且往往效率低下，因为程序每次进行更改时都需要花费太多时间来详尽地测试所有内容。

计算机擅长重复性任务，测试是理想的重复性任务。自动化测试就是编写程序来测试另一个程序。编写测试的工作量比手动测试要多一些，但是一旦你完成它，就会获得一种超级力量：只需几秒钟就可以对所有你编写了测试的情况验证你的程序是否仍能正常运行。当你破坏了某些东西时，你会马上注意到，而不是在以后的某个时间随机碰到它。

测试通常采用小标签程序的形式来验证代码的某些方面。例如，标准的（可能已经由其他人测试过的）toUpperCase 方法的一个测试集合可能如下所示：

```
function test(label, body) {
  if (!body()) console.log(`Failed: ${label}`);
}

test("convert Latin text to uppercase", () => {
  return "hello".toUpperCase() == "HELLO";
});
test("convert Greek text to uppercase", () => {
  return "Χαίρετε".toUpperCase() == "ΧΑΙΡΕΤΕ";
});
test("don't convert case-less characters", () => {
  return "你好".toUpperCase() == "你好";
});
```

像这样编写测试往往会产生相当重复、笨拙的代码。幸运的是，有一些软件（测试套件）通过（以函数和方法的形式）提供适合表达测试的语言并在测试失败时输出丰富的信息，可以帮助你构建和运行测试集合。这些软件通常被称为测试运行器（test runner）。

有些代码比其他代码更容易测试。通常，代码与之交互的外部对象越多，设置上下文来测试它就越困难。上一章所示的编程风格使用独立的持久值而不是更化的对象，往往很容易测试。

8.5 调试

一旦你发现你的程序行为不当或产生错误，下一步就是弄清问题是什么。

问题有时很明显。错误消息将指向程序的特定行，如果你查看错误说明和该行代码，你通常可以发现问题。

但问题不总是那么明显。有时触发问题的行只是以无效方式使用其他地方产生的怪异值的第一个地方。如果你已经解决了前几章中的那些习题，那么你可能已经遇到过这种情况。

下面的示例程序尝试将整数转换为给定基数（十进制、二进制等）中的字符串，方法是用原来的整数除以基数，通过余数得出最后一位数字，然后用所得的商再重复这个步骤，以此类推。但它目前产生的奇怪输出表明它有 bug。

```
function numberToString(n, base = 10) {
  let result = "", sign = "";
  if (n < 0) {
    sign = "-";
    n = -n;
  }
  do {
    result = String(n % base) + result;
    n /= base;
  } while (n > 0);
  return sign + result;
}
```

```
console.log(numberToString(13, 10));
// → 1.5e-3231.3e-3221.3e-3211.3e-3201.3e-3191.3e-3181.3...
```

即使你已经看出了问题在哪里，也请假装你没有看出来。我们知道我们的程序出现故障，我们想知道原因。

这时候，你必须克服对代码进行随机修改来看是否使其更好的冲动。相反，想一想。分析正在发生的事情，并提出一个理论，说明为什么会发生这种情况。然后，进行额外的观察来测试这个理论——或者，如果你还没有理论，那就做一些额外的观察来帮助你提出一个。

将一些策略性的 console.log 调用放入程序中是获取有关程序正在执行的操作的其他信息的好方法。在这种情况下，我们希望 n 取值 13、1，然后是 0。让我们在循环开始时输出它的值。

```
13
1.3
0.13
0.013
...
1.5e-323
```

将 13 除以 10 不会产生整数。我们想要的实际是 n = Math.floor(n / base)，而不是 n /= base，这样数字就可以正确地“移位”到右侧。

使用 console.log 查看程序行为的另一种方法是使用浏览器的调试器功能。浏览器可以在代码的特定行上设置断点。当程序执行到带有断点的行时，它会暂停，你可以检查绑定在该点的值。我不会详细介绍调试程序，因为它因浏览器而异，请查看浏览器的开发人员工具或搜索网页以获取更多信息。

设置断点的另一种方法是在程序中包含一个 debugger（调试器）语句（仅包含该关键字）。如果浏览器的开发人员工具处于活动状态，程序将在达到此类语句时暂停。

8.6 错误传播

遗憾的是，并非所有问题都可以被程序员阻止。只要你的程序与外界通信，就可能会遇到输入的格式错误、工作负荷过重或网络出现故障等问题。

如果你只是为自己编程，你可以忽略这些问题直到它们发生。但是如果你在构建一些将被其他人使用的东西，你通常希望程序做得更好而不是崩溃。有时候正确的做法就是坦然地接受糟糕的输入并继续运行。在其他情况下，最好向用户报告出错的地方，然后放弃。但无论在哪种情况下，程序都必须积极采取措施来应对这一问题。

假设你有一个函数 promptNumber，它会向用户请求一个数字并返回它。如果用户输入"orange"，它应该返回什么？

一种选择是使其返回特殊值。此类值的常见选项为 null、undefined 或 −1。

```
function promptNumber(question) {
  let result = Number(prompt(question));
  if (Number.isNaN(result)) return null;
  else return result;
}

console.log(promptNumber("How many trees do you see?"));
```

现在任何调用 promptNumber 的代码都必须检查是否真的读取了数字，如果读取的不是数字，必须以某种方式恢复——可能是通过再次请求或填写默认值。或者它可以再次向其调用者返回一个特殊值，以表明它未能按照要求进行操作。

在许多情况下——主要是当错误很常见，并且调用者应该明确地将它们考虑在内时，返回一个特殊值就是指示错误的好方法。然而，这个方法确实有它的缺点。首先，如果函数本来就可以返回每种可能的值，该怎么办？在这样的函数中，你必须做一些事情，比如将结果包装在一个对象中，以便能够区分读取成功与失败。

```
function lastElement(array) {
  if (array.length == 0) {
    return {failed: true};
  } else {
    return {element: array[array.length - 1]};
  }
}
```

返回特殊值的第二个问题是它可能导致糟糕的代码。如果一段代码调用 promptNumber 10 次，则必须检查 10 次是否返回 null。如果函数对查找 null 的响应是简单地返回 null 本身，则它的调用者需要依次检查它，等等。

8.7　异常

当一个函数无法正常执行下去时，我们想做的就是停止我们正在做的事情并立即跳转到一个知道如何处理问题的地方。这就是异常处理的作用。

异常是一种机制，遇到问题的代码可以引发（或抛出）异常。异常可以是任何值。引发一个异常类似于从函数超远距离返回：它不仅跳出当前函数而且跳出其调用者，一直跳到开始当前执行的第一个调用。这称为栈展开。你可能还记得 3.6 节中提到的函数调用栈。异常会收缩此栈，丢弃它遇到的所有调用上下文。

如果异常总是一直收缩到栈的底部，那么它们就没有多大用处。它们只是提供了一种摧毁你的程序的新方法。它们的强大之处在于，你可以在栈中设置"障碍物"，以便在收缩时捕获异常。一旦发现异常，你可以使用它来解决问题，然后继续运行程序。

以下是一个例子：

```
function promptDirection(question) {
  let result = prompt(question);
```

```
    if (result.toLowerCase() == "left") return "L";
    if (result.toLowerCase() == "right") return "R";
    throw new Error("Invalid direction: " + result);
}

function look() {
    if (promptDirection("Which way?") == "L") {
        return "a house";
    } else {
        return "two angry bears";
    }
}

try {
    console.log("You see", look());
} catch (error) {
    console.log("Something went wrong: " + error);
}
```

throw 关键字用于引发异常。捕获异常是通过在 try 块中包装一段代码，然后在 try 块之后加上关键字 catch 来完成的。当 try 块中的代码引发异常时，将计算 catch 块，并把括号中的名称绑定到异常值。在 catch 块完成之后，或者如果 try 块完成而没有问题，程序将在整个 try/catch 语句下继续执行。

在本例中，我们使用 Error 构造函数来创建我们的异常值。这是一个标准的 JavaScript 构造函数，用于创建具有 message 属性的对象。在大多数 JavaScript 环境中，此构造函数的实例还收集创建异常时存在的调用栈的信息，即所谓的栈追踪。此信息存储在栈属性中，在尝试调试问题时可能会有所帮助：它告诉我们问题发生的位置以及导致失败调用的函数。

请注意，look 函数完全忽略了 promptDirection 出错的可能性。这是异常的一大优势：错误处理代码只有在发生错误及处理这个错误的地方执行。中间的函数完全可以不考虑。

8.8　异常后清理

异常会导致另一种控制流。每一个操作都可能导致异常，几乎每个函数调用和属性访问，都可能导致你的代码突然失控。

这意味着当代码有好几个副作用时，即使它的“常规”控制流看起来总是一起发生，异常可能还是会阻止它们中一些的发生。

下面是一些非常糟糕的银行代码。

```
const accounts = {
    a: 100,
    b: 0,
    c: 20
};
```

```
function getAccount() {
  let accountName = prompt("Enter an account name");
  if (!accounts.hasOwnProperty(accountName)) {
    throw new Error(`No such account: ${accountName}`);
  }
  return accountName;
}

function transfer(from, amount) {
  if (accounts[from] < amount) return;
  accounts[from] -= amount;
  accounts[getAccount()] += amount;
}
```

transfer 函数将一笔钱从一个指定的账户转移到另一个账户，在该过程中需要另一个账户的名称。如果给出无效的账户名，getAccount 会抛出异常。

但 transfer 首先会从账户中删除资金，然后在将这笔资金添加到其他账户之前调用 getAccount。如果这个过程被异常中断，它只会让钱消失。

此代码可以编写得更智能些，例如在开始转移资金之前调用 getAccount。但是，像这样情景下的问题通常会以更不易察觉的方式发生。即使是看起来不会抛出异常的函数，在特殊情况下或者当程序员犯错误时，也可能抛出异常。

解决此问题的一种方法是使用较少的副作用。同样，计算新值而不是更改现有数据的编程风格也有帮助。如果一段代码在创建新值的过程中停止运行，则没有人会看到半完成值，从而不会有问题。

但这并不总是可行的。因此，try 语句还有另一个功能。它们之后可以是一个 finally 块，而不是一个 catch 块，或者除了 catch 块之外，还有一个 finally 块。finally 块表示"无论发生什么，在尝试运行 try 块中的代码后都运行此代码。"

```
function transfer(from, amount) {
  if (accounts[from] < amount) return;
  let progress = 0;
  try {
    accounts[from] -= amount;
    progress = 1;
    accounts[getAccount()] += amount;
    progress = 2;
  } finally {
    if (progress == 1) {
      accounts[from] += amount;
    }
  }
}
```

此版本的函数跟踪其进度，如果在离开时，它注意到它在产生不一致的程序状态的位置被中止，它会修复它所造成的损坏。

请注意，即使在 try 块中抛出异常时运行 finally 代码，它也不会干扰异常。在 finally

块运行之后，栈会继续展开。

　　即使异常在发生意外的地方出现，编写能可靠运行的程序也很困难。许多人根本不使用这种功能，并且因为异常通常是针对特殊情况而保留的，所以问题可能很少发生，甚至从未被注意到。这究竟是好事还是坏事取决于软件在出故障时会造成多大的损害。

8.9　选择性捕获

　　当某个异常一直传播到栈底部而不被捕获时，它将由环境处理。如何处理这种情况在不同环境之间存在差异。在浏览器中，这个错误的描述通常会写入 JavaScript 控制台（可通过浏览器的 Tools 或 Developer 菜单访问）。我们将在第 20 章讨论的无浏览器 JavaScript 环境 Node.js，对数据损坏更加谨慎。当发生未处理的异常时，它会中止整个过程。

　　对于程序员的错误，只管让错误通过是你能做的最好的事情。未处理的异常是表示程序损坏的一种合理方式，在现代浏览器中，JavaScript 控制台将为你提供发生问题时堆栈上有哪些函数调用的信息。

　　对于在常规使用期间预期会发生的问题，使用未处理的异常来使程序崩溃是一种糟糕的策略。

　　对语言的无效使用，例如引用不存在的绑定，在 null 上查找属性或调用不是函数的某个东西，也会导致异常被引发。也可以捕获这样的异常情况。

　　当进入一个 catch 体时，我们所知道的是我们的 try 体中的某些东西引起了异常。但我们不知道它造成了什么或哪个异常。

　　JavaScript（这是一个相当明显的遗漏）并不提供对选择性捕获异常的直接支持：要么全部捕获它们，要么一个都不捕获。这使得很容易假设你获得的异常都是你在编写 catch 块时考虑的异常。

　　但情况可能不是这样。可能违反了其他一些假设，或者你可能引入了导致异常的 bug。以下是一个试图继续调用 promptDirection 直到得到有效答案的例子：

```
for (;;) {
  try {
    let dir = promtDirection("Where?"); // ← typo!
    console.log("You chose ", dir);
    break;
  } catch (e) {
    console.log("Not a valid direction. Try again.");
  }
}
```

　　for(;;) 构造是一种有意创建一个不会自行终止的循环的方法。只有在给出有效方向时，我们才会跳出循环。但是我们拼错了 promptDirection，这将导致"未定义的变量"错误。因为 catch 块完全忽略了它的异常值（e），假设它知道问题是什么，但它错误地将绑定错误视为输入错误。这不仅会导致无限循环，还会"隐藏"拼写错误的绑定的有用错误消息。

作为一般规则，不要对异常进行全面捕获，除非是为了将它们"转移"到某个地方——例如，通过网络告诉另一个系统我们的程序崩溃了。即使这样，也要仔细考虑如何隐藏信息。

所以我们希望捕获一种特定的异常。我们可以通过检查 catch 块来检查我们获得的异常是否是我们感兴趣的异常并重新抛出它。但我们如何识别异常呢？

我们可以将它的 message 属性与我们预期的错误消息进行比较。但这是一种不稳定的编写代码的方式——我们将使用那些供人类使用的信息（消息）来做出程序化决策。只要有人更改（或翻译）消息，代码就会停止工作。

相反，让我们定义一种新类型的错误，并使用 instanceof 来识别它。

```
class InputError extends Error {}

function promptDirection(question) {
  let result = prompt(question);
  if (result.toLowerCase() == "left") return "L";
  if (result.toLowerCase() == "right") return "R";
  throw new InputError("Invalid direction: " + result);
}
```

新的错误类扩展了 Error。它没有定义自己的构造函数，这意味着它继承了 Error 的构造函数，它需要一个字符串消息作为参数。事实上，它根本没有定义任何东西，这个类是空的。InputError 对象的行为类似于 Error 对象，除了它们有一个不同的类，我们可以通过这个类来识别它们。

现在循环可以更仔细地捕获这些。

```
for (;;) {
  try {
    let dir = promptDirection("Where?");
    console.log("You chose ", dir);
    break;
  } catch (e) {
    if (e instanceof InputError) {
      console.log("Not a valid direction. Try again.");
    } else {
      throw e;
    }
  }
}
```

这将仅捕获 InputError 的实例并放行不相关的异常。如果你再引入拼写错误，程序将正确报告未定义的绑定错误。

8.10　断言

断言是程序内部的检查，用于验证某些内容是否符合预期。它们不用于处理正常操作中出现的情况，而是用于查找程序员错误。

例如，如果将 firstElement 描述为永远不应在空数组上调用的函数，我们可能会这样写：

```
function firstElement(array) {
  if (array.length == 0) {
    throw new Error("firstElement called with []");
  }
  return array[0];
}
```

现在，这个函数在你滥用它时不会静悄悄地返回 undefined（在读取不存在的数组属性时得到的），而会立即大声摧毁你的程序。这使得这种错误不太可能被忽视，并且当它们发生时更容易找到它们的原因。

我不建议尝试为每种可能的错误输入都编写断言。这样做的工作量会很大，并会导致非常嘈杂的代码。你应该把断言保留给容易犯的错误（或者你发现自己犯的错误）。

8.11　小结

错误和糟糕的输入在现实生活中是不可避免的。编程的一个重要部分是查找、诊断和修复错误。如果你有自动测试套件或向程序添加断言，则可以更容易注意到问题。

由程序控制之外的因素引起的问题通常应该被恰当地处理。有时，当问题可以在局部处理时，特殊的返回值是跟踪它们的好方法。否则，采用异常处理可能更可取。

抛出异常会导致调用栈展开，直到下一个封闭的 try/catch 块或直到栈的底部。异常值将被赋予捕获它的 catch 块，它应该验证它实际上是预期的异常类型然后用它做一些事情。为了帮助解决由异常引起的不可预测的控制流，可以使用 finally 块来确保在处理异常的块完成时始终运行一段代码。

8.12　习题

1. 重试

假设你有一个函数 primitiveMultiply，它在 20% 的情况下做两个数字的乘法，而另外 80% 的情况下引发了 MultiplicatorUnitFailure 类型的异常。写一个包裹这个笨重的函数的函数，它会一直尝试下去，直到调用成功，然后返回结果。

确保只处理你尝试处理的异常。

2. 锁上的盒子

考虑以下对象：

```
const box = {
  locked: true,
  unlock() { this.locked = false; },
  lock() { this.locked = true;  },
  _content: [],
  get content() {
    if (this.locked) throw new Error("Locked!");
    return this._content;
  }
};
```

这是一个带锁的盒子。盒子里有一个数组，但只有当盒子解锁时你才能看到它。禁止直接访问私有 _content（内容）属性。

编写一个名为 withBoxUnlocked 的函数，它将函数值作为参数，解锁盒子，运行函数，然后确保在返回之前再次锁上该盒子，无论参数函数正常返回还是引发异常。

```
const box = {
  locked: true,
  unlock() { this.locked = false; },
  lock() { this.locked = true;  },
  _content: [],
  get content() {
    if (this.locked) throw new Error("Locked!");
    return this._content;
  }
};

function withBoxUnlocked(body) {
  // Your code here.
}

withBoxUnlocked(function() {
  box.content.push("gold piece");
});

try {
  withBoxUnlocked(function() {
    throw new Error("Pirates on the horizon! Abort!");
  });
} catch (e) {
  console.log("Error raised:", e);
}
console.log(box.locked);
// → true
```

对于额外的要求，请确保如果你在已解锁的情况下调用 withBoxUnlocked，则该盒子保持解锁状态。

Chapter 9 第 9 章

正则表达式

编程工具和技术的存在和传播方式是混乱和渐进的。胜利的并不总是动人或高明的技术，而是那些在正确的地方运作良好或者正好与其他成功技术相结合的技术。

在本章中，我将讨论正则表达式这个工具。正则表达式是一种描述字符串数据中的模式的方法。它们形成一种小而独立的语言，是 JavaScript 和许多其他语言和系统的一部分。

正则表达式既非常不便又非常有用。它们的语法很神秘，JavaScript 为它们提供的编程接口很不便。但它们是检查和处理字符串的强大工具。正确理解正则表达式将使你成为更高效的程序员。

9.1 创建正则表达式

正则表达式是一种对象。它既可以使用 RegExp 构造函数来构造，也可以通过用正斜杠（/）字符包含模式来写成字面值。

```
let re1 = new RegExp("abc");
let re2 = /abc/;
```

这两个正则表达式对象都表示相同的模式：一个字符 a 后跟一个 b 再跟一个 c。

使用 RegExp 构造函数时，模式将写为普通字符串，因此通常的反斜杠规则适用于此方式。

第二种表示法中模式出现在正斜杠字符之间，对反斜杠的处理方式略有不同。首先，由于正斜杠会结束模式，所以我们需要在任何我们希望成为模式一部分的正斜杠之前加上反斜杠。此外，不属于特殊字符代码（如 \n）的反斜杠将会被保留，而不是像它们在字符串中那样被忽略，并更改模式的含义。问号和加号等特殊字符在正则表达式中具有特殊含义，如果它们用于表示此字符本身，则必须以反斜杠开头。

```
let eighteenPlus = /eighteen\+/;
```

9.2　匹配测试

正则表达式对象有许多方法。最简单的学习方法就是 test（测试）。如果你传递一个字符串，它将返回一个布尔值，告诉你字符串是否包含表达式中模式的匹配。

```
console.log(/abc/.test("abcde"));
// → true
console.log(/abc/.test("abxde"));
// → false
```

仅包含非特殊字符的正则表达式只表示字符序列。如果 abc 出现在我们正在测试的字符串中的任何地方（不只是在开头），test 将返回 true。

9.3　字符集

像是否包含 abc 这类简单的字符串查找，也可以通过调用 indexOf 来完成。正则表达式允许我们表达更复杂的模式。

假设我们想匹配任何数字。在正则表达式中，利用方括号之间的字符集使表达式的一部分与括号之间的任何字符匹配。

以下两个表达式都匹配包含数字的所有字符串：

```
console.log(/[0123456789]/.test("in 1992"));
// → true
console.log(/[0-9]/.test("in 1992"));
// → true
```

在方括号内，两个字符之间的连字符（ - ）可用于表示按字符的 Unicode 编码确定顺序的字符的范围。字符 0 到 9 在此顺序中彼此相邻（代码 48 到 57），因此 [0-9] 涵盖所有字符并匹配任何数字。

许多常见角色组都有自己的内置快捷方式。数字是其中之一：\d 表示与 [0-9] 相同的内容。

\d　　任何数字字符

\w　　字母数字字符（"单词字符"）

\s　　任何空白符字符（空格、制表符、换行符和类似字符）

\D　　非数字的字符

\W　　非字母数字字符

\S　　非空白符字符

.　　　除换行符之外的任何字符

因此，你可以使用以下表达式匹配日期和时间格式，如 01-30-2003 15:20：

```
let dateTime = /\d\d-\d\d-\d\d\d\d \d\d:\d\d/;
console.log(dateTime.test("01-30-2003 15:20"));
// → true
console.log(dateTime.test("30-jan-2003 15:20"));
// → false
```

这看起来很糟糕，不是吗？其中一半是反斜杠，像背景噪音一样产生干扰，以至于很难辨认表达的实际模式。我们将在下一节中看到此表达式的略微改进版本。

这些反斜杠代码也可以在方括号内使用。例如，[\d.] 表示任何数字或句点字符。但是方括号之间的句点本身就失去了它的特殊含义。其他特殊字符，例如 + 号，也是如此。

要对一组字符取反——也就是说，要表示你想要匹配除集合中的字符之外的任何字符，你可以在左方括号后面写一个插入符号（^）。

```
let notBinary = /[^01]/;
console.log(notBinary.test("1100100010100110"));
// → false
console.log(notBinary.test("1100100010200110"));
// → true
```

9.4 模式的重复部分

我们现在知道如何匹配一个数字。如果我们想匹配整数—— 一个或多个数字的序列，该怎么办？

当你在正则表达式中的某些内容后面加上加号（+）时，它表示此元素可能会重复多次。因此，/\d+/ 匹配一个或多个数字字符。

```
console.log(/'\d+'/.test("'123'"));
// → true
console.log(/'\d+'/.test("''"));
// → false
console.log(/'\d*'/.test("'123'"));
// → true
console.log(/'\d*'/.test("''"));
// → true
```

星号（*）具有相似的含义，但它还允许模式匹配零次。在某个东西之后的星号永远不会阻止模式匹配——如果它找不到任何合适的文本匹配它就会匹配零个实例。

问号使模式的一部分可选，这意味着它可能出现零次或一次。在以下示例中，允许出现 u 字符，但模式在缺少 u 时也能匹配。

```
let neighbor = /neighbou?r/;
console.log(neighbor.test("neighbour"));
// → true
console.log(neighbor.test("neighbor"));
// → true
```

要指示模式应该出现的精确次数，请使用大括号。例如，在元素之后放置 {4} 需要它恰好发生四次。也可以通过这种方式指定范围：{2,4} 表示元素必须至少出现两次，最多四次。

这是日期和时间模式的另一个版本，允许一位数和两位数的日、月和小时。解读也稍微容易一些。

```
let dateTime = /\d{1,2}-\d{1,2}-\d{4} \d{1,2}:\d{2}/;
console.log(dateTime.test("1-30-2003 8:45"));
// → true
```

你还可以在使用大括号时通过省略逗号后面的数字来指定开放式范围。所以 {5,} 表示五次或更多次。

9.5　对子表达式分组

要一次在多个元素上使用 * 或 + 等运算符，必须使用括号。正则表达式中包含在括号的一部分被当作单个元素，只涉及它后面的运算符。

```
let cartoonCrying = /boo+(hoo+)+/i;
console.log(cartoonCrying.test("Boohooooohoohooo"));
// → true
```

第一个和第二个 + 字符分别仅适用于 boo 和 hoo 中的第二个 o。第三个 + 适用于整个组（hoo+），匹配一个或多个这样的序列。

示例中表达式末尾的 i 使得这个正则表达式不区分大小写，允许它匹配输入字符串中的大写 B，即使模式本身都是小写的。

9.6　匹配和组

test 方法绝对是匹配正则表达式的最简单的方法。它只告诉你它是否匹配而不能干别的事。正则表达式还有一个 exec（execute）方法，它如果没有找到匹配则返回 null，否则返回一个包含匹配信息的对象。

```
let match = /\d+/.exec("one two 100");
console.log(match);
// → ["100"]⊖
console.log(match.index);
// → 8
```

从 exec 返回的对象有一个 index 属性，告诉我们字符串中成功匹配的开始位置。除此之外，此对象看起来像（实际上是）一个字符串数组，其第一个元素是匹配的字符串。在前面的示例中，这是我们要查找的数字序列。

⊖　console.log(match) 在 node 环境和 Microsoft Edge 中，返回 ['100', index: 8, input: 'one two 100', groups: undefined]。——译者注

字符串值具有行为相似的 match（匹配）方法。

```
console.log("one two 100".match(/\d+/));
// → ["100"]
```

当正则表达式包含用括号分组的子表达式时，与这些组匹配的文本也将显示在数组中。整体匹配永远是第一个元素。下一个元素是由第一个组匹配的部分（其左括号在表达式中首先出现的那个），然后是第二个组，以此类推。

```
let quotedText = /'([^']*)'/;
console.log(quotedText.exec("she said 'hello'"));
// → ["'hello'", "hello"]
```

当一个组最终没有匹配时（例如，当后跟一个问号），它在输出数组中的位置将保持 undefined。同样，当一个组被多次匹配时，数组只包含最后一个匹配。

```
console.log(/bad(ly)?/.exec("bad"));
// → ["bad", undefined]
console.log(/(\d)+/.exec("123"));
// → ["123", "3"]
```

组可用于提取字符串的一部分。如果我们不只是想验证一个字符串是否包含日期，而是要提取日期并构造一个表示它的对象，我们可以在数字模式周围括起括号并直接从 exec 的结果中选择日期。

但首先我们将简要介绍另一个问题，接下来讨论在 JavaScript 中表示日期和时间值的内置方法。

9.7 Date 类

JavaScript 有一个标准类来表示日期——或者更确切地说，表示时间点，它被称为 Date。如果你只是使用 new 创建日期对象，则会获得当前日期和时间。 ⊖

```
console.log(new Date());
// → Sat Sep 01 2018 15:24:32 GMT+0200 (CEST)
```

你还可以创建特定时间的对象。

```
console.log(new Date(2009, 11, 9));
// → Wed Dec 09 2009 00:00:00 GMT+0100 (CET)
console.log(new Date(2009, 11, 9, 12, 59, 59, 999));
// → Wed Dec 09 2009 12:59:59 GMT+0100 (CET)
```

JavaScript 使用一种令人迷惑的愚蠢惯例，其中月份编号从 0 开始（因此 12 月是 11），而日编号从 1 开始。千万小心这一点。

最后四个参数（小时、分钟、秒和毫秒）是可选的，并且在未给出时默认为零。

⊖ 输出日期格式和操作系统语言有关，在我的机器上用 node 执行下列输出为 2019-06-23T11:27:22.638Z。——译者注

时间戳存储为 UTC 时区自 1970 年开始以来的毫秒数。这遵循由 " Unix 时间"设定的惯例，该惯例是在那个时代发明的。你可以使用负数表示 1970 年之前的时间。日期对象上的 getTime 方法返回此数字。你可以想象它很大。

```
console.log(new Date(2013, 11, 19).getTime());
// → 1387407600000
console.log(new Date(1387407600000));
// → Thu Dec 19 2013 00:00:00 GMT+0100 (CET)
```

如果为 Date 构造函数提供单个参数，则该参数将被视为上述毫秒数。你可以通过创建一个新的 Date 对象并在其上调用 getTime 或调用 Date.now 函数来获取当前的毫秒数。

Date 对象提供 getFullYear、getMonth、getDate、getHours、getMinutes 和 getSeconds 等方法来提取其组成部分。除了 getFullYear 外还有 getYear，它给你年份减 1900 后的差（98 或 119），几乎没用。

将括号括在我们感兴趣的表达式的各个部分周围，我们现在可以从字符串创建一个日期对象。

```
function getDate(string) {
  let [_, month, day, year] =
    /(\d{1,2})-(\d{1,2})-(\d{4})/.exec(string);
  return new Date(year, month - 1, day);
}
console.log(getDate("1-30-2003"));
// → Thu Jan 30 2003 00:00:00 GMT+0100 (CET)
```

_（下划线）绑定被忽略，仅用于跳过 exec 返回的数组中的完整匹配元素。

9.8　单词和字符串边界

不幸的是，getDate 也很乐意从字符串 "100-1-30000" 中提取出荒谬的日期 00-1-3000。匹配可能发生在字符串中的任何位置，因此在这种情况下，它将从第二个字符开始并在倒数第二个字符结束。

如果我们想强制匹配必须包含整个字符串，我们可以添加标记 ^ 和 $。插入符号匹配输入字符串的开头，而美元符号与结尾匹配。所以，/^\d+$/ 匹配一个完全由一个或多个数字组成的字符串，/^!/ 匹配任何以感叹号开头的字符串，并且 /x^/ 与任何字符串都不匹配（在字符串开头之前不可能有 x）。

另一方面，如果我们只想确保日期在单词边界上开始和结束，我们可以使用标记 \b。单词边界可以是字符串的开头或结尾，也可以是字符串中一侧有单词字符（如 \w），另一侧有非单词字符的任何点。

```
console.log(/cat/.test("concatenate"));
// → true
```

```
console.log(/\bcat\b/.test("concatenate"));
// → false
```

请注意，边界标记不与实际字符匹配。它只强制正则表达式仅在模式中出现的位置满足特定条件时才匹配。

9.9 选择模式

假设我们不仅想要知道一段文本是否包含数字，还想知道它是否包含一个后跟一个单词的数字，这个单词是 pig、cow 或 chicken，或者其复数形式中的任何一个。

我们可以编写三个正则表达式并依次测试它们，但有一种更好的方法。管道符（|）表示在它左侧的模式和右侧的模式之间做出一个选择。所以我可以这样写：

```
let animalCount = /\b\d+ (pig|cow|chicken)s?\b/;
console.log(animalCount.test("15 pigs"));
// → true
console.log(animalCount.test("15 pigchickens"));
// → false
```

括号可用于限制管道运算符应用的模式部分，你可以将多个此类运算符放在一起，以表示从两个以上备选方案中间选择一个。[○]

9.10 匹配机制

从概念上讲，当你使用 exec 或 test 时，正则表达式引擎会在字符串中查找匹配项，方法是首先从字符串的开头匹配表达式，然后从第二个字符匹配表达式，以此类推，直到找到匹配或到达字符串的末尾。它将返回可以找到的第一个匹配或根本找不到任何匹配。

为了进行实际匹配，引擎会将正则表达式当作一个流程图。这是前一个例子中牲畜表达式的图示：

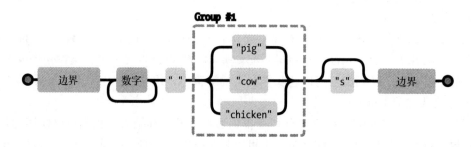

如果我们可以找到从图的左侧到右侧的路径，则表达式匹配成功。我们保持在字符串

○ 第二个测试 "15 pigchickens" 里既有 pig 又有 chicken，不满足只匹配任何一个的要求，所以返回 false。
　　——译者注

中的当前位置，并且当我们移过一个方框时，我们每次都验证当前位置之后的字符串部分是否与该方框匹配。

因此，如果我们尝试从第 4 个位置匹配 "the 3 pigs"，我们在流程图中的进度将如下所示：

- 在第 4 个位置处，有一个单词边界，所以我们可以移过第一个方框。
- 仍然在第 4 个位置处，我们找到一个数字，所以我们也可以移过第二个方框。
- 在第 5 个位置处，一条路径绕回到第二个（数字）方框之前，而另一条路径向前移动经过保持单个空格字符的方框。这里有一个空格，而不是数字，所以我们必须采取第二条路径。
- 我们现在处于第 6 个位置（pigs 的起点）和图中的三向分支。我们在这里看不到 cow 或 chicken，但是我们看到 pig，所以我们采取那个分支。
- 在第 9 个位置处，在三向分支之后，一条路径跳过 s 方框并直接进入最后的单词边界，而另一条路径与 s 匹配。这里有一个 s 字符，而不是单词边界，所以我们经过 s 方框。
- 我们位于第 10 个位置（字符串的结尾）并且只能匹配单词边界。字符串的结尾计为单词边界，因此我们经过最后一个方框并成功匹配此字符串。

9.11　回溯

正则表达式 /\b([01]+b|[\da-f]+h|\d+)\b/ 匹配后跟一个 b 的二进制数字 \ 后跟一个 h 的十六进制数字（即基数为 16，字母 a 到 f 代表数字 10 到 15）或一个没有后缀字符的常规十进制数字。这是相应的图示：

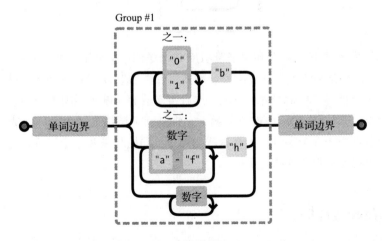

匹配此表达式时，即使输入实际上不包含二进制数，也经常会进入最上面的（二进制）分支。例如，当匹配字符串 "103" 时，只有在匹配到字符 3 时，匹配器才会明白现在处于错

误的分支。上述字符串确实与此表达式匹配，只不过不是与我们当前所在的分支匹配。

所以匹配器回溯。当进入某个分支时，它会记住自己的当前位置（在本例中，当前位置在字符串的开头，刚好超过图中的第一个边界框），这样如果当前的一个分支匹配不上，它就可以返回并尝试另一个分支。对于字符串 "103"，在遇到字符 3 后，它将开始尝试十六进制数字的分支，由于数字后面没有 h，因此再次失败。所以它继续尝试十进制数字分支。这个适合，所以最终报告匹配成功。

匹配器在找到完全匹配后会立即停止。这意味着如果多个分支可能与字符串匹配，则仅使用第一个分支（按分支在正则表达式中出现的位置先后来排序）。

对于像 + 和 * 这样的重复运算符也会发生回溯。如果你将 /^.*x/ 与 "abcxe" 匹配，.* 部分将首先尝试使用整个字符串匹配。然后引擎将意识到它需要一个 x 来匹配此模式。由于字符串末尾没有 x，因此星号运算符会尝试匹配少了最后一个字符的字符串。但是匹配器在 abcx 之后也找不到 x，所以它再次回溯，将星号运算符与 abc 匹配。现在它找到了一个 x，这是满足需要的，然后它报告成功匹配了从位置 0 到位置 4 的字符串。

我们编写的正则表达式可能会执行大量回溯。当它的模式可以用许多不同方式与输入匹配时，就会发生此问题。例如，如果我们在编写匹配二进制数的正则表达式时犯糊涂，就可能会意外地写出类似 /([01]+)+b/ 的东西。

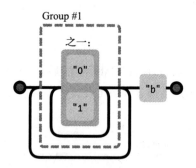

如果它试图匹配一些仅由 0 和 1 字符组成的长序列（没有用 b 字符结尾），匹配器首先执行一次内循环（小括号内）直到它读完全部数字。然后它注意到没有 b 字符，所以它回溯一个位置，经过外循环（小括号外）一次，然后再次放弃（再次匹配了全部数字，但它后面还是没有 b 字符），试图再次从内循环回溯。它将继续尝试由这两个循环合成的每个可能的路径。这意味着每增加一个字符，工作量就会翻倍。即使只是几十个字符长的字符串，最终的匹配实际上也将没完没了地执行下去。⊖

9.12　replace 方法

字符串值有一个 replace 方法，可用于将字符串的一部分替换为另一个字符串。

⊖　在我的机器上匹配 30 个字符时用时 10 秒。——译者注

```
console.log("papa".replace("p", "m"));
// → mapa
```

第一个参数也可以是正则表达式，在这种情况下，正则表达式的第一个匹配将被替换。当把 g 选项（用于全局（global））添加到正则表达式时，字符串中的所有匹配项都将被替换，而不仅仅是替换第一个匹配项。

```
console.log("Borobudur".replace(/[ou]/, "a"));
// → Barobudur
console.log("Borobudur".replace(/[ou]/g, "a"));
// → Barabadar
```

如果利用 replace 另外的参数或通过提供不同的方法，比如 replaceAll 来选择替换一个匹配还是所有匹配，那将是明智的。但是出于一些不幸的原因，这种选择依赖于正则表达式的属性。

使用带有正则表达式的 replace 的真正强大之处在于我们可以引用替换字符串中匹配的组。例如，假设我们有一个包含人名的大字符串，每行一个人名，格式为"姓氏，名字"。如果我们想要交换这两个部分并删除逗号以获得"名字 姓氏"的格式，我们可以使用以下代码：

```
console.log(
  "Liskov, Barbara\nMcCarthy, John\nWadler, Philip"
    .replace(/(\w+), (\w+)/g, "$2 $1"));
// → Barbara Liskov
//   John McCarthy
//   Philip Wadler
```

替换字符串中的 $1 和 $2 指的是模式中带括号的组。$1 被替换为与第一组匹配的文本，$2 被替换为与第二组匹配的文本，以此类推，最高为 $9。整个匹配可以用 $& 来引用。

向 replace 传递的第二个参数可以是函数而不是字符串。对于每次替换，将使用匹配的组（以及整个匹配）作为参数调用那个函数，并将其返回值插入到新字符串中。

下面是一个小例子：

```
let s = "the cia and fbi";
console.log(s.replace(/\b(fbi|cia)\b/g,
            str => str.toUpperCase()));
// → the CIA and FBI
```

下面这个例子更有趣：

```
let stock = "1 lemon, 2 cabbages, and 101 eggs";
function minusOne(match, amount, unit) {
  amount = Number(amount) - 1;
  if (amount == 1) { // only one left, remove the 's'
    unit = unit.slice(0, unit.length - 1);
  } else if (amount == 0) {
    amount = "no";
  }
```

```
        return amount + " " + unit;
    }
console.log(stock.replace(/(\d+) (\w+)/g, minusOne));
// → no lemon, 1 cabbage, and 100 eggs
```

此程序将获取一个字符串，查找数字后跟一个（字母数字单词的所有匹配项，并返回一个字符串，其中每个匹配项的出现次数减 1。

（\d+）组最终作为函数的 amount 参数，并且（\w+）组被绑定到 unit。此函数将 amount 转换为一个数字——这种转换总是有效的，因为它匹配 \d+，并在只有一个或没有的情况下进行一些调整。

9.13 贪心

可以使用 replace 来编写一个从一段 JavaScript 代码中删除所有注释的函数。这是第一次尝试：

```
function stripComments(code) {
    return code.replace(/\/\/.*|\/\*[^]*\*\//g, "");
}
console.log(stripComments("1 + /* 2 */3"));
// → 1 + 3
console.log(stripComments("x = 10;// ten!"));
// → x = 10;
console.log(stripComments("1 /* a */+/* b */ 1"));
// → 1   1
```

或运算符（|）之前的部分匹配两个斜杠字符，后跟任意数量的非换行符。多行注释的部分涉及更多。我们使用 [^]（任何不在空字符集中的字符）作为匹配任何字符的方法。我们不能只在这里使用句点，因为块注释可以在新行上继续，并且句点字符与换行符不匹配。

但最后一行的输出似乎出错了。为什么？

正如我在回溯一节中所描述的，表达式的 [^]* 部分将首先尽可能多地匹配。如果这导致模式的下一部分失败，则匹配器向后移动一个字符并从那里再次尝试。在示例中，匹配器首先尝试匹配字符串的其余部分，然后从那里向后移动。在返回四个字符后会发现 */ 匹配。这不是我们想要的——我们的意图是匹配单个注释，而不是一直跑到代码的末尾并找到最后一个块注释的结尾。

由于这种行为，我们说重复运算符（+，*，? 和 {}）是贪心的，意味着它们尽可能多地匹配并从那里回溯。如果你在它们后面加上一个问号（+?，*?，??，{}?），它们会变得不贪心并且尽可能少地匹配，只有在剩余的模式不满足较小的匹配时才继续匹配。

这正是我们在本例中想要的。通过让星号匹配最短的字符串，我们到达 */ 时只用掉一个块注释，仅此而已。

```
function stripComments(code) {
  return code.replace(/\/\/.*|\/\*[^]*?\*\//g, "");
}
console.log(stripComments("1 /* a */+/* b */ 1"));
// → 1 + 1
```

正则表达式程序中的许多错误都可以归结为在不贪心运算符会更好地运行的地方无意识地使用了贪心的运算符。使用重复运算符时，首先考虑用其不贪心的变体。

9.14　动态创建 RegExp 对象

在某些情况下，你在编写代码时可能不知道需要匹配的确切模式。假设你要在一段文本中查找用户名，并将其前后用下划线字符括起来以使其变得突出。由于只有在程序实际运行时才知道用户名，因此不能使用基于斜杠的表示法。

但是你可以构建一个字符串并在其上使用 RegExp 构造函数。下面是一个例子：

```
let name = "harry";
let text = "Harry is a suspicious character.";
let regexp = new RegExp("\\b(" + name + ")\\b", "gi");
console.log(text.replace(regexp, "_$1_"));
// → _Harry_ is a suspicious character.
```

在创建 \b 边界标记时，我们必须使用两个反斜杠，因为我们将它们写入普通字符串，而不是用正斜杠封闭的正则表达式。RegExp 构造函数的第二个参数包含正则表达式的选项，在本例中，"gi" 表示全局和不区分大小写。

但是，如果因为我们的用户是一个讨厌的少年，他起的用户名是 "dea+hl[]rd"，会怎么样？这将导致一个无意义的正则表达式，它不会实际匹配用户的名字。

要解决这个问题，我们可以在每个具有特殊含义的字符之前都添加反斜杠。

```
let name = "dea+hl[]rd";
let text = "This dea+hl[]rd guy is super annoying.";
let escaped = name.replace(/[\\[.+*?(){|^$]/g, "\\$&");
let regexp = new RegExp("\\b" + escaped + "\\b", "gi");
console.log(text.replace(regexp, "_$&_"));
// → This _dea+hl[]rd_ guy is super annoying.
```

9.15　search 方法

正则表达式无法调用字符串上的 indexOf 方法。但是还有另一种方法，即 search，它确实要求传入正则表达式。[⊖]与 indexOf 一样，它返回找到表达式的第一个索引，如果未找到，则返回 −1。

　⊖　search 也接受普通字符串参数，但把它当作正则表达式处理。——译者注

```
console.log(" word".search(/\S/));
// → 2
console.log("    ".search(/\S/));
// → -1
```

不幸的是，search 没有办法表达匹配应该从给定的偏移量开始（就像我们可以使用 indexOf 的第二个参数那样），这通常是有用的。

9.16　lastIndex 属性

exec 方法同样没有提供从字符串中给定位置开始搜索的便捷方法。但它确实提供了一种不方便的方法。

正则表达式对象具有属性。其中一个这样的属性是 source，它包含从中创建表达式的字符串。另一个属性是 lastIndex，它在某些有限的情况下能控制下一次匹配的开始。

这些情况中正则表达式必须启用全局（g）或黏性（y）选项，并且必须通过 exec 方法进行匹配。同样，一个更合理的解决方案就是允许将额外的参数传递给 exec，但 JavaScript 正则表达式接口的基本特性就是混乱。

```
let pattern = /y/g;
pattern.lastIndex = 3;
let match = pattern.exec("xyzzy");
console.log(match.index);
// → 4
console.log(pattern.lastIndex);
// → 5
```

如果匹配成功，则对 exec 的调用会自动更新 lastIndex 属性以指向匹配后的位置。如果未找到匹配项，则 lastIndex 将重置为零，这也是新构建的正则表达式对象中的值。

全局和黏性选项之间的区别在于，当启用黏性时，匹配仅在直接从 lastIndex 开始时才会成功，而对于全局，它将向前搜索匹配可以开始的位置。

```
let global = /abc/g;
console.log(global.exec("xyz abc"));
// → ["abc"]
let sticky = /abc/y;
console.log(sticky.exec("xyz abc"));
// → null
```

多个 exec 调用使用共享正则表达式值时，对 lastIndex 属性的这些自动更新可能会导致问题。你的正则表达式可能会意外地从上一次调用遗留的索引开始。

```
let digit = /\d/g;
console.log(digit.exec("here it is: 1"));
// → ["1"]
console.log(digit.exec("and now: 1"));
// → null
```

全局选项的另一个有趣效果是它改变了字符串上 match 方法的工作方式。当使用全局表达式调用时，match 不会返回类似于 exec 返回的数组，而是查找字符串中模式的所有匹配项并返回包含匹配字符串的数组。

```
console.log("Banana".match(/an/g));
// → ["an", "an"]
```

所以要谨慎对待全局正则表达式。有必要使用它们的情况只限于调用 repalce 时和你想要显式使用 lastIndex 的地方，你想要使用它们的场景通常也就是这些。

循环匹配

有一种常见的任务是扫描字符串，找出其中出现的所有模式，以便我们可以在循环体中访问匹配对象。我们可以使用 lastIndex 和 exec 来做到这一点。

```
let input = "A string with 3 numbers in it... 42 and 88.";
let number = /\b\d+\b/g;
let match;
while (match = number.exec(input)) {
  console.log("Found", match[0], "at", match.index);
}
// → Found 3 at 14
//   Found 42 at 33
//   Found 88 at 40
```

这利用了赋值表达式（=）的值就是被赋予的值的功能。因此，通过使用 match = number.exec(input) 作为 while 语句中的条件，我们在每次迭代开始时执行匹配，将结果保存在绑定中，并在找不到更多匹配项时停止循环。

9.17　解析 INI 文件

在结束本章之前，我们来解决一个需要用到正则表达式的问题。想象一下，我们正在编写一个程序来自动从互联网上收集有关敌人的信息。（我们实际上不会在这里编写整个程序，而只是编写读取配置文件的部分，抱歉。）配置文件如下所示：

```
searchengine=https://duckduckgo.com/?q=$1
spitefulness=9.7

; comments are preceded by a semicolon...
; each section concerns an individual enemy
[larry]
fullname=Larry Doe
type=kindergarten bully
website=http://www.geocities.com/CapeCanaveral/11451

[davaeorn]
```

```
fullname=Davaeorn
type=evil wizard
outputdir=/home/marijn/enemies/davaeorn
```

这种格式（这是广泛使用的一种格式，通常称为 INI 文件）的确切规则如下：

- 忽略以分号开头的行和空白行。
- 包裹在 [和] 中的行开始一个新的节。
- 包含后跟 = 字符的字母数字标识符的行将设置添加到当前节。
- 其他任何内容都无效。

我们的任务是将这样的字符串转换为一个对象，此对象的属性包含在第一个节标题之前写入的设置字符串，还包括表示各节的子对象，这些子对象分别包含所在节的设置。

由于文件格式必须逐行处理，因此首先要将文件拆分为单独的行。我们在 4.12 节中看到了 split 方法。但是，某些操作系统不使用单独的换行符来分隔行，而是使用回车字符后跟换行符（"\r\n"）来分隔行。鉴于 split 方法也允许将一个正则表达式作为其参数，所以我们可以使用像 /\r?\n/ 这样的正则表达式来分割，同时支持两行之间的 "\n" 和 "\r\n" 的格式。

```
function parseINI(string) {
  // 从一个对象开始，以保存最上层的字段
  let result = {};
  let section = result;
  string.split(/\r?\n/).forEach(line => {
    let match;
    if (match = line.match(/^(\w+)=(.*)$/)) {
      section[match[1]] = match[2];
    } else if (match = line.match(/^\[(.*)\]$/)) {
      section = result[match[1]] = {};
    } else if (!/^\s*(;.*)?$/.test(line)) {
      throw new Error("Line '" + line + "' is not valid.");
    }
  });
  return result;
}

console.log(parseINI(`
name=Vasilis
[address]
city=Tessaloniki`));
// → {name: "Vasilis", address: {city: "Tessaloniki"}}
```

这段代码遍历文件的每行并构建一个对象。最上面的属性直接存储在此对象中，而在各节中找到的属性存储在单独的节对象中。section 绑定指向当前节的对象。

有两种重要的行——节标题行与属性行。当一行是常规属性时，它存储在当前节中。如果是节标题，则会创建新的节对象，并将 section 设置为指向它。

注意重复使用 ^ 和 $ 来确保表达式匹配整行，而不仅仅是它的一部分。抛弃这些结果会

导致代码在大部分时候起作用但对某些输入产生奇怪的行为，这可能是一个难以追踪的错误。

模式 if (match = string.match(...)) 类似于使用赋值作为 while 条件的技巧。你通常不确定你的 match 调用是否会成功，因此你只能在一个 if 测试语句内部访问生成的这个对象。为了不破坏令人满意的 else if 形式链，我们将匹配的结果分配给绑定，并立即使用所赋的值作为 if 语句的测试对象。

如果某行既不是节标题也不是属性，则此函数使用表达式 /^\s*(;.*)?$/ 检查它是注释还是空行。你知道它是如何工作的吗？括号之间的部分将匹配注释，而 ? 确保它也匹配仅包含空格的行。当一行与任何预期形式都不匹配时，此函数抛出一个异常。

9.18　国际字符

由于 JavaScript 最初的简单实现以及这种简单化方法后来成为标准行为的事实，JavaScript 的正则表达式对于未出现在英语中的字符而言相当不便。例如，就 JavaScript 的常规表达式而言，"单词字符"只包括拉丁字母（大写或小写）中的 26 个字符之一和十进制数字，并且由于某种原因，也包括下划线字符。而像 é 或 β 这样绝对是单词字符的东西，却不能匹配 \w（而将匹配大写的 \W——非单词类）。

由于一个奇怪的历史事故，\s（空白）没有这个问题，并且匹配 Unicode 标准认为是空白的所有字符，包括不间断空格和蒙古元音分隔符之类的东西。

另一个问题是，默认情况下正则表达式适用于代码单元（如 5.9 节中所述），而不是实际字符。这意味着由两个代码单元组成的字符表现得很奇怪。

```
console.log(/🍎{3}/.test("🍎🍎🍎"));
// → false
console.log(/<.>/.test("<🌹>"));
// → false
console.log(/<.>/u.test("<🌹>"));
// → true
```

问题是第一行中的苹果表情符号被视为两个代码单元，{3} 部分仅应用于第二个代码单元。同样，点匹配单个代码单元，而不是组成玫瑰表情符号的两个代码单元。

你必须在正则表达式中添加 u 选项（对于 Unicode），以使其正确处理此类字符。不幸的是，错误的行为仍然是默认行为，因为更改它可能会导致依赖于它的现有代码出现问题。

虽然这只是刚被标准化的，而且在撰写本文时尚未得到广泛支持，但在正则表达式中使用 \p（必须启用 Unicode 选项）来匹配 Unicode 标准为其分配给定属性的所有字符是可以做到的。

```
console.log(/\p{Script=Greek}/u.test("α"));
// → true
console.log(/\p{Script=Arabic}/u.test("α"));
// → false
console.log(/\p{Alphabetic}/u.test("α"));
```

```
// → true
console.log(/\p{Alphabetic}/u.test("!"));
// → false
```

Unicode 定义了许多有用的属性，但找到你需要的属性并不总是轻而易举的。你可以使用 \p{Property=Value} 表示法来匹配具有此属性的给定值的任何字符。如果只保留属性名称，如 \p{Name}，则假定该名称是二进制属性（如 Alphabetic）或类别（如 Number）。

9.19　小结

正则表达式是表示字符串中的模式的对象。它们使用自己的语言来表达这些模式。

/abc/	一系列字符
/[abc]/	一组字符中的任何字符
/[^abc]/	任何不在一组字符中的字符
/[0-9]/	一系列字符中的任何字符
/x+/	模式 x 的一次或多次出现
/x+?/	一次或多次出现，不贪心
/x*/	零次或多次出现
/x?/	零次或一次出现
/x{2,4}/	2 到 4 次出现
/(abc)/	一个组
/a|b|c/	几种模式中的任何一种
/\d/	任何数字字符
/\w/	字母数字字符（"单词字符"）
/\s/	任何空格字符
/./	除换行之外的任何字符
/\b/	单词边界
/^/	开始输入
/$/	输入结束

正则表达式有一个 test 方法来测试给定的字符串是否匹配它。它还有一个 exec 方法，当匹配成功时，返回包含所有匹配的组的数组。这样的数组有一个 index 属性，指示匹配的开始位置。

字符串有一个 match 方法，可以将它们与正则表达式匹配，search 方法搜索一个表达式，它只返回匹配的起始位置。字符串的 repalce 方法可以用替换字符串或函数来替换模式的匹配结果。

正则表达式可以带有选项，这些选项都在反斜杠后写入。i 选项使匹配不区分大小写。g 选项使表达式成为全局，这将导致 replace 方法替换所有实例而不是第一个实例。y 选项使它具有黏性，这意味着它不会提前搜索并在寻找匹配时跳过部分字符串。u 选项打开

Unicode 模式，解决了处理占用两个代码单元的字符时遇到的许多问题。

正则表达式是一种难以掌握的利器。它们极大地简化了某些任务，但在应用于复杂问题时很快就变得失控。了解如何使用它们还包括克服试图把它们无法清楚地表达出来的东西硬塞进它们的冲动。

9.20　习题

几乎不可避免的是，在做这些习题的过程中，你会因为一些正则表达式无法解释的行为而感到困惑和沮丧。有时，将表达式输入到 https://debuggex.com 等在线工具中有助于直观地查看它是否与你的预期相符，并试验它对各种输入字符串的响应方式。

1. 正则表达式高尔夫

代码高尔夫是尝试以尽可能少的字符表达特定程序的游戏中的术语。类似地，正则表达式高尔夫是一种用尽可能短的正则表达式来匹配给定模式，而且只能匹配那种模式的练习。

对于以下每个条目，编写正则表达式以测试是否在字符串中出现任何给定的子字符串。正则表达式应仅匹配包含所列出的某个子字符串的字符串。除非明确提到，否则不要担心单词边界。当某个表达式有效时，请尝试是否可以使其更短。

（1）car 和 cat

（2）pop 和 prop

（3）ferret、ferry 和 ferrari

（4）任何以 ious 结尾的单词

（5）空白字符，后跟句点、逗号、冒号或分号

（6）一个长度超过六个字母的单词

（7）一个不含字母 e（或 E）的单词

请参阅本章小结中的表格以获取帮助。用几个测试字符串测试每个答案。

2. 引用的样式

想象一下，你已经写了一个故事，并使用单引号来标记对话。现在，你希望用双引号替换所有对话中的单引号，同时保持缩写（比如 aren't）中使用的单引号不被替换。

考虑一种区分这两种单引号用法的模式，并对 replace 方法进行调用，以便进行适当的替换。

3. 再次匹配数字

编写一个只匹配 JavaScript 样式数字的表达式。它必须支持在数字前面使用可选的小数点、指数符号（5e-3 或 1E10）和负号或正号，而且同样支持在指数前面添加可选的负号或正号。另请注意，小数点之前或之后不一定需要有数字，但数字不能是单独的小数点。也就是说，.5 和 5. 都是有效的 JavaScript 数字，但是单独一个小数点不是。

模　　块

理想的程序具有水晶般清晰的结构。它的工作方式很容易解释，每个部分都扮演着明确的角色。

典型的真实程序是逐渐成长的。新功能随着新需求的出现而增加。对程序结构化和维护结构是额外的工作。这种工作只有在将来有人参与此程序时才能获得回报。所以很容易忽视它，并导致程序的各个部分变得非常纠结。

这会造成两个实际问题。首先，很难理解这样一个系统。如果任何部分都可以触及其他任何部分，那么很难孤立地看待任何一个功能。你被迫从整体上理解全部东西。其次，如果你想在另一种环境下使用这种程序的任何功能，重写它可能都比试图将其与上下文区分开来更容易。

通常用短语"大泥球"来形容这种大型无结构程序。一切都粘在一起，当你试图挑出一块时，整个泥球都会裂开，把你的手弄脏。

10.1　模块作为构件

模块试图避免这些问题。模块是一个程序，它指定它依赖的其他部分以及它为其他模块提供的功能（其接口）。

模块接口与对象接口有许多共同之处，正如我们在 6.1 节中看到的那样。它们构成了外部世界可用的模块的一部分，并将其余部分保密。通过限制模块相互作用的方式，系统变得更像乐高积木，其中各个部分通过定义良好的连接器进行交互，而不像泥浆，一切都与所有东西混合在一起。

模块之间的关系称为依赖关系。当某个模块需要来自另一个模块的部件时，就说它依赖于此模块。当模块本身清楚地指明了这个事实时，可以使用它来确定哪些其他模块需要存在才能使用给定模块并自动加载依赖项。

要以这种方式分离模块，每个模块都需要它自己的私有作用域。

将 JavaScript 代码放入不同的文件并未满足这些要求。这些文件仍然共享相同的全局命名空间。它们可能有意或无意地干扰彼此的约束。依赖结构仍不清楚。我们可以做得比这更好，我们将在本章后面看到。

为程序设计适当的模块结构可能很困难。在你仍在探索问题的阶段，尝试不同的事情来看看哪些有效，你可能不想太关注它，因为这会是一件非常使人分心的事。一旦你感觉有一些东西稳定下来了，那就是退后一步并把它们组织起来的好时机。

10.2 包

从单独的小块构建程序，并且实际上能够自己运行这些小块的优点之一是，你可以在不同的程序中应用相同的小块。

但你怎么设置它呢？假设我想在另一个程序中使用 9.17 节中的 parseINI 函数。如果很清楚此函数依赖于什么（在此例中，什么依赖都没有），我就可以将所有必要的代码复制到我的新项目中并使用它。但是，如果我在该代码中发现错误，我可能只会在我当时使用的程序中修复它而忘记在其他程序中修复它。

一旦你开始复制粘贴代码，你很快就会发现，自己把时间和精力都浪费在移动副本并使它们保持最新上面了。

这时软件包（packages）就派上用场了。软件包是可以分发（复制和安装）的一大块代码。它可能包含一个或多个模块，并且包含其所依赖的其他软件包的信息。一个软件包通常还附带文档以解释它的功能，以便那些没有参与它的编写工作的人仍然可以使用它。

如果在程序包中发现问题或添加了新功能，则会更新程序包。现在依赖它的程序（也可能是包）可以升级到新版本。

以这种方式开展工作需要基础设施的支持。我们需要一个存储和查找包的地方以及安装和升级它们的便捷方式。在 JavaScript 世界中，此基础结构由 NPM（https://npmjs.org）提供。NPM 有两个含义：可以下载（和上传）包的在线服务和一个可以帮助你安装和管理它们的程序（与 Node.js 捆绑在一起）。

在撰写本文时，NPM 上有超过 50 万种不同的软件包。我应该指出，其中很大一部分是垃圾，但几乎所有有用的公开包都可以在那里找到。例如，类似于我们在第 9 章中构建的 INI 文件解析器，可在包名 ini 下获得。

第 20 章将介绍如何使用 npm 命令行程序在本地安装此类软件包。

提供可供下载的优质软件包非常有价值。这意味着我们通常可以避免重新创建一个 100 个人之前编写过的程序，并通过几个按键获得经过充分测试的可靠实现。

软件复制的成本很低，所以一旦有人编写软件，将其分发给其他人是一个高效的过程。但是首先编写它需要工作量，而对在代码中发现问题或想要提出新功能的人做出响应，甚至需要更多的工作量。

默认情况下，你拥有自己编写的代码的版权，其他人只有在你允许的情况下才能使用它。但是因为有些人很友善，而且因为发布好的软件可以帮助你在程序员中赢得一点点名声，许多软件包的许可证都明确允许其他人使用此软件包。

NPM 上的大多数代码都是以这种方式获得许可的，某些许可证还要求你把在软件包之上构建的代码发布在相同许可证下。其他许可证要求较低，只要求你在分发代码时保留其许可证。JavaScript 社区主要使用后一种类型的许可证。使用其他人的包时，请确保你了解了他们的许可证。

10.3　简易模块

直到 2015 年，JavaScript 语言还没有内置模块系统。然而，人们用 JavaScript 构建大型系统已有十多年了，他们需要模块。

因此，他们在语言之上设计了自己的模块系统。你可以使用 JavaScript 函数创建局部作用域和对象来表示模块接口。

这是一个用于在星期的名称和数字之间切换的模块（由 Date 的 getDay 方法返回）。它的接口由 weekDay.name 和 weekDay.number 组成，它在立即调用的函数表达式的作用域内隐藏其局部绑定名称。

```
const weekDay = function() {
  const names = ["Sunday", "Monday", "Tuesday", "Wednesday",
                 "Thursday", "Friday", "Saturday"];
  return {
    name(number) { return names[number]; },
    number(name) { return names.indexOf(name); }
  };
}();

console.log(weekDay.name(weekDay.number("Sunday")));
// → Sunday
```

这种模式在某种程度上提供了隔离，但它没有声明依赖性。相反，它只是将其接口放入全局作用域，并期望其依赖关系（如果有的话）也这样做。很长一段时间中，这是网络编程中使用的主要方法，但现在大多数都过时了。

如果我们想让依赖关系成为代码的一部分，我们必须控制加载依赖项。这样做需要能够把字符串作为代码执行。JavaScript 可以做到这一点。

10.4　将数据作为代码执行

有几种方法都可以获取数据（一串代码）并将其作为当前程序的一部分运行。

最明显的方法是特殊运算符 eval，它将在当前作用域中执行一个字符串。这通常是一个坏方法，因为它破坏了作用域通常具有的一些属性，例如可以轻易地预测给定名称指的是哪个绑定。

```
const x = 1;
function evalAndReturnX(code) {
  eval(code);
  return x;
}

console.log(evalAndReturnX("var x = 2"));
// → 2
console.log(x);
// → 1
```

另一种将数据解释为代码的不那么危险的方法是使用 Function 构造函数。它有两个参数：一个包含以逗号分隔的参数名列表的字符串和一个包含函数体的字符串。它包装着函数值中的代码，以便它获得自己的作用域，并且不会对其他作用域做奇怪的事情。

```
let plusOne = Function("n", "return n + 1;");
console.log(plusOne(4));
// → 5
```

这正是我们所需要的模块系统。我们可以将模块的代码包装在一个函数中，并把此函数的作用域用作模块作用域。

10.5　CommonJS

最常用的连接 JavaScript 模块的方法称为 CommonJS 模块。Node.js 使用它，并且它也是 NPM 上大多数软件包使用的系统。

CommonJS 模块的主要概念是一个名为 require 的函数。当你使用依赖项的模块名调用它时，它会确保加载模块并返回其接口。

因为加载器将模块代码包装在一个函数中，所以模块会自动获得它们自己的局部作用域。他们所要做的就是调用 require 来访问它们的依赖项并将它们的接口放在绑定到 exports 的对象中。

此示例模块提供日期格式化功能。它使用 NPM 中的两个包，其中 ordinal（序数）包将数字转换为 "1st" 和 "2nd" 等字符串，而 date-names 包可以获取星期和月份的英文名称。它导出一个函数 formatDate，它接收一个 Date 对象和一个模板字符串。

模板字符串可能包含指示格式的代码，例如完整年份的代码是 YYYY，而月份的序数

日代码是 Do。你可以给它一个像 "MMMM Do YYYY" 这样的字符串把 2019 年 11 月 22 日输出为
"November 22nd 2019"。

```
const ordinal = require("ordinal");
const {days, months} = require("date-names");

exports.formatDate = function(date, format) {
  return format.replace(/YYYY|M(MMM)?|Do?|dddd/g, tag => {
    if (tag == "YYYY") return date.getFullYear();
    if (tag == "M") return date.getMonth();
    if (tag == "MMMM") return months[date.getMonth()];
    if (tag == "D") return date.getDate();
    if (tag == "Do") return ordinal(date.getDate());
    if (tag == "dddd") return days[date.getDay()];
  });
};
```

ordinal 的接口是单个函数，而 date-names 导出包含多个事物的对象——days 和 months
是星期和月份名称的数组。

在为导入的接口创建绑定时，解构非常方便。

此模块将其接口函数添加到 exports，以便依赖它的模块可以访问它。我们可以用如下
方法使用此模块：

```
const {formatDate} = require("./format-date");

console.log(formatDate(new Date(2019, 8, 13),
                       "dddd the Do"));
// → Friday the 13th
```

我们可以用最小的形式来定义 require，如下所示：

```
require.cache = Object.create(null);

function require(name) {
  if (!(name in require.cache)) {
    let code = readFile(name);
    let module = {exports: {}};
    require.cache[name] = module;
    let wrapper = Function("require, exports, module", code);
    wrapper(require, module.exports, module);
  }
  return require.cache[name].exports;
}
```

在此代码中，readFile 是一个已编写的函数，它读取文件并将其内容作为字符串返回。
标准 JavaScript 不提供此类功能，但不同的 JavaScript 环境（如浏览器和 Node.js）提供了自
己的访问文件的方式。此示例只是假定 readFile 存在。

为避免多次加载同一模块，require 保留已加载模块的存储（缓存）。调用时，它首先检

查所请求的模块是否已加载，如果没有，则加载它。这包括读取模块的代码，将其包装在函数中并调用它。

我们之前看到的 ordinal 包的接口不是对象而是函数。CommonJS 模块的一个怪癖是，虽然模块系统会为你创建一个空接口对象（绑定到 exports），但你可以通过覆盖 module.exports 将其替换为任何值。许多模块都采取导出单个值而不是接口对象的做法。

通过将 require、exports 和 module 定义为生成的包装器函数的参数（并在调用它时传递适当的值），加载程序确保这些绑定在模块的作用域中可用。

给予 require 的字符串被转换为实际的文件名或网址的方式在不同系统中有所不同。当它以 "./" 或 "../" 开头时，它通常被解释为相对于当前模块的文件名。所以 "./format-date" 将是同一目录中名为 format-date.js 的文件。

当名称不是相对路径时，Node.js 将按该名称查找已安装的包。在本章的示例代码中，我们将这些名称解释为引用 NPM 包。我们将在第 20 章详细介绍如何安装和使用 NPM 模块。

现在，我们可以使用 NPM 中的一个 INI 文件解析器，而不需要自己编写它。

```
const {parse} = require("ini");

console.log(parse("x = 10\ny = 20"));
// → {x: "10", y: "20"}
```

10.6　ECMAScript 模块

CommonJS 模块运行良好，与 NPM 的结合使 JavaScript 社区可以开始大规模共享代码。

但它们仍然有点像用强力胶带粘在 JavaScript 上的。表示法略显过时，例如，你添加到 exports 的内容在局部作用域内不可用。而且因为 require 是一个普通的函数调用，它可以采用任何类型的参数，而不仅仅是字符串文字，如果不运行代码就很难确定模块的依赖性。

这就是 2015 年的 JavaScript 标准引入了自己不同的模块系统的原因。它通常称为 ES 模块，其中 ES 代表 ECMAScript。依赖关系和接口的主要概念保持不变，但细节不同。首先，表示法现在已整合到语言中。你可以使用特殊的 import 关键字，而不是调用函数来访问依赖项。

```
import ordinal from "ordinal";
import {days, months} from "date-names";

export function formatDate(date, format) { /* ... */ }
```

同样，export 关键字用于导出内容。它可能出现在函数、类或绑定定义（let、const 或 var）的前面。

ES 模块的接口不是单个值，而是一组命名绑定。前面的模块将 formatDate 绑定到一个函数。从其他模块导入时，导入绑定而不是值，这意味着导出模块可以随时更改绑定的值，导入它的模块将看到其新值。

如果存在名为 default 的绑定，则将其视为模块的主要导出值。如果在示例中导入类似 ordinal 的模块，而没有绑定名称周围的大括号，则会获得其 default 绑定。此类模块仍可以在其默认导出的同时以不同的名称导出其他绑定。

要创建默认导出，请在表达式、函数声明或类声明之前编写导出默认值。

```
export default ["Winter", "Spring", "Summer", "Autumn"];
```

可以使用单词 as 重命名导入的绑定。

```
import {days as dayNames} from "date-names";

console.log(dayNames.length);
// → 7
```

另一个重要的区别是 ES 模块导入发生在模块的脚本开始运行之前。这意味着 import 声明不可以出现在函数或块中，并且依赖项的名称必须是带引号的字符串，而不是任意表达式。

在撰写本文时，JavaScript 社区正在采用这种模块样式。但这是一个缓慢的过程。在规定格式后，浏览器和 Node.js 花了几年时间才开始支持它。尽管它们现在大部分都支持它，但这种支持仍然存在问题，关于如何通过 NPM 分发这些模块的讨论仍在进行中。

许多项目都是使用 ES 模块编写的，然后在发布时自动转换为其他格式。我们处于这两种不同的模块系统并用的过渡时期，人们需要能够读写其中任何一种的代码。

10.7 构建和捆绑

实际上，许多 JavaScript 项目在技术上甚至都不是用 JavaScript 编写的。有一些扩展，例如 8.3 节中提到的类型检查 JavaScript 方言，它们被广泛使用。人们也经常在将语言添加到实际运行 JavaScript 的平台很久之前就开始使用该语言的计划扩展。

为了实现这一点，他们编译代码，将其从他们选择的 JavaScript 方言转换为普通的旧 JavaScript，甚至是过去的 JavaScript 版本，以便旧的浏览器可以运行它。

包含由网页中的 200 个不同文件组成的模块化程序会产生其自身的问题。如果通过网络获取单个文件需要 50 毫秒，则加载整个程序需要 10 秒，如果可以同时加载多个文件，则需要一半时间。这浪费了很多时间。因为获取单个大文件往往比获取许多小文件更快，所以 Web 程序员已经开始使用工具来把他们（精心地分成模块）的程序打包到单个大文件中，再将其发布到 Web 上。这些工具被称为打包器（bundler）。

我们可以更进一步。除文件数量外，文件大小也严重影响它们通过网络传输的速度。因此，JavaScript 社区发明了缩小器（minifier）。这些工具读入 JavaScript 程序，并通过自动删除注释和空格，重命名绑定，并用占用较少空间的等效代码替换代码片段来使其变得更小。

因此，你在 NPM 包中找到的代码或在网页上运行的代码经历了多个转换阶段（从现代 JavaScript 转换为历史 JavaScript，从 ES 模块格式到 CommonJS，捆绑在一起，这种情况并不少见）并且缩小了。我们不会在本书中详细介绍这些工具，因为它们往往很无聊并且变化很快。请注意，你运行的 JavaScript 代码通常不是它们当初编写出来的样子。

10.8　模块设计

对程序结构的调整优化是编程的一个更巧妙的方面。任何重要的功能都可以通过多种方式建模。

良好的程序设计是主观的，涉及权衡和品味问题。学习结构良好的设计的价值的最好方法是阅读或处理许多程序，并注意哪些有效，哪些无效。不要以为令人痛苦的混乱"就应该是这样的"。你可以通过更多的思考来改善几乎所有事物的结构。

模块设计的一个方面是易用性。如果你正在设计一些旨在供多人使用的东西，甚至是供你自己使用的东西，那么在你不再记得所做内容的具体细节的三个月后，如果你的接口简单且可预测，那将会很有帮助。

这可能意味着遵循现有的惯例。一个很好的例子是 ini 包。此模块通过提供 parse 和 stringify（编写 INI 文件）函数来模仿标准 JSON 对象，并且像 JSON 一样，在字符串和普通对象之间进行转换。因此这个接口小巧而且常见，在你使用过一次之后，你可能还会记得如何使用它。

即使没有标准函数或广泛使用的包可供模仿，你也可以通过使用简单的数据结构并做单一、有针对性的事情来保持模块的可预测性。例如，NPM 上的许多 INI 文件解析模块都提供了直接从硬盘读取此类文件并对其进行解析的功能。这使得在浏览器中使用这些模块是不可能的，因为我们没有直接的文件系统访问权限；并且增加了复杂性，而这本来可以通过把某些文件读取函数与这个模块组合使用来更好地解决。

这指向了模块设计的另一个有用的方面——易于使用其他代码组合某些东西。专注于计算值的模块能适用于更广泛的程序，而执行带副作用的复杂操作的大模块则不能。在文件内容来自其他来源的情况下，坚持从磁盘读取文件的 INI 文件读取器是没用的。

与此相关地，有状态对象有时是有用的，甚至是必要的，但是如果可以使用函数完成某些操作，就使用函数来完成。NPM 上的几个 INI 文件读取器提供了这么一种样式的接口，它们要求你首先创建一个对象，然后将此文件加载到你的对象中，最后使用专门的方法来获得结果。这种类型的东西在面向对象的传统中很常见，而且很糟糕。你不能编写单独的函数调用并继续下去，而必须执行通过各种状态执行移动对象的例行程序。而且因为数据现在包装在一个专门的对象类型中，所有与它交互的代码都必须知悉该类型，从而产生不必要的相互依赖性。

通常无法避免定义新的数据结构——语言标准只提供了一些基本的数据结构，并且许多类型的数据必须比数组或映射更复杂。但是当数组足够用时，就使用数组。

稍微复杂的数据结构的一个例子是第 7 章的图。JavaScript 没有一种公认的方法可以用来表示图。在那一章中，我们使用了一个对象，其属性包含字符串数组，表示从该节点可以访问的其他节点。

NPM 上有几个不同的寻找路径的包，但它们都没有使用这种图的格式。它们通常允许图形的边具有权重，即与之相关的成本或距离。这在我们的表示法中是做不到的。

例如，有一个 dijkstrajs 包。它与我们的 findRoute 函数非常相似，它采用一种著名的寻找路径的方法，这种方法因它的发明人 Edsger Dijkstra 得名为 Dijkstra 算法。通常会把 js 后缀添加到包的名称中，以表明它们是用 JavaScript 编写的。这个 dijkstrajs 包使用类似于我们的图格式，但它使用的是属性值为数字（边的权重）的对象，而不是数组。

因此，如果我们想要使用这个包，我们必须确保我们的图以其期望的格式存储。由于我们的简化模型将每条道路视为具有相同的成本（一圈），因此所有边都具有相同的权重。

```
const {find_path} = require("dijkstrajs");

let graph = {};
for (let node of Object.keys(roadGraph)) {
  let edges = graph[node] = {};
  for (let dest of roadGraph[node]) {
    edges[dest] = 1;
  }
}

console.log(find_path(graph, "Post Office", "Cabin"));
// → ["Post Office", "Alice's House", "Cabin"]
```

这可能是可组合性的障碍——当各种包使用不同的数据结构来描述类似的东西时，将它们组合起来是有难度的。因此，如果你想设计出组合性好的模块，请找出其他人正在使用的数据结构，并在可能的情况下按照他们的示例进行操作。

10.9　小结

模块通过将代码分成具有清晰接口和依赖项的片段，为更大的程序提供结构。接口是从其他模块可见的模块的一部分，依赖项是它使用的其他模块。

因为 JavaScript 历史上没有提供模块系统，所以 CommonJS 系统是在它之上建立的。然后在某个时候，JavaScript 确实具备了一个内置系统，现在这个系统与 CommonJS 系统不易共存。

包是可以自行分发的一大堆代码。NPM 是 JavaScript 包的存储库。你可以从中下载各种有用的包（也有无用的）。

10.10 习题

1. 模块化机器人

这些是第 7 章中的项目创建的绑定：

```
roads
buildGraph
roadGraph
VillageState
runRobot
randomPick
randomRobot
mailRoute
routeRobot
findRoute
goalOrientedRobot
```

如果你将此项目编写为模块化程序，你将创建哪些模块？哪个模块依赖于哪个模块，以及它们的接口是什么样的？

NPM 上可能会提供哪些部分？你更喜欢使用 NPM 包还是自己编写？

2. 道路模块

基于第 7 章中的示例，编写一个 CommonJS 模块，其中包含道路数组并导出图的数据结构，将其表示为 roadGraph。它应该依赖于模块 ./graph，后者导出了用于构建图形的函数 buildGraph。此函数需要一个以两元素（道路的起点和终点）数组为元素的数组。

3. 循环依赖

循环依赖是模块 A 依赖于 B，而 B 也直接或间接依赖于 A 的情况。许多模块系统直接禁止这样做，因为无论你选择哪种顺序来加载这些模块，都无法确保每个模块的依赖关系在运行之前都已加载。

CommonJS 模块允许有限形式的循环依赖。只要模块不替换它们的默认 exports 对象，并且在完成加载之后才访问彼此的接口，循环依赖是没问题的。

10.5 节给出的 require 函数支持这种类型的依赖循环。你能看到它如何处理这种循环吗？当循环中的模块确实替换了其默认 exports 对象时会出现什么问题？

异步编程

计算机的核心部分，即执行构成程序的各个步骤的部分，称为处理器（processor）。到目前为止，我们看到的都是让处理器一直忙碌直到完成工作的程序。执行操作数字的循环之类的程序速度几乎完全取决于处理器的速度。

但是许多程序还与处理器之外的东西进行交互。例如，它们可能会通过计算机网络进行通信或从硬盘请求数据，这些都比从内存中获取数据慢得多。

当这样的事情发生时，让处理器闲置是一种羞耻，因为在此期间可能会有其他一些工作要做。在某种程度上，这是由你的操作系统处理的，操作系统将在多个正在运行的程序之间切换处理器。但是，如果我们希望单个程序在等待网络请求时能够取得进展，这种切换无济于事。

11.1　异步

在同步编程模型中，在同一时间只能发生一件事情。当你调用要执行某个长时间运行的操作的函数时，它仅在操作完成时返回，并且只有在那时才可以返回结果。这会在执行这项操作所需的时间内阻止你的程序做其他工作。

异步模型允许同时发生多件事情。当你开始某项操作时，程序将继续运行。操作完成后，程序将收到通知并允许访问结果（例如，从磁盘读取的数据）。

我们可以使用一个从网络中获取两个资源然后把结果组合起来的程序为例，来比较同步和异步编程。

在同步环境中，请求函数仅在完成其工作后才返回，执行此任务的最简单方法是逐个地生成请求。这样做的缺点是第二个请求只有在第一个请求完成时才会启动。所花费的总时间至少是两者响应时间的总和。

在同步系统中，克服这个缺点的方法是启动额外的控制线程。线程是另一个正在运行的程序，它可以在操作系统的管理下与其他程序交错执行。因为大多数现代计算机都包含多个处理器，多个线程甚至可以在不同的处理器上同时运行。第二个线程可以启动第二个请求，然后两个线程都在等待它们的结果返回，之后它们重新同步以组合它们的结果。

在下图中，粗线表示程序正常运行的时间，细线表示等待网络所花费的时间。在同步模型中，网络所用的时间是给定控制线程的时间轴的一部分。在异步模型中，从概念上说，启动网络操作会导致时间轴的拆分。启动操作的程序继续运行，而它启动的操作与其并行执行，并在自己完成时通知此程序。

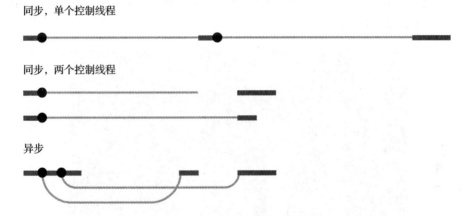

对这两者差异的另一种描述方法是，在同步模型中等待操作结束是隐式的，而在异步模型中，在我们的控制下它是显式的。

异步性是把双刃剑。一方面它使得表达不适合线性控制模型的程序更容易，但另一方面它也会使表达确实遵守线性控制的程序更加不便。在本章后面我们会看到解决这种不便的一些方法。

两个重要的 JavaScript 编程平台——浏览器和 Node.js，都允许可能需要一段时间的操作异步进行，而不依赖于线程。因为众所周知用线程编程是很困难的（理解一个程序在做多个事情的时候所做的事情要困难得多），所以这通常被认为是一件好事。

11.2　乌鸦技术

许多人都知道乌鸦是非常聪明的鸟类，它们能够使用工具、提前计划、记住事物，甚至能够相互交流。

大多数人不知道的是，它们还能够做很多事情，但它们一直对我们隐藏着这些能力。

一位久负盛名的鸦科专家对我说，乌鸦的技术与人类技术相差不远，它们正在迎头赶上。

例如，许多乌鸦文明都有能力构建计算设备。这些设备不像人类的计算设备那样，它们不是电子的，而是通过与白蚁密切相关的微小昆虫的活动来运作，这种昆虫与乌鸦形成了共生关系。鸟类为昆虫提供食物，作为回报，昆虫建立并操作它们的复杂菌落，在它们体内的生物的帮助下进行计算。

这些菌落通常位于大而耐用的鸟巢中。鸟类和昆虫共同构建了一个隐藏在鸟巢的树枝间的球状黏土结构网络，昆虫在其中生活和工作。

这些机器使用光信号与其他设备通信。乌鸦将反光材料嵌入特殊的通信杆中，昆虫将这些反光材料对准另一个巢，将数据编码为一系列快速闪光。这意味着只有视觉上没有遮挡的鸟巢之间才能进行通信。

我们的鸦科专家朋友，已经绘制了在罗纳河畔的希勒斯－苏－安比村的鸟巢网络。下面的地图显示了鸟巢及其连接。

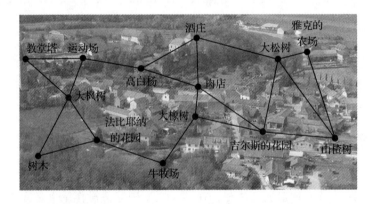

在这个令人震惊的趋同进化的例子中，乌鸦计算机运行 JavaScript。在本章中，我们将为它们编写一些基本的网络函数。

11.3　回调

异步编程的一种方法是使执行慢速操作的函数采用额外的参数，即回调函数。操作已启动，完成后，将使用结果调用回调函数。

例如，Node.js 和浏览器中都可用的 setTimeout 函数等待给定的毫秒数（一秒钟是一千毫秒），然后调用一个函数。

```
setTimeout(() => console.log("Tick"), 500);
```

等待通常不是一种非常重要的工作类型，但在执行更新动画或检查某些内容花费的时间是否超过给定时间时，它可能很有用。

使用回调函数来连续执行多个异步操作意味着你必须持续传递新函数以处理操作的后

续计算。

大多数鸟巢计算机都有一个用于长期存储数据的球茎，其中信息被蚀刻到树枝中，以便以后可以获取它们。蚀刻或查找数据都需要花费一些时间，因此长期存储的接口是异步的并使用回调函数。

存储球茎在各个名称下存储 JSON 可编码数据。乌鸦可以在名为 "food caches"（食物缓存）的名称下存储有关其储藏食物的地方的信息，其中可以包含指向其他数据的名称数组，以描述实际的缓存位置。要在大橡树（Big Oak）鸟巢的存储球茎中查找食物缓存，乌鸦可以运行如下代码：

```
import {bigOak} from "./crow-tech";

bigOak.readStorage("food caches", caches => {
  let firstCache = caches[0];
  bigOak.readStorage(firstCache, info => {
    console.log(info);
  });
});
```

（所有绑定名称和字符串都已从乌鸦语翻译成英语。）

这种编程风格是可行的，但缩进级别随着每个异步操作而增加，因为你最终会进入另一个函数。做更复杂的事情，比如同时执行多个动作时，可能会有点难办。

鸟巢计算机被设计成使用"请求 - 响应"对进行通信。这意味着一个鸟巢向另一个鸟巢发送一条消息，然后后者立即发回一条消息，确认收到并可能包含对该消息中提出的问题的回复。

每条消息都标有一个类型（type），此类型决定了它的处理方式。我们的代码可以定义特定请求类型的处理程序，当这样的请求进入时，调用处理程序以产生响应。

"./crow-tech" 模块导出的接口提供基于回调的通信功能。鸟巢有一个 send 方法用于发送请求。它要求用目标鸟巢的名称、请求的类型和请求的内容作为其前三个参数，并且它期望在响应作为其第四个也是最后一个参数传入时调用函数。

```
bigOak.send("Cow Pasture", "note", "Let's caw loudly at 7PM",
            () => console.log("Note delivered."));
```

但是为了使鸟巢能够接收该请求，我们首先必须定义名为 "note" 的请求类型。处理请求的代码不仅要在这个鸟巢计算机上运行，还要在可以接收这种类型的消息的所有鸟巢上运行。我们暂且假设有一只乌鸦飞来飞去并在所有巢上安装我们的处理程序代码。

```
import {defineRequestType} from "./crow-tech";

defineRequestType("note", (nest, content, source, done) => {
  console.log(`${nest.name} received note: ${content}`);
  done();
});
```

defineRequestType 函数定义了一种新类型的请求。例如，增加了对 "note" 请求的支持，这些请求只是向给定的鸟巢发送注释。我们实现调用 console.log，以便我们可以验证请求是否到达。鸟巢有一个 name 属性，用于保存其名称。

赋予处理程序的第四个参数 done，是一个回调函数，它在完成请求时必须调用它。如果我们使用处理程序的返回值作为响应值，那就意味着请求处理程序本身不能执行异步操作。一个执行异步工作的函数通常在工作完成之前返回，并安排它在工作完成时调用回调函数。所以我们需要一些异步机制——在本例中，是另一个回调函数，它在响应可用时发出信号。

在某种程度上，异步性具有传染性。调用异步工作的函数的任何函数本身必须是异步的，使用回调或类似机制来传递其结果。调用回调函数比简单地返回一个值涉及更多的东西并且更容易出错，因此需要以这种方式构建程序的大部分内容并不太好。

11.4　promise

当抽象概念可以用值来表示时，这些概念通常更容易使用。在异步操作的情况下，你可以不用安排在未来某个时间调用函数，而返回表示此未来事件的对象。

这就是 Promise 标准类的用途。promise 是一种异步行为，它可能在某个时刻完成并产生值。它能够在有值时通知任何感兴趣的人。

创建 promise 的最简单方法是调用 Promise.resolve。此函数确保你提供的值包含在 promise 中。如果它已经是一个 promise，它就会被简单地返回；否则，你会得到一个新的 promise，它以你的值为结果立即结束。

```
let fifteen = Promise.resolve(15);
fifteen.then(value => console.log(`Got ${value}`));
// → Got 15
```

要获得 promise 的结果，可以使用 then 方法。这会在 promise 解决并生成值时调用一个回调函数。你可以向单个 promise 添加多个回调函数，并且即使你在 promise 已经解决（已完成）之后才添加回调函数，也会调用它们。

但那不是 then 方法做的所有工作。它返回另一个 promise，其解决处理函数返回的值，如果返回一个 promise，则等待该 promise，然后解决其结果。

将 promise 视为将值转化为异步现实的手段是有用的。一个正常的值就在那里。promise 的值是可能已存在或可能在将来的某个时间点出现的值。根据 promise 定义的计算作用于此类包装值，并在值可用时被异步执行。

要创建一个 promise，可以使用 Promise 作为构造函数。它有一个奇怪的接口——构造函数需要一个函数作为参数，它会立即调用作为参数的函数，向作为参数的函数传递一个可以用来解决 promise 的函数。由于它以这种方式工作，而不是使用诸如 resolve 的方法，因此只有创建 promise 的代码才能解决这个 promise。

这就是为 readStorage 函数创建基于 promise 的接口的方法：

```
function storage(nest, name) {
  return new Promise(resolve => {
    nest.readStorage(name, result => resolve(result));
  });
}

storage(bigOak, "enemies")
  .then(value => console.log("Got", value));
```

此异步函数返回有意义的值。这是 promise 的主要优点，它们简化了异步函数的使用。基于 promise 的函数看起来与常规函数类似，而不必传递回调：它们将输入作为参数并返回其输出。此函数与常规函数唯一的区别是，输出可能还没有得到。

11.5 失败

常规 JavaScript 计算失败可以通过抛出异常来处理。异步计算常常也需要类似的东西。网络请求可能会失败，或者作为异步计算一部分的某些代码可能会引发异常。

异步编程的回调风格最紧迫的问题之一是，它很难确保失败被正确地报告给回调函数。

一种广泛使用的约定是，回调函数的第一个参数用于指示操作失败，第二个参数包含操作成功时生成的值。这样的回调函数必须始终检查它们是否收到异常，并确保它们引起的任何问题（包括它们调用的函数抛出的异常）都被捕获并提供给正确的函数。

promise 使这件事更容易完成。它们既可以被解决（动作成功完成），也可以被拒绝（动作失败）。只有在操作成功时才会调用解决处理程序（当用 then 注册时），并且拒绝会自动传播到由 then 返回的新 promise。当处理程序抛出异常时，这会自动导致其 then 调用产生的 promise 被拒绝。因此，如果异步操作链中的任何元素失败，则整个链的结果将被标记为已拒绝，并且在失败之后不会调用成功处理程序。

就像解决一个 promise 会提供一个值一样，拒绝一个 promise 也会提供一个值，这个值通常被称为拒绝的原因。当处理程序函数中的异常导致拒绝时，将使用异常值作为原因。类似地，当处理程序返回被拒绝的 promise 时，即拒绝流入下一个 promise。有一个 Promise.reject 函数可以创建一个新的、立即被拒绝的 promise。

为了显式处理这种拒绝，promise 有一个 catch 方法，它在 promise 被拒绝时注册要调用的处理程序，类似于 then 处理程序处理正常解决的方式。它也非常类似于 then 返回一个新的 promise，如果它正常解决，则解决原始 promise 的值，否则解决 catch 处理程序的结果。如果 catch 处理程序抛出错误，则新的 promise 也会被拒绝。

作为简写，then 还接受拒绝处理程序作为第二个参数，因此你可以在单个方法调用中安装两种类型的处理程序。

传递给 Promise 构造函数的函数接收第二个参数以及 resolve 函数，它可以用来拒绝新的 promise。

通过调用 then 和 catch 创建的 promise 值链，可以看作异步值或失败值移动的管道。由于这些链是通过注册处理程序创建的，因此每个链都有一个与之关联的成功处理程序或拒绝处理程序（或两者都有）。与结果类型（成功或失败）不匹配的处理程序将被忽略。只有那些匹配的处理程序才会被调用，并且它们的结果决定了随后得出的值的种类（当它返回非 promise 值时成功，当它抛出异常时拒绝）和结果，而结果就是 promise 返回的上述两种情况中的一种。

```
new Promise((_, reject) => reject(new Error("Fail")))
  .then(value => console.log("Handler 1"))
  .catch(reason => {
    console.log("Caught failure " + reason);
    return "nothing";
  })
  .then(value => console.log("Handler 2", value));
// → Caught failure Error: Fail
// → Handler 2 nothing
```

就像未被捕获的异常都由环境处理一样，当 promise 的拒绝未被处理时，JavaScript 环境也可以检测到这种情况并将其报告为错误。

11.6　构建网络很困难

有时候，乌鸦的镜子系统没有足够的光线来传输信号，或者某些东西阻挡了信号的传播路径。信号可能会被发送但永远不会被接收到。

实际上，这只会导致提供给 send 的回调函数永远不会被调用，从而导致程序停止，而没有注意到存在问题。如果在一段时间没有得到回复之后，请求会超时并报告失败，这种处理结果是很不错的。

通常，传输失败是随机的事故，例如汽车前灯的光干扰光信号，可能只要重试请求就会使之成功。因此，在我们处理它的同时，让我们的请求函数自动尝试重新发送几次请求后再放弃。

而且，既然我们已经确定 promise 是一个好东西，我们也会让我们的请求函数返回一个 promise。就回调函数和 promise 能表达的内容而言，它们是等价的。可以对基于回调的函数进行包装以公开基于 promise 的接口，反之亦然。

即使成功传递了请求及其响应，响应也可能指示失败。例如，请求如果尝试使用未定义的请求类型或处理程序，就会抛出错误。为了支持这一点，send 和 defineRequestType 遵循前面提到的约定，其中传递给回调函数的第一个参数是失败原因（如果有的话），第二个参数是实际结果。

这些可以被我们的包装器翻译为 promise 的解决和拒绝。

```
class Timeout extends Error {}

function request(nest, target, type, content) {
  return new Promise((resolve, reject) => {
    let done = false;
    function attempt(n) {
      nest.send(target, type, content, (failed, value) => {
        done = true;
        if (failed) reject(failed);
        else resolve(value);
      });
      setTimeout(() => {
        if (done) return;
        else if (n < 3) attempt(n + 1);
        else reject(new Timeout("Timed out"));
      }, 250);
    }
    attempt(1);
  });
}
```

因为 promise 只能被解决（或拒绝）一次，所以这种方法会生效。第一次调用 resolve 或 reject 时，将确定 promise 的结果，并且将忽略任何进一步的调用，例如，请求完成后到达的超时或在另一个请求完成后返回的请求都会被忽略。

要构建一个异步循环，对于重试我们需要使用递归函数，因为常规的循环不允许我们停止并等待一个异步动作。attempt 函数对一个请求只进行一次尝试。它还会设置超时，如果 250 毫秒之后还没有响应，它要么开始下一次尝试，要么，如果这是第四次尝试，则以一个 Timeout 实例为原因拒绝 promise。

每隔四分之一秒重试一次并在一秒钟之后没有响应时放弃，这绝对有点武断。甚至，如果请求确实通过了，但处理程序需要更长时间，也可能会多次传递请求。我们会记住我们的处理程序的问题——重复的消息应该是无害的。

总的来说，我们目前不会建立一个世界级的强大网络。但没关系，因为对于计算而言，乌鸦并没有很高的期望。

为了完全隔离回调函数，我们将继续并定义一个 defineRequestType 的包装器，它允许处理函数返回一个 promise 或简单的值，并将这些值连接到我们的回调函数中。

```
function requestType(name, handler) {
  defineRequestType(name, (nest, content, source,
                           callback) => {
    try {
      Promise.resolve(handler(nest, content, source))
        .then(response => callback(null, response),
              failure => callback(failure));
    } catch (exception) {
```

```
      callback(exception);
    }
  });
}
```

如果 handler 返回的值尚未被转换，Promise.resolve 用于将其转换为 promise。

请注意，对 handler 的调用必须包装在 try 块中，以确保它直接引发的任何异常都被提供给回调函数。这很好地说明了使用原始的回调函数来正确处理错误的难度——很容易忘记正确地传播这样的异常，如果你不这样做，失败就不会被报告给正确的回调函数。promise 使这大部分都变成自动的，因此不容易出错。

11.7　promise 集合

每个鸟巢计算机都在其 neighbors 属性中保存在它传输距离内的其他鸟巢的数组。要检查哪些鸟巢当前可以访问，你可以编写一个函数，尝试向每个鸟巢都发送一个 "ping" 请求（一个简单请求响应的请求），并查看哪些请求得到响应。

使用同时运行的 promise 集合时，Promise.all 函数可能很有用。它返回一个 promise，等待数组中的所有 promise 解析，然后解析为一个包含这些 promise 产生的值的数组（与原始数组的顺序相同）。如果其中任何一个 promise 被拒绝，Promise.all 的结果本身就是拒绝。

```
requestType("ping", () => "pong");

function availableNeighbors(nest) {
  let requests = nest.neighbors.map(neighbor => {
    return request(nest, neighbor, "ping")
      .then(() => true, () => false);
  });
  return Promise.all(requests).then(result => {
    return nest.neighbors.filter((_, i) => result[i]);
  });
}
```

我们不希望当某个邻居不可用时，整个组合 promise 失败，因为那样我们仍然不会知道具体发生了什么事情。因此，映射到邻居集合的函数会将它们转换为请求 promise 并附加处理程序，这些处理程序会使成功的请求生成 true，而拒绝的请求会生成 false。

在组合 promise 的处理程序中，filter 用于从相应值为 false 的 neighbors 数组中删除这些元素。这利用了 filter 将当前元素的数组索引作为其过滤函数的第二个参数的功能（map、some 和类似的高阶数组方法也是如此）。

11.8　网络泛洪

鸟巢只能与邻居通信的事实极大地限制了这个网络的实用性。

为了向整个网络广播信息，一种解决方案是建立一种会被自动转发给邻居的请求。然后这些邻居将其转发给他们的邻居，直到整个网络都收到消息为止。

```
import {everywhere} from "./crow-tech";

everywhere(nest => {
  nest.state.gossip = [];
});

function sendGossip(nest, message, exceptFor = null) {
  nest.state.gossip.push(message);
  for (let neighbor of nest.neighbors) {
    if (neighbor == exceptFor) continue;
    request(nest, neighbor, "gossip", message);
  }
}
requestType("gossip", (nest, message, source) => {
  if (nest.state.gossip.includes(message)) return;
  console.log(`${nest.name} received gossip '${
                message}' from ${source}`);
  sendGossip(nest, message, source);
});
```

为了避免永远在网络上发送同样的消息，每个鸟巢都会保留一组已经看过的八卦（gossip）字符串。为了定义这个数组，我们使用 everywhere 函数——它在每个鸟巢上运行代码，将一个属性添加到鸟巢的 state 对象，这是我们用来保持鸟巢本地状态的地方。

当一个鸟巢收到一个重复的八卦消息时，（在每个鸟巢都盲目地重新发送它们时，这很可能发生）它会忽略此消息。但是当它收到一条新消息时，它会兴奋地把它告诉除了消息的发送者以外的所有邻居。

这将导致一条新的八卦就像水中的墨水污渍一样通过网络传播。即使某些连接当前断开，如果有一条到达给定鸟巢的替代路线，那么八卦将通过那条路线到达它。

这种网络通信方式称为泛洪（flooding）——它会使网络充满某一条信息，直到所有节点都拥有它为止。

11.9 消息路由

如果某个给定节点想要与单个其他节点通信，则泛洪不是一种非常高效的方法。特别是当网络很大时，这将导致大量无用的数据传输。

另一种方法是建立一条路径，让消息从一个节点跳到另一个节点，直到它们到达目的地为止。此法的难点在于它需要知道有关网络布局的情况。为了向遥远的鸟巢发送请求，有必要知道哪个相邻的鸟巢更接近目的地。向错误的方向发送将无济于事。

由于每个鸟巢只知道它的直接邻居，因此它没有计算路由所需的信息。我们必须以某种方式将有关这些连接的信息传播到所有鸟巢，最好允许信息随时间而变化，这样当鸟巢被遗弃或新的鸟巢建立时就能及时更新信息。

我们可以再次使用泛洪的方法，但是我们现在检查给定鸟巢的新邻居集合是否与我们为它取得的当前集合匹配，而不是检查它是否已经接收到给定消息。

```
requestType("connections", (nest, {name, neighbors},
                           source) => {
  let connections = nest.state.connections;
  if (JSON.stringify(connections.get(name)) ==
      JSON.stringify(neighbors)) return;
  connections.set(name, neighbors);
  broadcastConnections(nest, name, source);
});

function broadcastConnections(nest, name, exceptFor = null) {
  for (let neighbor of nest.neighbors) {
    if (neighbor == exceptFor) continue;
    request(nest, neighbor, "connections", {
      name,
      neighbors: nest.state.connections.get(name)
    });
  }
}

everywhere(nest => {
  nest.state.connections = new Map;
  nest.state.connections.set(nest.name, nest.neighbors);
  broadcastConnections(nest, nest.name);
});
```

我们使用 JSON.stringify 的结果来做比较，因为 == 运算符用于对象或数组时，只有当两者是完全相同的值时才会返回 true，这不符合我们在这里的需求。比较 JSON 字符串是比较其内容的粗略但有效的方法。

节点立即开始广播它们的连接，除了一些根本无法到达的鸟巢，每个鸟巢都应该很快就收到当前网络图的地图。

你可以利用图来找到网络中的路线，正如我们在第 7 章中看到的那样。如果我们有一条通往消息目的地的路线，我们就知道应该将它发送到哪个方向。

这个 findRoute 函数非常类似于第 7 章中的 findRoute 函数，它搜索了一种到达网络中给定节点的方法。但它不是返回整个路线，而是返回下一步。下一个鸟巢使用其现有的网络相关信息，来决定它把消息发送到什么位置。

```
function findRoute(from, to, connections) {
  let work = [{at: from, via: null}];
  for (let i = 0; i < work.length; i++) {
    let {at, via} = work[i];
    for (let next of connections.get(at) || []) {
```

```
      if (next == to) return via;
      if (!work.some(w => w.at == next)) {
        work.push({at: next, via: via || next});
      }
    }
  }
  return null;
}
```

现在我们可以构建一个能发送长途消息的函数。如果消息发送给直接邻居，则照常传送。如果不是，则将其打包在对象中并使用 "route" 请求类型发送到离目标更近的邻居，这将导致此邻居重复相同的行为。

```
function routeRequest(nest, target, type, content) {
  if (nest.neighbors.includes(target)) {
    return request(nest, target, type, content);
  } else {
    let via = findRoute(nest.name, target,
                        nest.state.connections);
    if (!via) throw new Error(`No route to ${target}`);
    return request(nest, via, "route",
                   {target, type, content});
  }
}

requestType("route", (nest, {target, type, content}) => {
  return routeRequest(nest, target, type, content);
});
```

我们在原始通信系统之上构建了几层功能，以方便使用。这是一个很好的（虽然是简化的）真实计算机网络工作模型。

计算机网络的一个显著特点是它们不可靠——构建在它们之上的抽象可以提供帮助，但是你无法把网络故障抽象出去。因此，网络编程通常非常关注预测和处理故障。

11.10　异步函数

据了解，为了保存重要信息，乌鸦会在多个鸟巢中复制它。这样，当鹰破坏某个鸟巢时，信息不会丢失。

为了获取它自己的存储球茎中没有的给定信息，鸟巢计算机可能会随机查询网络中的其他鸟巢，直到找到拥有这条信息的鸟巢为止。

```
requestType("storage", (nest, name) => storage(nest, name));

function findInStorage(nest, name) {
  return storage(nest, name).then(found => {
    if (found != null) return found;
    else return findInRemoteStorage(nest, name);
```

```
  });
}

function network(nest) {
  return Array.from(nest.state.connections.keys());
}

function findInRemoteStorage(nest, name) {
  let sources = network(nest).filter(n => n != nest.name);
  function next() {
    if (sources.length == 0) {
      return Promise.reject(new Error("Not found"));
    } else {
      let source = sources[Math.floor(Math.random() *
                                      sources.length)];
      sources = sources.filter(n => n != source);
      return routeRequest(nest, source, "storage", name)
        .then(value => value != null ? value : next(),
              next);
    }
  }
  return next();
}
```

因为连接是 Map，所以 Object.keys 不起作用。它有一个 keys 方法，但它返回一个迭代器而不是一个数组。可以使用 Array.from 函数将迭代器（或迭代值）转换为数组。

即使有了 promise，这些代码也是相当糟糕的。多个异步行为被悄悄地链接在一起。我们再次需要一个递归函数（next）来对遍历鸟巢的循环建模。

代码实际上做的事情是完全线性的——在开始下一个操作之前总是等待上一个操作完成。在同步编程模型中，表达起来更简单。

好消息是 JavaScript 允许你编写伪同步代码来描述异步计算。async 函数可以隐式地返回一个 promise，并在其函数体中以一种看似同步的方式 await（等待）其他 promise。

我们可以像这样重写 findInStorage：

```
async function findInStorage(nest, name) {
  let local = await storage(nest, name);
  if (local != null) return local;

  let sources = network(nest).filter(n => n != nest.name);
  while (sources.length > 0) {
    let source = sources[Math.floor(Math.random() *
                                    sources.length)];
    sources = sources.filter(n => n != source);
    try {
      let found = await routeRequest(nest, source, "storage",
                                     name);
      if (found != null) return found;
```

```
    } catch (_) {}
  }
  throw new Error("Not found");
}
```

异步函数在 function 关键字之前用 async 标记。也可以通过在方法名之前写入 async 来使它异步。当调用这样的函数或方法时，它返回一个 promise。一旦被调用主体返回某个东西，该 promise 就会得到解决。如果它抛出异常，则 promise 被拒绝。

在异步函数中，可以将单词 await 放在表达式之前等待 promise 解决，然后才能继续执行此函数。

这样的函数不再像常规 JavaScript 函数一样从一开始就一直运行。相反，它可以在任何具有 await 的地方暂停（frozen），并且可以在之后恢复。

对于复杂的异步代码，这种表示法通常比直接使用 promise 更方便。即使你需要做一些不适合用同步模型做的事情，比如同时执行多个动作，也很容易将 await 与直接使用 promise 结合起来。

11.11 生成器

暂停函数然后再次恢复的这种功能并不是 async 函数独有的。JavaScript 还有一个称为生成器（generator）函数功能。它与 async 函数相似，但没有 promise。

当你使用 function *（在单词 function 后面放置一个星号）定义一个函数时，它将成为一个生成器。当你调用一个生成器时，它会返回一个迭代器，我们已经在第 6 章中学过它了。

```
function* powers(n) {
  for (let current = n;; current *= n) {
    yield current;
  }
}

for (let power of powers(3)) {
  if (power > 50) break;
  console.log(power);
}
// → 3
// → 9
// → 27
```

最初，当你调用 powers 时，此函数在其开始时被暂停。每次在迭代器上调用 next 时，此函数都会运行，直到它到达 yield 表达式，这个表达式暂停它并使得产生的值成为迭代器产生的下一个值。当函数返回时（示例中的那个永远不返回），迭代器完成。

使用生成器函数时，编写迭代器通常要容易得多。可以使用此生成器编写 Group 类的迭代器如下（来自于第 6 章习题 3）：

```
Group.prototype[Symbol.iterator] = function*() {
  for (let i = 0; i < this.members.length; i++) {
    yield this.members[i];
  }
};
```

不再需要创建一个对象来保存迭代状态，生成器每次产生时都会自动保存它们的局部状态。

这样的 yield 表达式只允许在生成器函数本身中直接出现，而不能在你在它内部定义的内部函数中出现。一个生成器在产生时保存的状态只是它的局部环境和它所产生的位置。

async 函数是一种特殊类型的生成器。它在被调用时产生一个 promise，在返回（完成）时被解决，并在抛出异常时被拒绝。每当它产生（等待）一个 promise，那么该 promise 的结果（值或抛出异常）就是 await 表达式的结果。

11.12　事件循环

异步程序是逐步执行的。每个部分都可以开始一些动作并安排在动作结束或失败时执行的代码。在这些部分之间，程序处于空闲状态，等待下一步操作。

因此，回调函数不被安排它们的代码直接调用。如果我在某函数内调用 setTimeout，则在调用回调函数时，此函数已经返回。当回调函数返回时，控制不会返回到安排它的函数。

异步行为发生在它自己的空函数调用栈上。这是在没有 promise 的情况下跨异步代码管理异常难办的原因之一。由于每个回调函数开始时栈几乎为空的，因此当它们抛出异常时，catch 处理程序不会在栈中。

```
try {
  setTimeout(() => {
    throw new Error("Woosh");
  }, 20);
} catch (_) {

  // 这不会运行
  console.log("Caught!");
}
```

无论事件（例如超时或传入请求）如何紧密结合，JavaScript 环境一次都将只运行一个程序。你可以将其视为围绕你的程序运行一个大循环，称为事件循环（event loop）。当没有什么可做的时候，那个循环就会停止。但是当事件进入时，它们会被添加到队列中，并且它们的代码一个接一个地执行。因为没有两个东西同时运行，所以运行缓慢的代码可能会延迟其他事件的处理。

以下示例设置了超时，但随后空闲着直到超时的预期时间点，导致超时延迟。

```
let start = Date.now();
setTimeout(() => {
  console.log("Timeout ran at", Date.now() - start);
}, 20);
while (Date.now() < start + 50) {}
console.log("Wasted time until", Date.now() - start);
// → Wasted time until 50
// → Timeout ran at 55
```

promise 总是作为新事件解决或拒绝。即使 promise 已经解决，等待它也会导致回调函数在当前脚本完成后运行，而不是立即运行。

```
Promise.resolve("Done").then(console.log);
console.log("Me first!");
// → Me first!
// → Done
```

在后面的章节中，我们将看到在事件循环上运行的各种其他类型的事件。

11.13 异步 bug

当你的程序同步运行时，除了那些程序本身发生的状态之外，没有任何状态发生变化。对于异步程序，情况不同——它们的执行可能存在间隙，在此期间其他代码可以运行。

我们来看一个例子。我们乌鸦的一个爱好是计算每年整个村庄孵化的小鸡数量。鸟巢将这个数量存储在它们的存储球茎中。以下代码尝试计算给定年份所有鸟巢的小鸡总数：

```
function anyStorage(nest, source, name) {
  if (source == nest.name) return storage(nest, name);
  else return routeRequest(nest, source, "storage", name);
}

async function chicks(nest, year) {
  let list = "";
  await Promise.all(network(nest).map(async name => {
    list += `${name}: ${
      await anyStorage(nest, name, `chicks in ${year}`)
    }\n`;
  }));
  return list;
}
```

async name => 部分表示箭头函数也可以异步，只要把 async 这个词放在它们面前。

代码看上去没有问题。它将异步箭头函数映射到一组鸟巢上，创建一个 promise 数组，然后使用 Promise.all 在返回它们构建的列表之前等待所有这些完成。

但它存在严重错误。它总是只返回一行输出，列出响应最慢的那个鸟巢。

你能找出原因吗？

问题出在 += 运算符，它在语句开始执行时获取 list 的当前值，然后，当 await 结束时，将 list 绑定设置为此值加上添加的字符串。

但是在语句开始执行的时间和它完成的时间之间存在异步间隙。map 表达式在任何内容被添加到列表之前运行，因此每个 += 运算符都以空字符串开始，最终，当存储检索完成时，将 list 设置为单行列表——将它的一行添加到空字符串的结果。

通过从映射的 promise 返回行并在 Promise.all 的结果上调用 join，而不通过更改绑定来构建列表，可以很容易地避免这种情况。像往常一样，计算新值比改变现有值更不容易出错。

```
async function chicks(nest, year) {
  let lines = network(nest).map(async name => {
    return name + ": " +
      await anyStorage(nest, name, `chicks in ${year}`);
  });
  return (await Promise.all(lines)).join("\n");
}
```

像这样的错误很容易犯，特别是在使用 await 时，你应该知道代码中的间隙出现在哪里。JavaScript 明确的异步性（无论是通过回调函数、promise 还是 await）是一个优势，能够相对容易地发现这些间隙。

11.14　小结

异步编程使得表达等待长时间运行的操作而不在这些操作期间暂停程序成为可能。JavaScript 环境通常使用回调函数来实现这种编程风格，回调函数是在操作完成时调用的函数。一个事件循环安排这样的回调函数在适当的时候一个接一个地被调用，以便它们的执行不重叠。

通过 promise、表示将来可能完成的操作的对象，以及异步函数，可以使异步编程变得容易一些，这些函数允许你像编写同步程序一样编写异步程序。

11.15　习题

1. 跟踪手术刀
村里的乌鸦拥有一把旧手术刀，它们偶尔会在特殊任务中使用它，例如，切开纱门或包装。为了能够快速追踪它，每次将手术刀转移到另一个鸟巢时，就有一个条目被添加到拥有它的鸟巢和取走它的鸟巢的存储中，名称为"scalpel"（手术刀），其新的位置作为条目的值。

这意味着找到手术刀就是跟踪存储条目的痕迹的问题，直到找到一个指向这个鸟巢本身的鸟巢为止。

编写一个异步函数 locateScalpel 来执行此操作,从它运行的鸟巢开始。你可以使用先前定义的 anyStorage 函数来访问任意鸟巢中的存储。手术刀已经流转了很长时间,你可以假设每个鸟巢在其数据存储中都有一个 "scalpel" 条目。

接下来,不使用 async 和 await 再次编写相同的函数。

在两个版本的函数中,请求失败是否都正确显示为对返回的 promise 的拒绝?怎么做到的?

2. 建立 Promise.all

给出一个 promise 数组,Promise.all 返回一个等待数组中所有 promise 完成的 promise。然后它继续产生一个结果值的数组。如果数组中的某个 promise 失败,那么 all 返回的 promise 也失败,它失败的原因就是失败的 promise 的失败原因。

自己实现这样的常规函数 Promise_all。

请记住,在 promise 成功或失败后,它将无法再次成功或失败,并且将忽略对解决它的函数的进一步调用。这可以简化你处理 promise 失败的方式。

项目：编程语言

构建自己的编程语言非常简单（只要你的目标不太高）并且非常有启发性。

我主要想在本章中展示的内容是构建自己的语言时不需要任何魔力。我经常觉得有些人类发明非常聪明和复杂，以至于我永远无法理解它们。但通过一些学习和实践，它们往往变得非常平常。

我们将构建一种名为 Egg 的编程语言。它将是一种简单的微型语言，但足以表达你能想到的任何计算。它还允许基于函数的简单抽象。

12.1 解析

编程语言中最直接可见的部分是其语法（syntax）或表示法。解析器（parser）是一个程序，它读取一段文本并生成一个反映该文本中包含的程序结构的数据结构。如果文本没有形成有效的程序，解析器应指出错误。

我们的语言将具有简单统一的语法。Egg 中的任何东西都是一个表达式。表达式可以是绑定名、数字、字符串或应用（application）。应用表达式用于函数调用，但也用于 if 或 while 等构造。

为了保持解析器简单，Egg 中的字符串不支持反斜杠转义。字符串只是一个不含双引号的字符序列，用双引号括起来。数字是一系列数字。绑定名可以包含任何非空白的字符，并且在语法中没有特殊含义。

应用表达式按照它们在 JavaScript 中的方式编写，方法是将括号放在表达式后面，并在这些括号之间包含任意数量的参数，参数用逗号分隔。

```
do(define(x, 10),
   if(>(x, 5),
      print("large"),
      print("small")))
```

Egg 语言的统一性意味着 JavaScript 中的运算符（例如 >）在这种语言中是常规绑定，它的用法就像其他函数一样。由于语法中没有块的概念，我们需要一个 do 构造来表示按顺序执行多个操作。

解析器用于描述程序的数据结构由表达式对象组成，每个表达式对象都有一个 type 属性，来指示它的表达式类型以及描述其内容的其他属性。

"value" 类型的表达式表示文字字符串或数字。它们的 value 属性包含它们表示的字符串或数字值。"word" 类型的表达式用于标识符（名称）。这些对象具有 name 属性，此属性将标识符的名称保存为字符串。最后，"apply" 表达式代表应用表达式。它们有一个 operator 属性，它引用正在应用的表达式，以及一个包含参数表达式数组的 args 属性。

上一个程序的 >(x, 5) 部分将表示如下：

```
{
  type: "apply",
  operator: {type: "word", name: ">"},
  args: [
    {type: "word", name: "x"},
    {type: "value", value: 5}
  ]
}
```

这种数据结构称为语法树。如果你将对象想象为点，并将它们之间的链接想象为这些点之间的连线，则它具有树形结构。表达式包含其他表达式，而这些表达式可能又包含更多的表达式，这与树枝分叉和分叉再次分叉的方式类似。

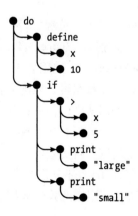

将此与我们为 9.17 节中的配置文件格式编写的解析器进行对比，9.17 节的解析器具有简单的结构：它将输入拆分为行并逐行处理它们。每行只允许具有一些简单的形式。

在这里我们必须找到一种不同的方法。表达式不是按行分隔的，并且具有递归结构。应用表达式包含其他表达式。

幸运的是，通过编写一个解析器函数，以递归的方式反映这个语言的递归性质，可以很好地解决这个问题。

我们定义了函数 parseExpression，它接收一个字符串作为输入，并返回一个对象，该对象包含了字符串起始位置处表达式的数据结构与解析表达式后剩余的字符串。当解析子表达式时（比如应用的参数），可以再次调用此函数，产生参数表达式和剩余字符串。剩余的字符串可以包含更多参数，也可以是一个表示参数列表结束的右括号。

下面是解析器的第一部分：

```javascript
function parseExpression(program) {
  program = skipSpace(program);
  let match, expr;
  if (match = /^"([^"]*)"/.exec(program)) {
    expr = {type: "value", value: match[1]};
  } else if (match = /^\d+\b/.exec(program)) {
    expr = {type: "value", value: Number(match[0])};
  } else if (match = /^[^\s(),#"]+/.exec(program)) {
    expr = {type: "word", name: match[0]};
  } else {
    throw new SyntaxError("Unexpected syntax: " + program);
  }

  return parseApply(expr, program.slice(match[0].length));
}
function skipSpace(string) {
  let first = string.search(/\S/);
  if (first == -1) return "";
  return string.slice(first);
}
```

因为 Egg 语言像 JavaScript 一样，它允许元素之间有任何数量的空格，所以我们必须在程序字符串的开头修剪重复空格。这就是 skipSpace 函数所起的作用。

在跳过所有前导空格后，parseExpression 使用三个正则表达式来查找 Egg 支持的三种原子元素：字符串、数字和单词。解析器根据可以匹配哪种原子元素的正则表达式来构造不同类型的数据结构。如果输入与这三种形式中的任一种都不匹配，则它不是有效表达式，而解析器会抛出错误。我们使用 SyntaxError 而不是 Error 作为异常构造函数，这是另一种标准错误类型，因为它更具体，它也是尝试运行无效的 JavaScript 程序时抛出的错误类型。

然后我们从程序字符串中去掉已匹配的部分，并将其余部分与表达式的对象一起传递给 parseApply，后者检查表达式是否为应用表达式。如果是应用表达式，它会解析括号中的参数列表。

```javascript
function parseApply(expr, program) {
  program = skipSpace(program);
```

```
  if (program[0] != "(") {
    return {expr: expr, rest: program};
  }

  program = skipSpace(program.slice(1));
  expr = {type: "apply", operator: expr, args: []};
  while (program[0] != ")") {
    let arg = parseExpression(program);
    expr.args.push(arg.expr);
    program = skipSpace(arg.rest);
    if (program[0] == ",") {
      program = skipSpace(program.slice(1));
    } else if (program[0] != ")") {
      throw new SyntaxError("Expected ',' or ')'");
    }
  }
  return parseApply(expr, program.slice(1));
}
```

如果程序中的下一个字符不是左括号，则它不是应用表达式，parseApply 会返回给定的表达式。

否则，它会跳过左括号并为此应用表达式创建语法树对象。然后它递归调用 parseExpression 来解析每个参数，直到找到右括号为止。程序通过 parseApply 和 parseExpression 相互调用间接实现了递归。

因为应用表达式本身也可以被应用（例如在 multiplier(2)(1) 中），所以 parseApply 在解析应用表达式之后必须再次调用自身以检查它是否跟随另一对括号。

这就是解析 Egg 所需的全部内容。我们将它包装在一个易于使用的 parse 函数中，parse 函数在解析表达式后验证它是否已到达输入字符串的末尾（Egg 程序是单个表达式），并且为我们提供了程序的数据结构。

```
function parse(program) {
  let {expr, rest} = parseExpression(program);
  if (skipSpace(rest).length > 0) {
    throw new SyntaxError("Unexpected text after program");
  }
  return expr;
}

console.log(parse("+(a, 10)"));
// → {type: "apply",
//    operator: {type: "word", name: "+"},
//    args: [{type: "word", name: "a"},
//           {type: "value", value: 10}]}
```

解析器正常工作了！它在解析失败时不会给我们提供非常有用的信息，并且不存储每个表达式开始的行和列，而这些额外内容在以后报告错误时可能会有所帮助，但对我们的目的来说，现在这样已经足够了。

12.2 求解器

我们可以用程序的语法树做什么？当然是执行它！这就是求解器的作用。你为它提供了一个语法树和一个将名称与值相关联的 scope 对象，它将计算树所代表的表达式并返回它产生的值。

```
const specialForms = Object.create(null);

function evaluate(expr, scope) {
  if (expr.type == "value") {
    return expr.value;
  } else if (expr.type == "word") {
    if (expr.name in scope) {
      return scope[expr.name];
    } else {
      throw new ReferenceError(
        `Undefined binding: ${expr.name}`);
    }
  } else if (expr.type == "apply") {
    let {operator, args} = expr;
    if (operator.type == "word" &&
        operator.name in specialForms) {
      return specialForms[operator.name](expr.args, scope);
    } else {
      let op = evaluate(operator, scope);
      if (typeof op == "function") {
        return op(...args.map(arg => evaluate(arg, scope)));
      } else {
        throw new TypeError("Applying a non-function.");
      }
    }
  }
}
```

求解器程序具有处理每种表达式类型的代码。文字值表达式产生其值（例如，表达式 100 只计算数字 100）。对于绑定，我们必须检查它是否在作用域内实际定义，如果是，则获取绑定的值。

应用涉及更多事项。如果它们是特殊形式，比如 if，我们不计算任何内容并将参数表达式与范围一起传递给处理此种形式的函数。如果是正常调用，我们将对运算符进行评估，验证它是否为函数，并使用求值的参数调用它。

我们使用普通的 JavaScript 函数值来表示 Egg 的函数值。当定义名为 fun 的特殊形式时，我们将在 12.5 节中回过头来说明这个问题。

evaluate 的递归结构类似于解析器的结构，并且都反映了语言本身的结构。虽然也可以将解析器与求解器集成并在解析期间进行计算，但是以这种方式将它们拆分会使程序更清晰。

这就是解释 Egg 所需的全部内容。就这么简单。但是，如果不定义一些特殊形式并为环境添加一些有用的值，那么这种语言是无法用来解决问题的。

12.3 特殊形式

specialForms 对象用于定义 Egg 中的特殊语法。它将单词与计算此类形式的函数相关联。它目前是空的。下面让我们添加 if。

```
specialForms.if = (args, scope) => {
  if (args.length != 3) {
    throw new SyntaxError("Wrong number of args to if");
  } else if (evaluate(args[0], scope) !== false) {
    return evaluate(args[1], scope);
  } else {
    return evaluate(args[2], scope);
  }
};
```

Egg 的 if 构造只需要三个参数。它将计算第一个参数，如果结果不是值 false，它将计算第二个参数。否则，它将计算第三个参数。比起 JavaScript 的 if 语句，这个 if 形式更类似于 JavaScript 的三元（？：）运算符。它不是一个语句，而是一个表达式，它产生一个值，即第二个或第三个参数的结果。

Egg 处理 if 的条件值的方法也与 JavaScript 不同。它不会将零或空字符串等内容视为 false，而只会将精确值 false 视为 false。

我们需要把 if 表示为一种特殊形式而不是一种常规函数的原因是，函数的所有参数都要在调用函数之前进行求值，而 if 应该只计算它的第二个或第三个参数，具体取决于第一个参数的值。

while 形式与此类似。

```
specialForms.while = (args, scope) => {
  if (args.length != 2) {
    throw new SyntaxError("Wrong number of args to while");
  }
  while (evaluate(args[0], scope) !== false) {
    evaluate(args[1], scope);
  }

  // 由于Egg中不存在undefined,
  // 所以对没有意义的结果返回false。
  return false;
};
```

另一个基本构件是 do，它从上到下执行所有参数。它的值是最后一个参数产生的值。

```
specialForms.do = (args, scope) => {
  let value = false;
  for (let arg of args) {
    value = evaluate(arg, scope);
  }
  return value;
};
```

为了能够创建绑定并为其赋予新值，我们还创建了一个名为 define 的形式。它需要一个单词作为它的第一个参数，还需要一个将赋值给该单词的表达式作为其第二个参数。由于 define 与其他东西一样也是一种表达式，因此它必须返回一个值。我们让它返回被赋予的值（就像 JavaScript 的 = 运算符一样）。

```
specialForms.define = (args, scope) => {
  if (args.length != 2 || args[0].type != "word") {
    throw new SyntaxError("Incorrect use of define");
  }
  let value = evaluate(args[1], scope);
  scope[args[0].name] = value;
  return value;
};
```

12.4 环境

evaluate 接受的作用域是一个对象，其属性的名称对应于各绑定名称，其值对应于那些绑定所绑定的值。让我们定义一个对象来表示全局作用域。

为了能够使用我们刚刚定义的 if 构造，我们必须能够访问布尔值。由于只有两个布尔值，因此我们不需要特殊的语法。我们只需将两个名称分别绑定到 true 和 false 值并使用它们即可。

```
const topScope = Object.create(null);

topScope.true = true;
topScope.false = false;
```

我们现在可以计算一个对布尔值求反的简单表达式。

```
let prog = parse(`if(true, false, true)`);
console.log(evaluate(prog, topScope));
// → false
```

为了提供基本的算术和比较运算符，我们还将向作用域添加一些函数值。为了保持代码简洁，我们将使用 Function 在循环中合成一批运算符函数，而不是单独定义它们。

```
for (let op of ["+", "-", "*", "/", "==", "<", ">"]) {
  topScope[op] = Function("a, b", `return a ${op} b;`);
}
```

输出值的方法也很有用，因此我们将 console.log 包装在一个函数中并将其命名为 print。

```
topScope.print = value => {
  console.log(value);
  return value;
};
```

这为我们提供了编写简单程序的基本工具。以下函数提供了一种解析程序并在新作用域内运行它的便捷方法：

```
function run(program) {
  return evaluate(parse(program), Object.create(topScope));
}
```

我们将使用对象原型链来表示嵌套的作用域，以便程序可以在不更改顶级作用域的情况下将绑定添加到其局部作用域。

```
run(`
do(define(total, 0),
   define(count, 1),
   while(<(count, 11),
         do(define(total, +(total, count)),
            define(count, +(count, 1)))),
   print(total))
`);
// → 55
```

这些 Egg 语言表示的是我们之前多次看过的程序，它计算了数字 1 到 10 的总和。它显然比同等的 JavaScript 程序更难看，但对于用不到 150 行代码实现的语言来说已经算不错了。

12.5　函数

没有函数的编程语言确实是一种糟糕的编程语言。

幸运的是，添加一个 fun 构造并不难，它将其最后一个参数视为函数的函数体，并用在此之前的所有参数作为函数的参数名。

```
specialForms.fun = (args, scope) => {
  if (!args.length) {
    throw new SyntaxError("Functions need a body");
  }
  let body = args[args.length - 1];
  let params = args.slice(0, args.length - 1).map(expr => {
    if (expr.type != "word") {
      throw new SyntaxError("Parameter names must be words");
    }
    return expr.name;
  });

  return function() {
```

```
    if (arguments.length != params.length) {
      throw new TypeError("Wrong number of arguments");
    }
    let localScope = Object.create(scope);
    for (let i = 0; i < arguments.length; i++) {
      localScope[params[i]] = arguments[i];
    }
    return evaluate(body, localScope);
  };
};
```

Egg 中的函数有自己的局部作用域。fun 形式生成的函数创建此局部作用域并将参数绑定添加到其中。然后它会在此作用域内计算函数体并返回结果。

```
run(`
do(define(plusOne, fun(a, +(a, 1))),
   print(plusOne(10)))
`);
// → 11

run(`
do(define(pow, fun(base, exp,
     if(==(exp, 0),
        1,
        *(base, pow(base, -(exp, 1)))))),
   print(pow(2, 10)))
`);
// → 1024
```

12.6　编译

我们建立的是一个翻译器。在计算期间，它直接作用于解析器生成的程序的表示形式。

编译是在解析和运行程序之间添加另一个步骤的过程，它将程序转换为可以通过提前尽可能多地完成工作来更有效地计算的事物。例如，在设计良好的语言中，对于绑定的每次使用，显然不会实际运行程序来确定绑定所引用的东西。这可以用于避免每次访问时都按名称查找绑定，而是直接从某个预定的内存位置获取它。

传统上，编译涉及将程序转换为机器代码，即计算机处理器可以执行的原始格式。但是，将程序转换为不同表示形式的任何过程都可以被视为编译。

可以为 Egg 编写一个替代的计算策略，一个首先将程序转换为 JavaScript 程序，使用 Function 调用其上的 JavaScript 编译器，然后运行结果。如果做得好，这将使 Egg 运行得非常快，同时仍然很容易实现。

如果你对这个话题感兴趣并愿意花些时间，我鼓励你将实现此类编译器作为一个习题来尝试。

12.7 作弊

当我们定义 if 和 while 时，你可能会注意到它们或多或少都是对 JavaScript 自己的 if 和 while 的简单包装。同样，Egg 中的值只是常规的旧 JavaScript 值。

如果将基于 JavaScript 构建的 Egg 的实现与直接在机器提供的原始功能上构建编程语言所需的工作量和复杂性进行比较，则差异很大。无论如何，这个例子很好地向你展示了一种编程语言的工作方式。

当谈到完成某件事时，作弊比自己做所有事情更有效。虽然本章中的示例语言没有做任何在 JavaScript 中无法做得更好的事情，但有些情况下编写小型语言有助于完成真正的工作。

这种语言不必模仿典型的编程语言。例如，如果 JavaScript 没有配备正则表达式，你可以为正则表达式编写自己的解析器和求值程序。

或者想象一下，你正在建造一个巨大的机器恐龙并需要用编程来控制它的动作。JavaScript 可能不是最有效的方法。你可能会选择使用如下所示的语言：

```
behavior walk
  perform when
    destination ahead
  actions
    move left-foot
    move right-foot

behavior attack
  perform when
    Godzilla in-view
actions
  fire laser-eyes
  launch arm-rockets
```

这就是通常所说的特定领域语言（domain-specific language），这种语言是为了表达小范围的知识而量身定制的。这样的语言可以比通用语言更具表现力，因为它旨在准确描述需要在这些领域中描述的事物，而不是其他任何东西。

12.8 习题

1. 数组
通过向顶级作用域添加以下三个函数，将对数组的支持添加到 Egg 中：array(...values) 构造包含参数值的数组，使用 length(array) 获取数组的长度，以及 element(array, n) 从数组中获取第 *n* 个元素。

2. 闭包
我们定义 fun 的方式允许 Egg 中的函数引用包含它的作用域，允许函数的函数体使用在定义函数时可见的局部值，就像 JavaScript 函数一样。

下面的程序说明了这一点：函数 f 返回一个函数，此函数将其参数添加到 f 的参数中，这意味着它需要访问 f 中的局部作用域才能使用绑定 a。

```
run(`
do(define(f, fun(a, fun(b, +(a, b)))),
   print(f(4)(5)))
`);
// → 9
```

回到 fun 形式的定义，并解释哪种机制导致它起作用。

3. 注释

如果我们能在 Egg 中写注释会很不错。例如，每当我们找到一个井号（#）时，我们就可以将该行的其余部分视为注释并忽略它，类似于 JavaScript 中的 //。

我们不必对解析器进行任何重大修改来支持它。我们可以简单地更改 skipSpace 以跳过注释，就像它们是空格一样，以便调用 skipSpace 的所有地方现在也将跳过注释。进行此更改。

4. 修复作用域

目前，分配绑定值的唯一方法是 define。此构造可以定义新绑定和为现有绑定赋予新值。

这种模糊性导致了一个问题。当你尝试为某个非局部绑定提供一个新值时，最终将定义一个同名的局部绑定。有些语言在设计上就像这样工作，它们是处理作用域的糟糕方式。

添加一个特殊形式 set，与 define 类似，它为绑定提供一个新值，如果内部作用域中不存在此绑定，则更新外部作用域中的绑定。如果根本没有定义绑定，则抛出 ReferenceError（另一种标准错误类型）。

将作用域表示为简单对象的便捷技术，在解决这个问题时会有一点障碍。你可能希望使用 Object.getPrototypeOf 函数，此函数返回一个对象原型。还要记住，作用域不是从 Object.prototype 派生的，所以如果你想在它们上面调用 hasOwnProperty，你必须使用下面这个不太方便的表达式：

```
Object.prototype.hasOwnProperty.call(scope, name);
```

第二部分 *Part 2*

浏 览 器

- 第 13 章 浏览器中的 JavaScript
- 第 14 章 文档对象模型
- 第 15 章 处理事件
- 第 16 章 项目：平台游戏
- 第 17 章 在画布上绘图
- 第 18 章 HTTP 和表单
- 第 19 章 项目：像素绘图程序

浏览器中的 JavaScript

本书接下来的几章将讨论 Web 浏览器。没有 Web 浏览器，就没有 JavaScript。或者即使有，也没有任何人会关注它。

Web 技术从一开始就是分散的，这不仅体现在技术上，而且体现在它的发展方式上。各种浏览器供应商都采用临时的，有时甚至是欠考虑的方式为它添加了新功能，然后有些功能最终被其他厂商采用，并最终成为标准。

这既是好事也是坏事。一方面，它具有不让某个集团控制一个系统，而是由各种各样的组织通过松散的协作（或偶尔公开的敌意）来改善它的好处。另一方面，以随意的方式开发网络意味着最终的系统并不是内部统一的范例。它的某部分设计是完全混乱和糟糕的。

13.1 网络和互联网

自 20 世纪 50 年代以来，计算机网络一直存在。如果你在两台或多台计算机之间连上电缆并允许它们通过这些电缆来回发送数据，你就可以做各种精彩的事情。

如果在同一建筑物中连接两台机器可以让我们做出美妙的事情，那么连接全球各地的机器应该会更好。开始实现这一愿景的技术是在 20 世纪 80 年代开发的，由此产生的网络被称为互联网（internet）。它实现了它的承诺。

计算机可以使用此网络向另一台计算机发送二进制位。为了让这种二进制位传输能产生有效通信，两端的计算机必须知道这些位应该代表什么。任何给定比特序列的含义完全取决于它想要表达的那种事物的类型和使用的编码机制。

网络协议（network protocol）描述了网络上的通信方式。这样的协议有很多，包括用于发送电子邮件、用于获取电子邮件、用于共享文件，甚至用于控制碰巧被恶意软件感染的计算机的协议。

例如，超文本传输协议（HTTP）是用于检索命名资源（诸如网页或图片之类的信息块）的协议。它指定发出请求的一方应该从这样的行开始，命名资源和它试图使用的协议版本：

```
GET /index.html HTTP/1.1
```

关于请求者在请求中包含更多信息的方式，以及返回资源的另一方打包其内容的方式，有很多规则。我们将在第 18 章中更详细地介绍 HTTP。

大多数协议都是基于其他协议构建的。HTTP 把网络视为一种类似于流的设备，你可以在其中放置二进制位并让它们以正确的顺序到达正确的目的地。正如我们在第 11 章中看到的那样，确保这些事情已经是一个相当困难的任务。

传输控制协议（TCP）是一种解决此问题的协议。所有连接互联网的设备都"说"这种语言，互联网上的大多数通信都建立在它之上。

TCP 连接的工作方式如下：一台计算机必须等待或监听，以便其他计算机开始与之通信。为了能够在一台机器上同时监听不同类型的通信，每个监听器都有一个与之关联的号码（称为端口）。大多数协议都指定了它默认使用哪个端口。例如，当我们想要使用 SMTP 协议发送电子邮件的时候，我们要通过一台机器来发送它，而那台机器应该在端口 25 上监听。

然后，另一台计算机可以通过使用正确的端口号连接到目标计算机来建立连接。如果可以到达目标计算机并且它正在监听该端口，则连接成功创建。在监听的计算机称为服务器，发起连接的计算机称为客户端。

这种连接充当双向管道，使得比特可以通过这些管道流动——两端的机器都可以将数据放入其中。一旦比特被成功传输，它就可以通过另一侧的机器再次读出。这是一个方便的模型。你可以说 TCP 提供了网络的抽象。

13.2　Web

万维网（World Wide Web）是一组协议和格式（不要与整个互联网混淆），允许我们在浏览器中访问网页。名称中的"Web"部分指的是这样的页面可以方便地相互链接，从而连接到用户可以进入的巨大网格。

要成为 Web 的一部分，你需要做的就是将计算机连接到 Internet 并让它使用 HTTP 协议在端口 80 上进行监听，以便其他计算机可以向其请求文档。

Web 上的每个文档都由统一资源定位符（URL）命名，它看起来像下面这样：

```
http://eloquentjavascript.net/13_browser.html
|       |                     |
协议    服务器                路径
```

第一部分告诉我们这个 URL 使用 HTTP 协议（与之相对的是加密的 HTTP，那将是

https://）。第二部分标识我们从哪个服务器请求文档。最后一部分是一个路径字符串，用于标识我们感兴趣的特定文档（或资源）。

连接到互联网的机器会获得一个 IP 地址，这是一个可以用来向该机器发送消息的数字，并且看起来类似于 149.210.142.219 或 2001:4860:4860::8888。但是，这种有点随机的数字列表很难记住并且难以输入，因此你可以为特定的一个地址或一组地址注册域名。我注册了域名 eloquentjavascript.net，指向我所控制的机器的 IP 地址，因此可以使用该名称来提供网页。

如果你在浏览器的地址栏中键入此 URL，浏览器将尝试获取并显示该 URL 的文档。首先，你的浏览器必须找出 eloquentjavascript.net 所指向的地址。然后，使用 HTTP 协议，它将在该地址与服务器建立连接并请求资源 /13_browser.html。如果一切顺利，服务器会发回一个文档，然后你的浏览器就会在屏幕上显示此文档。

13.3 HTML

HTML 代表超文本标记语言（Hypertext Markup Language），是用于网页的文档格式。HTML 文档包含文本以及为文本提供结构的标签，用于描述链接、段落和标题等内容。

一个简短的 HTML 文档可能如下所示：

```
<!doctype html>
<html>
  <head>
    <meta charset="utf-8">
    <title>My home page</title>
  </head>
  <body>
    <h1>My home page</h1>
    <p>Hello, I am Marijn and this is my home page.</p>
    <p>I also wrote a book! Read it
      <a href="http://eloquentjavascript.net">here</a>.</p>
  </body>
</html>
```

这样一个文档在浏览器中的样子如下所示：

My home page

Hello, I am Marijn and this is my home page.

I also wrote a book! Read it here.

标签用尖括号（< >，小于号和大于号）括起来，提供有关文档结构的信息。其他文本都只是纯文本。

此文档以 `<!doctype html>` 开头，它告诉浏览器将页面解释为现代 HTML，而不是过去使用的各种方言。

HTML 文档包括标头和正文。标头包含有关文档的信息，正文包含文档本身。在本例中，标头声明此文档的标题是"My home page"，并且它使用 UTF-8 编码，这是一种将 Unicode 文本编码为二进制数据的方法。文档的正文包含一个标题（`<h1>`，表示"1 级标题"；`<h2>` 到 `<h6>` 生成各级子标题）和两个段落（`<p>`）。

标签有多种形式。元素（例如正文、参数或链接）由 `<p>` 之类的开始标签开始，并以闭合标签（如 `</p>`）结束。某些开始标签（例如链接 `<a>`）的标签包含形式为 `name="value"` 对的额外信息。这些信息被称为属性（attribute）。在本例中，链接的目的地用 `href ="http://eloquentjavascript.net"` 表示，其中 `href` 代表"超文本引用"。

某些类型的标签不包含任何内容，因此不需要关闭。元数据标签 `<meta charset="utf-8">` 就是一个例子。

因为尖括号在 HTML 中具有特殊含义，所以为了能够在文档的文本中包含尖括号必须引入另一种形式的特殊符号。一个普通的左尖括号写成 `&lt;`（"小于"），右尖括号写为 `&gt;`（"大于"）。在 HTML 中，以 and 字符（`&`）开头并以分号（`;`）结束的名称或字符代码被称为实体（entity），并将被替换为其所编码的字符。

这类似于 JavaScript 字符串中使用反斜杠的方式。由于这种机制也使得 `&` 符号具有特殊意义，因此它们也需要被转义为 `&amp;`。在用双引号括起来的属性值内部，`&quot;` 可用于插入实际的双引号字符。

HTML 的解析方式对错误非常宽容。当应该存在的标签丢失时，浏览器会重建它们。完成此操作的方式已经标准化，你可以认为所有现代浏览器都以相同的方式完成此操作。

以下文档将被认为与前面显示的文档类似：

```
<!doctype html>

<meta charset=utf-8>
<title>My home page</title>

<h1>My home page</h1>
<p>Hello, I am Marijn and this is my home page.
<p>I also wrote a book! Read it
  <a href=http://eloquentjavascript.net>here</a>.
```

`<html>`、`<head>` 和 `<body>` 标签完全消失了。浏览器知道 `<meta>` 和 `<title>` 属于标头，`<h1>` 表示正文已经开始。此外，我不再明确地关闭段落，因为打开一个新段落或结束此文档都将隐式关闭它们。属性值周围的双引号也消失了。

本书通常会省略示例中的 `<html>`、`<head>` 和 `<body>` 标签，以使它们保持简洁，不会混乱。但我确实会关闭标签并在属性周围加上引号。

我通常也会省略 doctype 和 charset 声明。这不应被视为鼓励从 HTML 文档中删除这些内容。当你忘记包含它们时，浏览器经常会做出荒谬的事情。你应该把 doctype 和 charset 元数据想象成隐式地存在于示例中，即使它们实际上并未显示在文本中也是如此。

13.4　HTML 和 JavaScript

在本书的语境中，最重要的 HTML 标签是 <script>。此标签允许我们在文档中包含一段 JavaScript。

```
<h1>Testing alert</h1>
<script>alert("hello!");</script>
```

一旦浏览器读取 HTML 时遇到 <script> 标签，此标签的脚本就会运行。这个页面在打开时会弹出一个对话框——alert 函数类似于 prompt，因为它弹出一个小窗口，但只显示一条消息而不要求输入。

直接在 HTML 文档中包含大型程序通常是不切实际的。可以为 <script> 标签指定 src 属性，以从 URL 获取脚本文件（包含 JavaScript 程序的文本文件）。

```
<h1>Testing alert</h1>
<script src="code/hello.js"></script>
```

这里包含的 code/hello.js 文件包含相同的程序 alert("hello!")。当 HTML 页面引用其他 URL（例如，图像文件或脚本）作为其自身的一部分时，Web 浏览器将立即获取它们并将它们包含在页面中。

必须始终使用 </script> 关闭脚本标记，即使它引用了脚本文件且不包含任何代码。如果你忘记了这一点，页面的其余部分将被解释为脚本的一部分。

你可以通过为脚本标记提供 type="module" 属性来在浏览器中加载 ES 模块（请参见 10.6 节）。通过使用相对于它们自己的 URL 作为 import 声明中的模块名称，这些模块可以依赖于其他模块。

某些属性也可以包含 JavaScript 程序。接下来显示的 <button> 标签（显示为按钮）具有 onclick 属性。只要单击按钮，就会运行属性的值。

```
<button onclick="alert('Boom!');">DO NOT PRESS</button>
```

请注意，我必须在 onclick 属性中使用单引号作为字符串标记，因为双引号已用于引用整个属性。也可以使用 " 来标记字符串。

13.5　沙盒

运行从互联网下载的程序是有潜在危险的。对于你访问的大多数网站，你不太了解它们背后的人，他们并不一定怀有好意。运行由不怀好意的人设计的程序会导致你的计算机感染病毒、数据被盗，账户被黑客入侵。

　　然而，网络的吸引力在于你可以浏览它而不必信任你访问的所有页面。这就是浏览器严格限制 JavaScript 程序的原因：它无法查看计算机上的文件或修改与其嵌入的网页无关的任何内容。

　　以这种方式隔离编程环境称为沙盒化（sandboxing），其思想是让程序在沙盒中无害地运行。但是你应该想象一下这种特殊的沙盒，它上面有厚钢条做的笼子，所以运行的程序实际上并不能跑出这个笼子。

　　沙盒的难点在于既要允许程序有足够的空间来发挥作用，同时又要限制它们做任何危险的事情。许多有用的功能，例如与其他服务器通信或读取剪贴板的内容，也可用于执行有害的、侵犯隐私的事情。

　　有时候，有人会想出一种新的方法来规避浏览器的限制并做一些有害的事情，从泄露小的私人信息到接管运行浏览器的整台机器。浏览器开发人员通过修复漏洞来解决问题，一切都恢复正常，直到下一个问题被发现，并指望问题都被及时公之于众，而不是被某些机构利用。

13.6　兼容性和浏览器大战

　　在 Web 的早期阶段，名为 Mosaic 的浏览器主宰了市场。几年之后，这种统治权转移到 Netscape 手中，而后者又被微软的 Internet Explorer 取代。在任何一个浏览器占主导地位的情况下，此浏览器的供应商都有权单方面为 Web 发明新功能。由于大多数用户都在使用最流行的浏览器，网站只会直接开始使用这些功能，而不管其他浏览器是否支持它们。

　　这是兼容性的黑暗时代，通常被称为浏览器大战。Web 开发人员没有一个统一的 Web，而是有两个或三个不兼容的平台。更糟糕的是，2003 年左右使用的浏览器都有很多 bug，当然每个浏览器的 bug 都不一样。于是编写网页的工作很难做。

　　Mozilla Firefox 是 Netscape 的非盈利分支，它在 21 世纪第一个十年的后期挑战了 Internet Explorer 的地位。由于微软当时对保持浏览器的竞争力并不感兴趣，因此 Firefox 占据了很大的市场份额。大约在同一时间，谷歌推出了 Chrome 浏览器，苹果公司的 Safari 浏览器也大受欢迎，这导致浏览器市场有四个主要参与者，而不是一家独大。

　　新参与者对标准和更好的工程实践秉持更为认真的态度，使我们的浏览器不那么不兼容，并具有更少的错误。微软看到其市场份额崩溃，并在取代了 Internet Explorer 的新版 Edge 浏览器中采取了这些态度。[⊖]如果你今天才开始学习 Web 开发，请为自己感到庆幸。主流浏览器的最新版本的表现相当统一，并且 bug 相对较少。

　　⊖　微软的新版 Edge 浏览器将会使用与 Chrome 相同的引擎 Chromium。——译者注

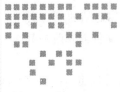

Chapter 14 第 14 章

文档对象模型

当你在浏览器中打开网页时，浏览器会获取页面的 HTML 文本并对其进行解析，就像我们第 12 章介绍的解析程序中的解析器一样。浏览器构建文档结构的模型，并使用此模型在屏幕上绘制页面。

这种文档的表示是 JavaScript 程序在其沙盒中可用的工具之一。它是一种可以读取或修改的数据结构，是实时的数据结构：当它被修改时，屏幕上的页面会更新以反映这个更改。

14.1 文档结构

你可以将 HTML 文档想象为嵌套的框。因为 <body> 和 </body> 这样的标签包含其他标签，而这些标签又包含其他标签或文本。下面是上一章的示例文档：

```
<!doctype html>
<html>
  <head>
    <title>My home page</title>
  </head>
  <body>
    <h1>My home page</h1>
    <p>Hello, I am Marijn and this is my home page.</p>
    <p>I also wrote a book! Read it
      <a href="http://eloquentjavascript.net">here</a>.</p>
  </body>
</html>
```

此页面具有以下结构：

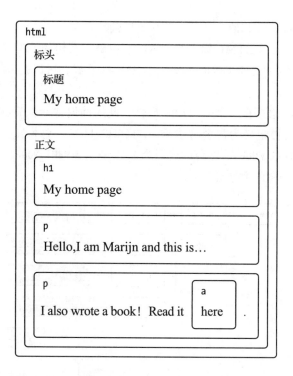

浏览器用于表示文档的数据结构遵循这种形状。每个框，都有一个对象，我们可以与之交互，以找出它代表什么 HTML 标签以及它包含哪些框和文本，等等。这种表示称为文档对象模型，简称 DOM。

全局绑定 document 使我们可以访问这些对象。其 documentElement 属性引用表示 <html> 标签的对象。由于每个 HTML 文档都有标头和正文，因此它还具有 head 和 body 属性，用来指向这些元素。

14.2　树

回想一下 12.1 节中的语法树。它们的结构与浏览器文档的结构非常相似。每个节点都可以引用其他节点，被引用的节点称为子节点，而子节点又可以具有它们自己的子节点。这种形状是典型的嵌套结构，其中元素可以包含与自身类似的子元素。

当数据结构具有分支结构时，我们将其称为树，它没有回路（节点不可能直接或间接地包含自身），并且具有单个定义良好的根。对于 DOM，document.documentElement 被用作根。

在计算机科学中出现了很多的树形结构。除了表示诸如 HTML 文档或程序之类的递归结构之外，它们还经常用于维护有序数据集，因为在树中比起在平面数组中通常可以更有效地查找或插入元素。

典型的树具有不同种类的节点。Egg 语言的语法树具有标识符、值和应用节点。应用节点可能有子节点，而标识符和值是叶子（没有子节点的节点）。

DOM 也是如此。表示 HTML 标签的元素的节点确定文档的结构。这些节点可以有子节点。这种节点的一个例子是 document.body。其中一些子节点可以是叶节点，例如文本片段或注释节点。

每个 DOM 节点对象都有一个 nodeType 属性，此属性包含标识节点类型的代码（编号）。元素具有代码 1，它也被定义为常量属性 Node.ELEMENT_NODE。文本节点代表文档中的一段文本，代码为 3（Node.TEXT_NODE）。注释的代码为 8（Node.COMMENT_NODE）。

另一种可视化文档树的方法如下：

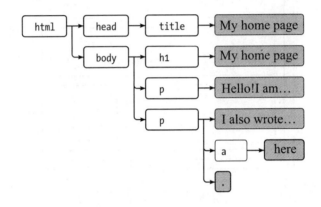

叶子是文本节点，箭头表示节点之间的父子关系。

14.3 标准

使用神秘的数字代码来表示节点类型并不是类 JavaScript 语言的特色。在本章的后面，我们将看到 DOM 接口的其他部分也令人感到麻烦和陌生。原因是 DOM 不是仅针对 JavaScript 而设计的。相反，它试图成为一个对语言中立的接口，也可以在其他系统中使用——不仅仅适用于 HTML，也适用于 XML（这是一种语法类似 HTML 语法的通用数据格式）。

不幸的是。标准虽然通常很有用。但在这种情况下，其优势（跨语言一致性）并不那么明显。比起在各种语言之间拥有类似的接口，拥有与你正在使用的语言正确集成的接口将为你节省更多时间。

这种集成的用途可以用一个例子来说明，考虑 DOM 中元素节点所具有的 childNodes 属性。此属性包含类似于数组的对象，具有 length 属性和由数字标记的属性以访问子节点。但它是 NodeList 类型的实例，而不是真正的数组，因此它没有像 slice 和 map 这样的方法。

还有一些问题是糟糕的设计造成的。例如，无法创建新节点并立即向其添加子节点或属性。相反，你必须首先创建它，然后使用副作用逐个添加子项和属性。与 DOM 大量交互的代码往往会变得冗长、重复和难看。

但这些缺陷并不是致命的。由于 JavaScript 允许我们创建自己的抽象，因此可以设计改进的方式来表达你正在执行的操作。许多用于浏览器编程的库都带有这样的工具。

14.4　通过树结构

DOM 节点包含与附近其他节点的大量链接。下图说明了这种情况：

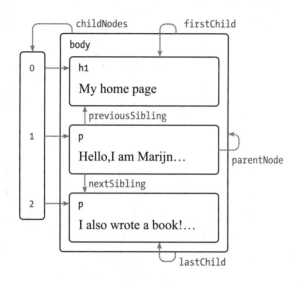

虽然该图仅显示每种类型的一个链接，但每个节点都有一个 parentNode 属性，此属性指向它所属的节点（如果有）。同样，每个元素节点（节点类型 1）都有一个 childNodes 属性，此属性指向一个包含其子节点的类数组对象。

理论上，你可以仅使用这些父链接和子链接移动到树中的任何位置。但 JavaScript 也允许你通过许多额外的便利链接来访问。firstChild 和 lastChild 属性指向第一个和最后一个子元素，对于没有子节点的节点，这两个属性具有 null 值。类似地，previousSibling 和 nextSibling 指向相邻节点，这些节点是在节点本身之前或之后立即出现的具有相同父节点的节点。对于第一个子节点，previousSibling 为 null，而对于最后一个子节点，nextSibling 为 null。

还有 children 属性，它类似于 childNodes，但只包含元素（类型 1）子节点，而不包含其他类型的子节点。当你对文本节点不感兴趣时，这可能很有用。

在处理像这样的嵌套数据结构时，递归函数通常很有用。以下函数扫描文档以查找包含给定字符串的文本节点，并在找到时返回 true：

```
function talksAbout(node, string) {
  if (node.nodeType == Node.ELEMENT_NODE) {
```

```
    for (let i = 0; i < node.childNodes.length; i++) {
      if (talksAbout(node.childNodes[i], string)) {
        return true;
      }
    }
    return false;
  } else if (node.nodeType == Node.TEXT_NODE) {
    return node.nodeValue.indexOf(string) > -1;
  }
}

console.log(talksAbout(document.body, "book"));
// → true
```

因为 childNodes 不是真正的数组，所以我们不能用 for/of 循环访问它，而只能使用常规 for 循环或 Array.from 来遍历索引范围。

文本节点的 nodeValue 属性包含它表示的文本字符串。

14.5 寻找元素

在父、子和兄弟节点之间移动时，这些链接通常很有用。但是如果我们想在文档中找到一个特定的节点，那么从 document.body 开始并按照固定的属性路径来访问它并不是个好办法。这样做需要在我们的程序中假设文档有精确的结构，而你可能希望稍后更改文档结构。另一个复杂因素是，即使是节点之间的空白也创建了文本节点。示例文档的 <body> 标签不是只有三个子节点（一个 <h1> 和两个 <p> 元素），实际上它有七个子节点：上面这三个加上它们之前、之后和之间的空格。

因此，如果我们想要获取此文档中链接的 href 属性，我们不希望说"获取文档正文的第六个子节点的第二个子节点"。如果我们可以说"获取文档中的第一个链接"那会更好。实际上我们可以做到这点。

```
let link = document.body.getElementsByTagName("a")[0];
console.log(link.href);
```

所有元素节点都有一个 getElementsByTagName 方法，此方法收集该节点的子节点（直接或间接子节点）中具有给定标签名称的所有元素，并将它们作为类似数组的对象返回。

要查找特定的单个节点，可以为其指定 id 属性并使用 document.getElementById 来查找。

```
<p>My ostrich Gertrude:</p>
<p><img id="gertrude" src="img/ostrich.png"></p>

<script>
  let ostrich = document.getElementById("gertrude");
  console.log(ostrich.src);
</script>
```

第三种类似的方法是 getElementsByClassName，它与 getElementsByTagName 一样，搜索元素节点的内容，并获取在其 class 属性中具有给定字符串的所有元素。

14.6　更改文档

几乎所有关于 DOM 数据结构的内容都可以更改。可以通过更改父子关系来修改文档树的形状。节点有一个 remove 方法，可以将它们从当前父节点中移除。要将子节点添加到元素节点，我们可以使用 appendChild 或 insertBefore，前者将新节点放在子节点列表的末尾，后者将把第一个参数给出的节点插到第二个参数给出的节点之前。

```
<p>One</p>
<p>Two</p>
<p>Three</p>

<script>
  let paragraphs = document.body.getElementsByTagName("p");
  document.body.insertBefore(paragraphs[2], paragraphs[0]);
</script>
```

一个节点只能存在于文档的一个位置。因此，在第一段前面插入第三段将首先将第三段从文档的末尾删除，然后将其插入前面，从而产生三 / 一 / 二的结果。在某处插入节点的所有操作都有一个副作用，即将此节点从当前位置移除（如果有的话）。

replaceChild 方法用于将子节点替换为另一个子节点。它用两个节点作为参数：新节点和要替换的节点。被替换的节点必须是调用此方法的元素的子节点。请注意，replaceChild 和 insertBefore 都把新节点作为其第一个参数。

14.7　创建节点

假设我们要编写一个脚本，用其 alt 属性中保存的文本替换文档中的所有图像（<img> 标签），该文本指定图像的替代文本表示。

这不仅涉及删除图像，还涉及添加新文本节点以替换它们。可以使用 document.createTextNode 方法创建文本节点。

```
<p>The <img src="img/cat.png" alt="Cat"> in the
  <img src="img/hat.png" alt="Hat">.</p>

<p><button onclick="replaceImages()">Replace</button></p>

<script>
  function replaceImages() {
    let images = document.body.getElementsByTagName("img");
    for (let i = images.length - 1; i >= 0; i--) {
```

```
        let image = images[i];
        if (image.alt) {
          let text = document.createTextNode(image.alt);
          image.parentNode.replaceChild(text, image);
        }
      }
    }
</script>
```

通过给定一个字符串，createTextNode 为我们提供了一个文本节点，我们可以将其插入到文档中以使其显示在屏幕上。

遍历图像的循环从列表的末尾开始。这是必要的，因为 getElementsByTagName（或像 childNodes 这样的属性）返回的节点列表是实时的。也就是说，它随着文档的更改而更新。如果我们从前面开始遍历，删除第一个图像将导致从列表去掉其第一个元素，以至于循环进入第二轮的时候，i 为 1，因为集合的长度现在也是 1，所以循环将停止。[⊖]

如果你想要一个固定的节点集合而不是实时节点集合，则可以通过调用 Array.from 将集合转换为实际数组。

```
let arrayish = {0: "one", 1: "two", length: 2};
let array = Array.from(arrayish);
console.log(array.map(s => s.toUpperCase()));
// → ["ONE", "TWO"]
```

要创建元素节点，可以使用 document.createElement 方法。此方法采用标签名称并返回给定类型的新空节点。

以下示例定义了一个实用程序 elt，它创建一个元素节点，并将其余的参数视为该节点的子节点。然后，此函数用于向引文添加属性。

```
<blockquote id="quote">
  No book can ever be finished. While working on it we learn
  just enough to find it immature the moment we turn away
  from it.
</blockquote>

<script>
  function elt(type, ...children) {
    let node = document.createElement(type);
    for (let child of children) {
      if (typeof child != "string") node.appendChild(child);
      else node.appendChild(document.createTextNode(child));
    }
    return node;
  }
```

⊖ 从前面开始遍历的循环表达式为 for (let i = 0; i < images.length; i++)，当 i 和 images.length 都为 1 时，不满足循环条件 i < images.length。——译者注

```
document.getElementById("quote").appendChild(
  elt("footer", "--",
      elt("strong", "Karl Popper"),
      ", preface to the second editon of ",
      elt("em", "The Open Society and Its Enemies"),
      ", 1950"));
</script>
```

生成的文档的如下：

No book can ever be finished. While working on it we learn
just enough to find it immature the moment we turn away
from it.
—**Karl Popper**, preface to the second editon of *The Open
Society and Its Enemies*, 1950

14.8　属性

某些元素属性（如链接的 href）可以通过元素 DOM 对象上的同名属性访问。这是最常见的使用标准属性的情况。

但 HTML 允许你在节点上设置所需的任何属性。这可能很有用，因为它允许你在文档中存储额外信息。但是，如果建立自己的属性名称，则此类属性不会作为元素节点上的属性出现。相反，你必须使用 getAttribute 和 setAttribute 方法来处理它们。

```
<p data-classified="secret">The launch code is 00000000.</p>
<p data-classified="unclassified">I have two feet.</p>

<script>
  let paras = document.body.getElementsByTagName("p");
  for (let para of Array.from(paras)) {
    if (para.getAttribute("data-classified") == "secret") {
      para.remove();
    }
  }
</script>
```

建议在此类自己设置的属性名称前加上 data-，以确保它们不与任何其他属性冲突。

有一个常用属性 class，它是 JavaScript 语言中的关键字。由于历史原因，一些旧的 JavaScript 实现无法处理与关键字重名的属性名称，用于访问此属性的属性称为 className。你还可以使用 getAttribute 和 setAttribute 方法以其真实名称 "class" 访问它。

14.9　布局

你可能已经注意到，不同类型的元素布局不同。某些（例如段落 <p> 或标题 <h1>）占据文档的整个宽度，并在单独的行上呈现。这些被称为块（block）元素。其他链接（<a>）或 <strong> 元素与其周围文本在同一行上呈现。这些元素称为行内（inline）元素。

对于任何给定的文档，浏览器都能够计算布局，此布局根据其类型和内容为每个元素提供大小和位置。然后使用此布局实际绘制文档。

可以从 JavaScript 访问元素的大小和位置。offsetWidth 和 offsetHeight 属性为你提供元素占用的空间（以像素为单位）。像素是浏览器中的基本测量单位。它传统上对应于屏幕可以绘制的最小点，但在现代显示器上可以绘制非常小的点，就不再是这种情况，并且浏览器像素可以跨越多个显示点。

同样，clientWidth 和 clientHeight 为你提供元素内部空间的大小（忽略边框宽度）。

```
<p style="border: 3px solid red">
  I'm boxed in
</p>

<script>
  let para = document.body.getElementsByTagName("p")[0];
  console.log("clientHeight:", para.clientHeight);
  console.log("offsetHeight:", para.offsetHeight);
</script>
```

给段落一个边框会在它周围绘制一个矩形。

I'm boxed in

找到元素在屏幕上精确位置最有效的方法是 getBoundingClientRect 方法。它返回一个包含 top、bottom、left 和 right 属性的对象，来指示元素的边缘相对于屏幕左上角的像素位置。如果你希望它们相对于整个文档，则必须添加当前滚动位置，你可以在 pageXOffset 和 pageYOffset 绑定中找到该位置。

对文档进行布局可能需要做很多工作。为了提高速度，浏览器引擎不会在每次更改文档时立即重新对文档布局，而是等待尽可能长的时间。当更改文档的 JavaScript 程序完成运行时，浏览器必须对新布局进行计算，以将更改的文档绘制到屏幕上。当一个程序通过读取 offsetHeight 之类的属性或调用 getBoundingClientRect 来询问某事物的位置或大小时，提供正确的信息也需要计算布局。

在读取 DOM 布局信息和更改 DOM 之间反复交替的程序会强迫进行大量的布局计算，因此将非常缓慢地运行。以下代码就是一个例子。它包含两个不同的程序，它们都构建一个宽度为 2000 像素的 X 字符行，并测量每个程序所需的时间。

```
<p><span id="one"></span></p>
<p><span id="two"></span></p>

<script>
  function time(name, action) {
    let start = Date.now(); // 当前时间, 以毫秒计
    action();
    console.log(name, "took", Date.now() - start, "ms");
  }
```

```
time("naive", () => {
  let target = document.getElementById("one");
  while (target.offsetWidth < 2000) {
    target.appendChild(document.createTextNode("X"));
  }
});
// → 不聪明的用时32毫秒

time("clever", function() {
  let target = document.getElementById("two");
  target.appendChild(document.createTextNode("XXXXX"));
  let total = Math.ceil(2000 / (target.offsetWidth / 5));
  target.firstChild.nodeValue = "X".repeat(total);
});
// → 聪明的用时1毫秒
</script>
```

14.10　样式

我们已经看到不同的 HTML 元素的绘制方式不同。有些以块方式显示，其他的则以行内方式显示。有些添加了样式——<strong> 使其内容变为粗体，<a> 使其变为蓝色并添加下划线。

<img> 标签显示图像或 <a> 标签导致在单击时跟踪链接的方式与元素类型紧密相关。但我们可以更改与元素关联的样式，例如文本颜色或下划线。以下是使用 style 属性的示例：

```
<p><a href=".">Normal link</a></p>
<p><a href="." style="color: green">Green link</a></p>
```

第二个链接将是绿色而不是默认的链接颜色。

正常链接

绿色链接

style 属性可能包含一个或多个声明，这些声明是属性（如 color），后跟冒号和值（如 green）。如果有多个声明，则必须用分号分隔，如 "color: red; border: none"。

文档的很多方面都可以受到样式的影响。例如，display 属性控制元素是显示为块还是行内元素。

```
This text is displayed <strong>inline</strong>,
<strong style="display: block">as a block</strong>, and
<strong style="display: none">not at all</strong>.
```

block 标签最终会在它自己的行上结束，因为块元素不会与它们周围的文本一起显示。最后一个标签根本不显示，display: none 会阻止元素出现在屏幕上。这是一种隐藏元素的方法。通常最好将它们从文档中完全删除，因为这样可以轻易地在以后再次显示它们。

This text is displayed **inline,**
as a block
, and .

JavaScript 代码可以通过元素的 `style` 属性直接操作元素的样式。此属性包含一个对象，此对象具有所有可能的样式属性的属性。这些属性的值是字符串，我们可以写入这些字符串以更改元素样式的特定方面。

```
<p id="para" style="color: purple">
  Nice text
</p>

<script>
  let para = document.getElementById("para");
  console.log(para.style.color);
  para.style.color = "magenta";
</script>
```

有些样式属性名称包含连字符，例如 `font-family`。因为这些属性名称在 Java 脚本中很难处理（你不得不写成 `style["font-family"]`），所以这些属性的样式对象中的属性名称会删除它们中的连字符，并且后面的字母大写（`style.fontFamily`）。

14.11　层叠样式

HTML 的样式系统称为 CSS，表示层叠样式表（Cascading Style Sheets）。样式表是一组用于设置文档中元素样式的规则。它可以在 `<style>` 标签内部给出。

```
<style>
  strong {
    font-style: italic;
    color: gray;
  }
</style>
<p>Now <strong>strong text</strong> is italic and gray.</p>
```

名称中的层叠指的是多个这样的规则能够被组合以产生元素的最终样式的事实。在这个例子中，`<strong>` 标签的默认样式（使其为 font-weight: bold）被 `<style>` 标签中规则覆盖（添加 font-style 和 color）。

当多个规则为同一属性定义值时，最近读取的规则获得更高的优先级并最终起作用。因此，如果 `<style>` 标签中的规则包含 font-weight : normal，与默认的 font-weight 规则相矛盾，则文本将是正常的，而不是粗体。直接应用于节点的样式属性的样式具有最高优先级并始终获胜。

可以在 CSS 规则中指定标签名称以外的内容。规则 .abc 适用于其 class 属性中包含 "abc" 的所有元素。规则 #xyz 适用于 id 属性为 "xyz" 的元素（在文档中应该是唯一的）。

```
.subtle {
  color: gray;
  font-size: 80%;
}
#header {
  background: blue;
  color: white;
}
/*p元素具有id main并具有类a和b */
p#main.a.b {
  margin-bottom: 20px;
}
```

有利于最近定义的规则的优先规则仅在规则具有相同具体性（specificity）时适用。规则的具体性衡量它是如何精确地描述匹配元素，由它所需的元素的数量和种类（标签、类或ID）决定。例如，针对 p.a 的规则比针对 p 或仅针对 .a 的规则更具体，因此针对 p.a 的规则优先于后二者。

表示法 p > a {...} 将给定样式应用于所有 <a> 标签，它是 <p> 标签的直接子项。同样，p a {...} 适用于 <p> 标签内部的所有 <a> 标签，无论后者是前者的直接还是间接子项。

14.12　查询选择器

我们不会在本书中使用样式表。在浏览器中进行编程时，理解样式表很有用，但它们很复杂，足够单独写一本书。

我引入选择器语法（样式表中用来确定一组样式应用于哪些元素的表示法）的主要原因是我们可以使用相同的迷你语言作为查找 DOM 元素的有效方法。

querySelectorAll 方法（在 document 对象和元素节点上定义）采用选择器字符串，并返回包含它匹配的所有元素的 NodeList。

```
<p>And if you go chasing
  <span class="animal">rabbits</span></p>
<p>And you know you're going to fall</p>
<p>Tell 'em a <span class="character">hookah smoking
  <span class="animal">caterpillar</span></span></p>
<p>Has given you the call</p>

<script>
  function count(selector) {
    return document.querySelectorAll(selector).length;
  }
  console.log(count("p"));          // All <p> elements
  // → 4
  console.log(count(".animal"));    // Class animal
  // → 2
  console.log(count("p .animal"));  // Animal inside of <p>
```

```
// → 2
console.log(count("p > .animal")); // Direct child of <p>
// → 1
</script>
```

与 getElementsByTagName 等方法不同，querySelectorAll 返回的对象不是实时的。更改文档时不会更改。但它仍然不是一个真正的数组，所以如果你想要像数组一样对待它，你仍然需要调用 Array.from。

querySelector 方法（没有 All 部分）以类似的方式工作。如果你想要一个特定的单个元素，这个很有用。它将仅返回第一个匹配元素，或者在没有元素匹配时返回 null。

14.13 定位和动画

position 样式属性以强大的方式影响布局。默认情况下，它具有 static 值，这意味着此元素位于文档中的正常位置。当它设置为 relative 时，元素仍占用文档中的空间，但现在可以使用 top 和 left 样式属性将它相对于正常位置移动。当 position 设置为 absolute 时，元素将从普通文档流中移除，也就是说，它不再占用空间并且可能与其他元素重叠。此外，它的 top 和 left 属性可用于相对于其 position 属性不是 static 的最近的封闭元素的左上角绝对定位，或者如果不存在这样的封闭元素，则相对于文档定位。

我们可以用它来创建动画。以下文档显示了一只以椭圆形轨迹移动的猫的图片：

```
<p style="text-align: center">
  <img src="img/cat.png" style="position: relative">
</p>
<script>
  let cat = document.querySelector("img");
  let angle = Math.PI / 2;
  function animate(time, lastTime) {
    if (lastTime != null) {
      angle += (time - lastTime) * 0.001;
    }
    cat.style.top = (Math.sin(angle) * 20) + "px";
    cat.style.left = (Math.cos(angle) * 200) + "px";
    requestAnimationFrame(newTime => animate(newTime, time));
  }
  requestAnimationFrame(animate);
</script>
```

灰色箭头显示图像移动的路径。

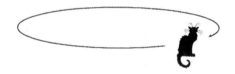

我们的图片以页面为中心，并给出了相对位置。我们将反复更新该图片的 top 和 left 样式以移动它。

该脚本使用 requestAnimationFrame 来安排 animate 函数在浏览器准备好重新绘制屏幕时运行。animate 函数本身再次调用 requestAnimationFrame 来安排下一次更新。当浏览器窗口（或标签）处于活动状态时，这将导致更新以每秒约 60 次的速度发生，这往往会产生漂亮的动画效果。

如果我们只是在循环中更新 DOM，页面将冻结，并且不会显示在屏幕上。浏览器在 JavaScript 程序运行时不会更新其显示，也不允许与页面进行任何交互。这就是我们需要 requestAnimationFrame 的原因，它让浏览器知道我们现在已经完成了，它可以继续执行浏览器所做的事情，例如更新屏幕和响应用户操作。

动画函数把当前时间作为参数传递。为了确保猫的运动每毫秒都是稳定的，它基于当前时间和函数最后一次运行时间之间的差值来设定角度的变化速度。如果它只是将每个片段的角度都移动一个固定的量，那么如果在同一台计算机上运行的另一个繁重的任务有几分之一秒的时间阻止了这个函数运行，则猫的运动将会变得断断续续。

使用三角函数 Math.cos 和 Math.sin 完成圆周移动。对于那些不熟悉这些函数的人，我将简要介绍它们，因为我们偶尔会在本书中用到它们。

Math.cos 和 Math.sin 可用于计算原点为（0，0），半径为 1 的圆周上的点。这两个函数都将它们的参数解释为这个圆上的位置，零表示圆最右侧的点，顺时针方向运动到 2π（大约 6.28）将绕过整个圆周。Math.cos 告诉你与给定位置相对应的点的 x 坐标，Math.sin 产生 y 坐标。大于 2π 或小于 0 的位置（或角度）是有效的——旋转是重复进行的，这使得 $a + 2\pi$ 指的是与 a 相同的角度。

这里用于测量角度的单位称为弧度，圆周是 2π 乘半径，类似于以度为单位测量时的 360 度。常量 π 在 JavaScript 中以 Math.PI 的形式获得。

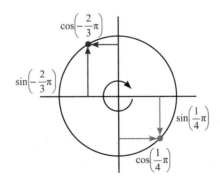

猫动画代码为动画的当前角度保持一个计数器 angle，并在每次调用动画函数时递增它。然后，它可以使用此角度计算图像元素的当前位置。top 样式的值为 Math.sin 乘以 20，即椭圆的垂直半径。left 样式的值为 Math.cos 乘以 200，因此椭圆的宽比它的高大得多。

请注意，样式通常需要单位。在本例中，我们必须在数字上附加"px"，告诉浏览器我们以像素为单位（而不是厘米、"ems"或其他单位）。这很容易忘记。使用不带单位的数字将导致你的样式被忽略——除非数字为 0，这总是意味着相同的事情，无论其单位如何。

14.14　小结

JavaScript 程序可以通过称为 DOM 的数据结构检查和干预浏览器正在显示的文档。此数据结构表示浏览器的文档模型，JavaScript 程序可以对其进行修改以更改可见文档。

DOM 的组织方式类似于树，其中元素根据文档的结构按层次排列。表示元素的对象具有 parentNode 和 childNodes 等属性，可用于在此树中移动。

文档的显示方式可以通过样式来影响，它既可以通过直接将样式附加到节点，也可以通过定义与某些节点匹配的规则来实现。有许多不同的样式属性，例如 color 或 display。JavaScript 代码可以直接通过其 style 属性操作元素的样式。

14.15　习题

1. 建立一个表

使用以下标签结构构建 HTML 表：

```
<table>
  <tr>
    <th>name</th>
    <th>height</th>
    <th>place</th>
  </tr>
  <tr>
    <td>Kilimanjaro</td>
    <td>5895</td>
    <td>Tanzania</td>
  </tr>
</table>
```

对于每一行，<table> 标签都包含一个 <tr> 标签。在这些 <tr> 标签内部，我们可以放置单元格元素：标题单元格（<th>）或常规单元格（<td>）。

给定一个储存大山信息的数据集，一个具有 name、height 和 place 属性的对象数组，为枚举这些对象的表生成 DOM 结构。它应该每个属性占一列，每个对象占一行，顶部 <th> 元素的标题行列出列名。

通过获取数据中第一个对象的属性名称来编写此程序，以便自动从对象派生列。

将结果表添加到 id 属性为 "mountains" 的元素，这样它就可以在文档中看到。

完成此操作后，通过将其 style.textAlign 属性设置为 "right"，可以右对齐包含数字值的单元格。

2. 按标签名获取元素

document.getElementsByTagName 方法返回具有给定标签名称的所有子元素。将此自己的版本实现为将节点和字符串（标签名称）作为参数的函数，并返回包含具有给定标签名称的所有后代元素节点的数组。

要查找元素的标记名称，请使用其 nodeName 属性。但请注意，这将以全部大写形式返回标签名称。可以使用 toLowerCase 或 toUpperCase 字符串方法来解决这一点。

3. 猫的帽子

扩展 14.13 节中定义的猫动画，以便猫和它的帽子（<img src="img/hat.png">）在椭圆轨道的两侧运行。

或者让帽子绕着猫转圈。或者以其他有趣的方式改变动画。

为了使多个对象更容易定位，切换到绝对定位可能是个好办法。这意味着相对于文档的左上角计算 top 和 left。因为负坐标会导致图像移动到可见页面之外，为避免使用负坐标，你可以向位置值添加固定数量的像素。

处理事件

某些程序可以直接使用用户输入，例如鼠标和键盘操作。这种输入的数据结构不太整齐——它是一部分接一部分地实时输入的，且要求程序在它发生时对它做出响应。

15.1 事件处理程序

设想一下有这么一个接口，它找出键盘上的某个键是否被按下的唯一方法是读取此键的当前状态。为了能够对按键做出反应，你必须不断地读取按键的状态，以便在它再次释放之前捕获它。由于你可能会错过按键事件，因此用这种方法执行其他时间密集型计算会很危险。

一些原始机器确实这样处理输入。更先进一些的方法是让硬件或操作系统注意到按键事件并将其放入队列中。然后，程序可以定期检查队列中的新事件，并对其中发现的事件做出反应。

当然，它必须记得查看队列，并需要经常这样做，因为在按下键和程序注意到事件之间的任何时间都会导致软件无响应。这种方法称为轮询。大多数程序员都希望避免它。

更好的机制是系统在事件发生时主动通知我们的代码。浏览器通过允许我们将函数注册为特定事件的处理程序来实现此目的。

```
<p>Click this document to activate the handler.</p>
<script>
  window.addEventListener("click", () => {
    console.log("You knocked?");
  });
</script>
```

window 绑定指向浏览器提供的一个内置对象。它表示包含文档的浏览器窗口。调用其 addEventListener 方法会注册在第一个参数描述的事件发生时要调用的第二个参数。

15.2 事件和 DOM 节点

每个浏览器事件处理程序都在上下文中注册。在前面的例子中，我们在 window 对象上调用了 addEventListener 来为整个窗口注册一个处理程序。这种方法也可以在 DOM 元素和一些其他类型的对象上找到。仅当事件发生在它们所注册的对象的上下文中时才会调用事件监听器。

```
<button>Click me</button>
<p>No handler here.</p>
<script>
  let button = document.querySelector("button");
  button.addEventListener("click", () => {
    console.log("Button clicked.");
  });
</script>
```

本示例将处理程序附加到按钮节点。单击按钮会导致此处理程序运行，但是单击文档的其余部分则不会。

为节点提供 onclick 属性具有类似的效果。这适用于大多数类型的事件，你可以通过名称为事件名称前面加 on 的属性附加处理程序。

但是一个节点只能有一个 onclick 属性，因此每个节点只能注册一个处理程序。而 addEventListener 方法允许你添加任意数量的处理程序，以便即使元素上已有另一个处理程序也可以安全地添加处理程序。

removeEventListener 方法，使用类似 addEventListener 的参数调用，用于删除处理程序。

```
<button>Act-once button</button>
<script>
  let button = document.querySelector("button");
  function once() {
    console.log("Done.");
    button.removeEventListener("click", once);
  }
  button.addEventListener("click", once);
</script>
```

removeEventListener 的函数必须与 addEventListener 的函数值相同。因此，要取消注册处理程序，你需要为函数指定一个名称（在示例中为 once），以便能够将相同的函数值传递给上述两个方法。

15.3 事件对象

到目前为止我们都忽略了一件事，事件处理函数传递了一个参数：事件对象。此对象包含有关该事件的其他信息。例如，如果我们想知道按下了哪个鼠标按钮，我们可以查看事件对象的 button 属性。

```
<button>Click me any way you want</button>
<script>
  let button = document.querySelector("button");
  button.addEventListener("mousedown", event => {
    if (event.button == 0) {
      console.log("Left button");
    } else if (event.button == 1) {
      console.log("Middle button");
    } else if (event.button == 2) {
      console.log("Right button");
    }
  });
</script>
```

存储在事件对象中的信息因事件类型而异。我们将在本章后面讨论不同的类型。对象的 type 属性始终包含标识事件的字符串（例如 "click" 或 "mousedown"）。

15.4 传播

对于大多数事件类型，如果某节点具有子节点，那么在此节点上注册的处理程序也将接收在其子节点中发生的事件。如果单击段落中的按钮，则段落上的事件处理程序也将收到单击事件。

但是如果段落和按钮都有一个处理程序，那么更具体的处理程序，即按钮上的处理程序，会首先执行。这被叫作此事件向外传播，从它发生的节点向该节点父节点和文档的根目录传播。最后，在特定节点上注册的所有处理程序都已经轮到后，在整个窗口注册的处理程序才有机会响应该事件。

在任何时候，某个事件处理程序都可以在事件对象上调用 stopPropagation 方法，以防止其他处理程序进一步接收此事件。例如，当你在另一个可单击元素中有一个按钮，并且不希望单击该按钮来激活外部元素的单击行为时，这可能很有用。

以下示例在按钮及其周围的段落上注册 "mousedown" 处理程序。当用鼠标右键单击时，按钮的处理程序调用 stopPropagation，这将阻止段落上的处理程序运行。当用另一个鼠标按钮单击该按钮时，两个处理程序都将运行。

```
<p>A paragraph with a <button>button</button>.</p>
<script>
  let para = document.querySelector("p");
```

```
    let button = document.querySelector("button");
    para.addEventListener("mousedown", () => {
      console.log("Handler for paragraph.");
    });
    button.addEventListener("mousedown", event => {
      console.log("Handler for button.");
      if (event.button == 2) event.stopPropagation();
    });
</script>
```

大多数事件对象都有一个 target 属性，此属性引用它们所源自的节点。你可以使用此属性来确保你不会意外地处理从你不想处理的节点传播的内容。

也可以使用 target 属性为特定类型的事件构建大范围的处理网络。例如，如果你有一个节点包含一系列的按钮，在外部节点上注册单击处理程序并让它使用 target 属性来确定单击的是哪个按钮，这种方法比起在所有按钮上都注册一个处理程序更方便。

```
<button>A</button>
<button>B</button>
<button>C</button>
<script>
  document.body.addEventListener("click", event => {
    if (event.target.nodeName == "BUTTON") {
      console.log("Clicked", event.target.textContent);
    }
  });
</script>
```

15.5　默认操作

许多事件都有与之关联的默认操作。如果单击链接，你将进入链接的目标。如果按向下箭头，浏览器将向下滚动页面。如果单击鼠标右键，你将获得上下文菜单。等等。

对于大多数类型的事件，在默认行为发生之前会调用 JavaScript 事件处理程序。如果处理程序不希望发生这种常规行为，它可以在事件对象上调用 preventDefault 方法，这通常是因为处理程序已经处理了事件。

这可用于实现你自己的键盘快捷键或上下文菜单。它还可能令人讨厌地干扰用户期望的行为。例如，这是一个无法通过点击来访问的链接：

```
<a href="https://developer.mozilla.org/">MDN</a>
<script>
  let link = document.querySelector("a");
  link.addEventListener("click", event => {
    console.log("Nope.");
    event.preventDefault();
  });
</script>
```

除非你有充分的理由，否则尽量不要做这些事情。当预期的行为被破坏时，使用你的页面的人会感到不舒服。

根据浏览器的不同，某些事件根本无法截获。例如，在 Chrome 上，JavaScript 无法处理关闭当前选项卡（CTRL-W 或 COMMAND-W）的键盘快捷键。

15.6 按键事件

当按下键盘上的键时，浏览器会触发 "keydown" 事件。当它被释放时，你会得到一个 "keyup" 事件。

```
<p>This page turns violet when you hold the V key.</p>
<script>
  window.addEventListener("keydown", event => {
    if (event.key == "v") {
      document.body.style.background = "violet";
    }
  });
  window.addEventListener("keyup", event => {
    if (event.key == "v") {
      document.body.style.background = "";
    }
  });
</script>
```

尽管 "keydown" 事件的名字叫 keydown，但它不仅在物理压下某个键时触发，而且按下某个键并保持时，每次重复键时此事件都会再次触发。有时你必须小心这一点。例如，如果在按下某个键时向 DOM 添加一个按钮，并在释放该键时再将其删除，则在按下该键较长时间时，可能会意外地添加数百个按钮。

本示例查看了事件对象的 key 属性，以查看事件的关键字。此属性包含一个字符串，对于大多数键，该字符串对应按下该键时所键入的内容。对于特殊键，例如 ENTER，它包含一个命名键的字符串（在本例中为 "Enter"）。如果在按住某个键的同时按住 SHIFT 键，这也可能影响键的名称——"v" 变为 "V"，而 "1" 可能变为 "!"（如果这是在键盘上按下 SHIFT-1 产生的效果）。

修改键，如 SHIFT、CTRL、ALT 和 meta（Mac 上的 COMMAND），就像普通键一样生成按键事件。但是在查找键组合时，你还可以通过查看键盘和鼠标事件的 shiftKey、ctrlKey、altKey 和 metaKey 属性来确定这些键是否被按下。

```
<p>Press Control-Space to continue.</p>
<script>
  window.addEventListener("keydown", event => {
    if (event.key == " " && event.ctrlKey) {
      console.log("Continuing!");
```

```
    }
  });
</script>
```

按键事件发生的 DOM 节点取决于按下键时具有焦点的元素。除非你给它们一个 tabindex 属性，否则大多数节点都不能有焦点，但链接、按钮和表单域之类的东西可以有焦点。我们将在第 18 章介绍表单域。当没有特别的东西具有焦点时，document.body 充当按键事件的目标节点。

当用户键入文本时，使用按键事件来确定键入的内容是有问题的。一些平台，尤其是在 Android 手机上，虚拟键盘不会触发键事件。但是，即使你有一个老式的键盘，某些类型的文本输入也不能直接与按键相匹配，例如因为脚本不适合键盘而使用的输入法编辑器（IME）软件可以用多个键击组合来创建字符。

为了注意到输入的内容，你可以键入的元素（例如 <input> 和 <textarea> 标签）会在用户更改其内容时触发 "input" 事件。要获取键入的实际内容，最好从获得焦点的域直接读取它。18.7 节将显示如何实现这一点。

15.7　指针事件

目前有两种广泛使用的方法可以指向屏幕上的内容：鼠标（包括像鼠标一样的设备，如触摸板和轨迹球）和触摸屏。这些会产生不同类型的事件。

15.7.1　鼠标点击

按下鼠标按钮会触发许多事件。"mousedown" 和 "mouseup" 事件类似于 "keydown" 和 "keyup" 事件，并在按下和释放按钮时触发。这些事件发生在当时鼠标指针下方的 DOM 节点上。

在 "mouseup" 事件之后，"click" 事件将在包含按下和释放按钮的最特定节点上触发。例如，如果我在一个段落上按下鼠标按钮，然后将指针移动到另一个段落并释放按钮，则 "click" 事件将发生在包含这两个段落的元素上。

如果两次单击发生在一起，则在第二次单击事件后，"dblclick"（双击）事件也会触发。

要获得有关鼠标事件发生位置的精确信息，你可以查看其 clientX 和 clientY 属性，其中包含相对于窗口左上角的事件坐标（以像素为单位），也可以查看 pageX 和 pageY 属性，它们相对于整个文档的左上角（滚动窗口时可能会有所不同）。

以下代码实现了一个原始绘图程序。每次单击文档时，它都会在鼠标指针下添加一个点。至于更加高级的绘图程序，请参见第 19 章。

```
<style>
  body {
    height: 200px;
```

```
    background: beige;
  }
  .dot {
    height: 8px; width: 8px;
    border-radius: 4px; /* 圆角 */
    background: blue;
    position: absolute;
  }
</style>
<script>
  window.addEventListener("click", event => {
    let dot = document.createElement("div");
    dot.className = "dot";
    dot.style.left = (event.pageX - 4) + "px";
    dot.style.top = (event.pageY - 4) + "px";
    document.body.appendChild(dot);
  });
</script>
```

15.7.2　鼠标移动

每次鼠标指针移动时，都会触发 "mousemove" 事件。此事件可用于跟踪鼠标的位置。在实现某种形式的鼠标拖动功能时会经常用到这个事件。

例如，以下程序显示一个条形并设置事件处理程序，以便在此条形上向左或向右拖动时改变其宽度：

```
<p>Drag the bar to change its width:</p>
<div style="background: orange; width: 60px; height: 20px">
</div>
<script>
  let lastX; // 跟踪最后观察到的鼠标X位置
  let bar = document.querySelector("div");
  bar.addEventListener("mousedown", event => {
    if (event.button == 0) {
      lastX = event.clientX;
      window.addEventListener("mousemove", moved);
      event.preventDefault(); // 防止选择
    }
  });

  function moved(event) {
    if (event.buttons == 0) {
      window.removeEventListener("mousemove", moved);
    } else {
      let dist = event.clientX - lastX;
      let newWidth = Math.max(10, bar.offsetWidth + dist);
      bar.style.width = newWidth + "px";
      lastX = event.clientX;
```

```
    }
  }
</script>
```

结果页面如下所示：

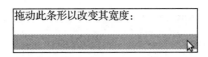

请注意，"mousemove" 处理程序已在整个窗口中注册。即使在调整大小期间鼠标移出条形外，只要按住按钮，就仍然可以更新条形宽度。

释放鼠标按钮时，我们必须停止调整条形的宽度。为此，我们可以使用 buttons 属性（注意复数），它告诉我们当前按下的按钮。当它为零时，没有按钮按下。按住按钮时，其值是这些按钮的代码总和——左按钮的代码是 1，右按钮是 2，中间按钮是 4，你可以通过获取按钮及其代码的剩余值来检查是否按下了给定按钮。

请注意，这些代码的顺序与 button 属性使用的顺序不同，后者的中间按钮位于右按钮之前。如前所述，一致性并不是浏览器编程接口的强项。

15.7.3　触摸事件

我们使用的图形浏览器的样式，设计时考虑到的主要是鼠标接口，因为在那个时代触摸屏很少见。为了使网络在早期的触摸屏手机上"工作"，这些设备的浏览器在某种程度上假装触摸事件是鼠标事件。如果点击屏幕，你将获得 "mousedown" "mouseup" 和 "click" 事件。

但这种错觉不够强大。触摸屏的工作原理与鼠标不同：它没有多个按钮，当手指不在屏幕上时，你无法跟踪手指（模拟 "mousemove"），并且它允许多个手指同时在屏幕上触摸。

鼠标事件仅在简单的情况下能覆盖触摸交互——如果向按钮添加 "click" 处理程序，触摸用户仍然可以使用它。但是像上一个示例中的可调整大小的条形这样的东西在触摸屏上不起作用。

触摸交互触发了特定的事件类型。当手指开始触摸屏幕时，你会收到 "touchstart" 事件。当它在触摸时移动时，"touchmove" 事件会触发。最后，当它停止触摸屏幕时，你会看到一个 "touchend" 事件。

因为许多触摸屏可以同时检测多根手指，所以这些事件没有与它们相关联的单个坐标集。相反，它们的事件对象具有 touches 属性，此属性包含一个类似于数组的点对象，每个对象都有自己的 clientX、clientY、pageX 和 pageY 属性。

你可以执行以下操作，从而在每根触摸手指周围显示红色圆圈：

```
<style>
  dot { position: absolute; display: block;
```

```
      border: 2px solid red; border-radius: 50px;
      height: 100px; width: 100px; }
  </style>
  <p>Touch this page</p>
  <script>
    function update(event) {
      for (let dot; dot = document.querySelector("dot");) {
        dot.remove();
      }
      for (let i = 0; i < event.touches.length; i++) {
        let {pageX, pageY} = event.touches[i];
        let dot = document.createElement("dot");
        dot.style.left = (pageX - 50) + "px";
        dot.style.top = (pageY - 50) + "px";
        document.body.appendChild(dot);
      }
    }
    window.addEventListener("touchstart", update);
    window.addEventListener("touchmove", update);
    window.addEventListener("touchend", update);
  </script>
```

你通常希望在触摸事件处理程序中调用 preventDefault 来覆盖浏览器的默认行为（可能包括在滑动时滚动页面），并防止触发鼠标事件，为此你可能还需要一个处理程序。

15.8 滚动事件

每当滚动一个元素时，就会触发一个 "scroll" 事件。这具有多种用途，例如了解用户当前正在查看的内容（用于禁用屏幕外的动画或向你的总部发送监视报告）或显示进度的一些指示（通过突出显示表中的部分内容或显示页码）。

以下示例在文档上方绘制一个进度条，并在向下滚动时将其更新为逐步填满：

```
<style>
  #progress {
    border-bottom: 2px solid blue;
    width: 0;
    position: fixed;
    top: 0; left: 0;
  }
</style>
<div id="progress"></div>
<script>
  //创造一些内容
  document.body.appendChild(document.createTextNode(
    "supercalifragilisticexpialidocious ".repeat(1000)));
  let bar = document.querySelector("#progress");
  window.addEventListener("scroll", () => {
```

```
    let max = document.body.scrollHeight - innerHeight;
    bar.style.width = `${(pageYOffset / max) * 100}%`;
  });
</script>
```

赋予元素一个固定的 position 值的行为非常类似于 absolute 位置，但还需阻止它与文档的其余部分一起滚动。其效果是让我们的进度条保持在最顶层。它利用宽度改变来表示当前的进度。我们在设置时使用 % 而不是 px 作为宽度单位，以便元素的大小是相对于页面宽度而言。

全局 innerHeight 绑定为我们提供了窗口的高度，我们必须将其从可滚动的总高度中减去——当你到达文档底部时无法保持滚动。此外还有一个 innerWidth 用于窗口宽度。通过将当前滚动位置 pageYOffset 除以最大滚动位置并乘以 100，我们得到进度条的百分比。

在滚动事件上调用 preventDefault 不会阻止滚动发生。实际上，只有在滚动发生后才会调用事件处理程序。

15.9 焦点事件

当元素获得焦点时，浏览器会在其上触发 "focus" 事件。当它失去焦点时，元素会出现 "blur" 事件。

与前面讨论的事件不同，这两个事件都不会传播。

当子元素获得或失去焦点时，不会通知父元素上的处理程序。

以下示例显示当前具有焦点的文本字段的帮助文本：

```
<p>Name: <input type="text" data-help="Your full name"></p>
<p>Age: <input type="text" data-help="Age in years"></p>
<p id="help"></p>

<script>
  let help = document.querySelector("#help");
  let fields = document.querySelectorAll("input");
  for (let field of Array.from(fields)) {
    field.addEventListener("focus", event => {
      let text = event.target.getAttribute("data-help");
      help.textContent = text;
    });
    field.addEventListener("blur", event => {
      help.textContent = "";
    });
  }
</script>
```

此屏幕截图显示了 age 字段的帮助文本。

当用户从显示文档的浏览器选项卡或窗口移动出来或移动到这个选项卡或窗口对象时，窗口对象将接收 "focus" 和 "blur" 事件。

15.10　加载事件

页面完成加载后，"load" 事件将在窗口和文档正文对象上触发。这通常用于安排需要构建整个文档的初始化操作。请记住，遇到 `<script>` 标签时会立即运行标签的内容。这可能太早了，例如，当脚本需要对 `<script>` 标签之后出现的文档部分执行某些操作时。

加载外部文件的图像和脚本标签等元素也有一个 "load" 事件，指示它们引用的文件已加载。与焦点相关的事件一样，加载事件不会传播。

当页面关闭或移开时（例如，通过链接），会发生 "beforeunload" 事件。此事件的主要用途是通过关闭文档来防止用户意外丢失工作成果。与你预期的不同，防止页面被关闭不是使用 preventDefault 方法完成的。相反，它是通过从处理程序返回非空值来完成的。⊖当你这样做时，浏览器将向用户显示一个对话框，询问他们是否确定要离开页面。这种机制确保用户始终能够离开任何页面，甚至那些希望永远保持打开并强迫用户观看的恶意广告页面也不例外。

15.11　事件和事件循环

如第 11 章所述，在事件循环的上下文中，浏览器事件处理程序的行为与其他异步通知相同。它们在事件发生时进行调度，但必须等待正在运行的其他脚本运行完才能运行。

只有在没有其他工作正在运行时才能处理事件这一事实意味着，如果事件循环与其他工作捆绑在一起，那么（通过事件发生的）与页面的任何交互都将被推迟到有时间处理它的时候。因此，如果在页面上安排了太多工作，无论是使用长时间运行的事件处理程序还是使用大量短时间运行的事件处理程序，页面都将变得反应缓慢且使用起来很麻烦。

对于你真的想要在后台做一些耗时的事情而不冻结页面，浏览器提供了一个叫作 Web worker 的东西。worker 是一个 JavaScript 进程，它在自己的时间轴上与主脚本一起运行。

⊖　勘误中增加：事实上，对于向 addEventListener 注册的处理程序，你需要调用 preventDefault 并设置 returnValue 属性以获取离开时的警告行为。——译者注假设对一个数字进行平方是一个繁重的、长时间运行的计算，我们想要在一个单独的线程中执行。我们可以编写一个名为 code/squareworker.js 的文件，它通过计算一个平方数并发回消息来响应消息。

```
addEventListener("message", event => {
  postMessage(event.data * event.data);
});
```

为了避免有多个线程接触相同数据的问题，worker 不会与主脚本的环境共享其全局范围或任何其他数据。相反，必须通过来回发送消息与它们进行通信。

此代码生成运行该脚本的 worker，向其发送一些消息，并输出响应。

```
let squareWorker = new Worker("code/squareworker.js");
squareWorker.addEventListener("message", event => {
  console.log("The worker responded:", event.data);
});
squareWorker.postMessage(10);
squareWorker.postMessage(24);
```

postMessage 函数发送一条消息，该消息使得 "message" 事件在接收器中触发。创建工作程序的脚本通过 Worker 对象发送和接收消息，而工作程序通过直接在其全局范围上发送和监听来与创建它的脚本进行通信。只有可以表示为 JSON 的值才能作为消息发送，另一方将收到它们的副本，而不是值本身。

15.12　计时器

我们在第 11 章中看到了 setTimeout 函数。它安排了一个在给定的毫秒数之后调用的另一个函数。

有时你需要取消已安排的功能。这是通过存储 setTimeout 返回的值并在其上调用 clearTimeout 来完成的。

```
let bombTimer = setTimeout(() => {
  console.log("BOOM!");
}, 500);
if (Math.random() < 0.5) { // 50%概率
  console.log("Defused.");
  clearTimeout(bombTimer);
}
```

cancelAnimationFrame 函数的工作方式与 clearTimeout 相同——在 requestAnimationFrame 返回的值上调用它将取消该帧（假设它尚未被调用）。

一组类似的函数 setInterval 和 clearInterval 用于设置应该每 X 毫秒重复一次的定时器。

```
let ticks = 0;
let clock = setInterval(() => {
```

```
  console.log("tick", ticks++);
  if (ticks == 10) {
    clearInterval(clock);
    console.log("stop.");
  }
}, 200);
```

15.13 限频

某些类型的事件有可能连续多次快速触发（例如 "mousemove" 和 "scroll" 事件）。在处理此类事件时，你必须小心不要做太费时间的事情，否则你的处理程序会占用很多时间，以至于与文档的交互开始变得缓慢。

如果你确实需要在这样的处理程序中做一些非常重要的事情，你可以使用 setTimeout 来确保它不会太过频繁地触发。这通常被称为对此事件限频（debouncing）。有几种略有不同的方法来实现这个功能。

在第一个示例中，我们希望在用户键入某些内容时做出反应，但我们不希望立即对每个输入事件执行此操作。当人们快速打字时，我们只想等到暂停时才做出反应。我们设置超时，而不是立即在事件处理程序中执行操作。我们还清除了先前的超时设置（如果有的话），以便当事件发生在一起（间隔比我们设置的超时延迟更短）时，前一事件的超时将被取消。

```
<textarea>Type something here...</textarea>
<script>
  let textarea = document.querySelector("textarea");
  let timeout;
  textarea.addEventListener("input", () => {
    clearTimeout(timeout);
    timeout = setTimeout(() => console.log("Typed!"), 500);
  });
</script>
```

为 clearTimeout 提供一个未定义的值或在已经触发的超时中调用它没有任何效果。因此，我们不必担心在何时调用它，我们只要为每个事件都这样做就行了。

如果我们想要隔开各个响应，我们可以使用稍微不同的模式，使这些响应至少分开一定的时间，但是有时想要在一系列事件中发出它们，而不是仅仅在这些事件全都结束之后才发出。例如，我们可能希望通过显示鼠标的当前坐标来响应 "mousemove" 事件，但仅每 250 毫秒显示一次。

```
<script>
  let scheduled = null;
  window.addEventListener("mousemove", event => {
    if (!scheduled) {
      setTimeout(() => {
        document.body.textContent =
```

```
        `Mouse at ${scheduled.pageX}, ${scheduled.pageY}`;
      scheduled = null;
    }, 250);
  }
  scheduled = event;
});
</script>
```

15.14　小结

事件处理程序可以检测并响应我们网页中发生的事件。addEventListener 方法用于注册这样的处理程序。

每个事件都有一个标识它的类型（"keydown" "focus" 等）。大多数事件都在特定的 DOM 元素上调用，然后传播到此元素的祖先，允许与这些元素关联的处理程序处理它们。

调用事件处理程序时，会传递一个事件对象，其中包含有关该事件的其他信息。此对象还具有允许我们停止进一步传播（stopPropagation）并阻止浏览器对事件的默认处理（preventDefault）的方法。

按一个键可以触发 "keydown" 和 "keyup" 事件。按下鼠标按钮会触发 "mousedown" "mouseup" 和 "click" 事件。移动鼠标会触发 "mousemove" 事件。触摸屏交互将触发 "touchstart" "touchmove" 和 "touchend" 事件。

可以使用 "scroll" 事件检测滚动，并且可以使用 "focus" 和 "blur" 事件检测焦点变化。文档完成加载后，窗口会触发 "load" 事件。

15.15　习题

1. 气球

写一个显示气球的页面（使用气球表情符号♡）。当你按向上箭头时，它应该充气（膨胀）10%，当你按向下箭头时，它应该放气（收缩）10%。

你可以通过在其父元素上设置 font-size CSS 属性（style.fontSize）来控制文本的大小（表情符号是文本）。请记住在值中包含一个单位，例如像素（10px）。

箭头键的键名是 "ArrowUp" 和 "ArrowDown"。确保按键仅更改气球，而不滚动页面。

当完成了上述工作时，添加一个功能，如果你把气球充气到超过一定的大小，它会爆炸。在这种情况下，爆炸意味着它被表情符号✨替换，并且事件处理程序被删除（这样你就不会对爆炸后的气球进行充气或放气了）。

2. 鼠标轨迹

在 JavaScript 早期，华丽的主页与大量动画大行其道，人们想出了一些真正鼓舞人心的方式来使用这种语言。

其中一种用途是鼠标轨迹,当你在页面上移动鼠标时,将在鼠标指针后跟随一系列元素。

在本练习中,我希望你实现鼠标轨迹。使用具有固定大小和背景颜色的绝对定位的 <div> 元素(有关示例,请参阅 15.7.1 节中的代码)。创建一堆这样的元素,当鼠标移动时,在鼠标指针的后面显示它们。

这里有各种可能的方法。你可以根据需要采用简单或复杂的答案。一个简单的答案是保持固定数量的跟踪元素并循环遍历它们,每次发生 "mousemove" 事件时将下一个跟踪元素移动到鼠标的当前位置。

3. 选项卡

选项卡面板广泛用于用户界面。它们允许你通过元素上方的多个选项卡来选择面板界面。

在本练习中,要求实现一个简单的选项卡式界面。编写一个函数 asTabs,它接收一个 DOM 节点并创建一个选项卡界面,来显示该节点的子元素。它应该在节点的顶部插入一个 <button> 元素列表,每个按钮对应一个子元素,并包含从该子元素的 data-tabname 属性中获取的文本。除了一个原始子元素外,其他所有子元素都应该被隐藏(给定的 display 样式为 none)。单击按钮可以选择当前可见的子元素。

完成上述功能后,将其扩展为把当前所选的选项卡的按钮设置成不同的样式,以便凸显当前选择的是哪个选项卡。

第 16 章 *Chapter 16*

项目：平台游戏

就像很多可爱的孩子一样，我最初对计算机的迷恋大部分是由于电脑游戏。我被吸引到了这个我可以操纵的微小的模拟世界中，并在那里动手展开一些故事，我想我的迷恋更多是因为我可以将想象力运用到模拟世界中，而不是它们实际提供的可能性。

我不希望任何人把事业建立在游戏编程上。与音乐行业非常相似，希望在这个行业中工作的热情年轻人的数量与行业对人才的实际需求之间的差异造成了相当不健康的环境。但是为了好玩而编写游戏很有趣。

本章将介绍平台小游戏的实现。平台游戏（或"跑跳"游戏）是指玩家通过移动某个角色在一些物体上跳来跳去的游戏，这种游戏通常是二维的并且玩家是侧面视角的。

16.1　游戏

我们的游戏大致基于 Dark Blue（www.lessmilk.com/games/10），作者是 Thomas Palef。我之所以选择这款游戏是因为它既有趣又小巧，所以不用写太多代码就可以将它做出来。

游戏界面看起来是这样的：

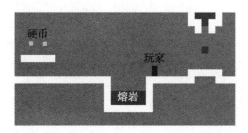

黑色方块代表玩家，其任务是在收集小方块（硬币）的同时避开熔岩。收集完所有硬币后，这一关就过了。

玩家可以使用左右箭头键走动，并可以使用向上箭头键跳跃。跳跃是这个游戏角色的特色。玩家可以跳到比自己高几倍的地方，并可以在半空中改变方向。这可能并不完全现实，但它有助于玩家直接控制屏幕上自己的化身。

游戏由像网格一样布局的静态背景组成，可移动元素覆盖在背景上。网格上的每个元素是空气、固体或熔岩。可动元素是玩家、硬币和某些熔岩。这些元素的位置不仅限于网格上，它们的坐标可以是小数，这使得它们能在背景中平滑运动。

16.2　技术

我们将使用浏览器 DOM 来显示游戏，并通过处理按键事件来读取用户输入。

编写与屏幕和键盘相关的代码只是构建此游戏需要做的一小部分工作。由于所有内容看起来都像彩色方块，因此绘图并不复杂：我们创建 DOM 元素并使用样式为它们提供背景颜色、大小和位置。

因为背景是一个由固定不变的正方形组成的网格，所以我们可以将它表示为一个表格。可以使用绝对定位的元素把可自由移动的元素覆盖在背景上面。

在游戏和其他一些程序中，应该使图形动起来并响应用户输入而没有明显的延迟，所以性能很重要。虽然 DOM 最初并不是为高性能图形设计的，但实际上它的性能比你想象的更好（你在第 14 章看到了一些动画）。在最新的计算机上，即使我们不太用心去优化，像这样的简单游戏运行地也很流畅。

在下一章中，我们将探讨另一种浏览器技术 <canvas> 标签，它提供了一种更传统的绘制图形的方式，其工作方式是形状和像素，而不是 DOM 元素。

16.3　关卡

我们需要一种人类可读并且人工可编辑的方式来指定关卡。既然如此，我们可以使用大字符串来表示它，其中每个字符都代表一个元素（背景网格的一部分或可移动的元素）。

一个简单关卡的地形图可能如下所示：

```
let simpleLevelPlan = `
......................
..#................#..
..#..............=.#..
..#.........o.o....#..
..#.@......#####...#..
..#####.........#..
......#++++++++++#..
......##############..
......................`;
```

句点为空气，哈希标记（#）为墙，加号为熔岩。玩家的起始位置是 @ 符号。每个 o 字符都是一个硬币，顶部的等号（=）是一块水平来回移动的熔岩块。

我们将支持另外两种移动的熔岩：管道字符（|）表示垂直移动的熔岩，而 v 表示滴落的熔岩——它也是一种垂直移动的熔岩，但不会来回反弹，而只会向下移动，当前一块熔岩滴到地板时，后一块就从它的起始位置再滴下来。

整个游戏包含玩家必须完成的多个关卡。收集完某一关的所有硬币后，就闯过这一关。如果玩家碰到熔岩，则闯关失败，当前关卡恢复到其起始位置，而玩家可以重新再来。

16.4　读取关卡

以下类存储关卡对象。它的参数应该是定义关卡的字符串。

```
class Level {
  constructor(plan) {
    let rows = plan.trim().split("\n").map(l => [...l]);
    this.height = rows.length;
    this.width = rows[0].length;
    this.startActors = [];
    this.rows = rows.map((row, y) => {
      return row.map((ch, x) => {
        let type = levelChars[ch];
        if (typeof type == "string") return type;
        this.startActors.push(
          type.create(new Vec(x, y), ch));
        return "empty";
      });
    });
  }
}
```

trim 方法用于删除地形图字符串开头和结尾的空格。这允许我们的示例地形图以换行符开始，以便所有行都直接在另一行之下。剩下的字符串在换行符上拆分，每行都传到一个数组中，生成字符数组。

因此，rows 是一个字符数组的数组，即地形图的行。我们可以从这些得出关卡的宽度和高度。但我们仍然必须将可移动元素与背景网格分开。我们把可移动元素称为演员（actor）。它们将存储在一个对象数组中。背景是一个字符串数组的数组，包含字段类型，如 "empty" "wall" 或 "lava"。（"空气" "墙" 或 "熔岩"）。

要创建这些数组，我们会映射各行，然后映射它们的内容。请记住，map 将数组索引作为第二个参数传递给映射函数，此函数告诉我们给定字符的 x 坐标和 y 坐标。游戏中的位置将存储为坐标对，左上角坐标为（0，0），每个背景正方形的高和宽为 1 单位。

为了解释地形图中的字符，Level 构造函数使用 levelChars 对象，此对象将背景元素映射到字符串,将演员字符映射到类。当 type 是一个演员类时,它的静态 create 方法用于创建一个添加到 startActors 的对象,映射函数为此背景方块返回 "empty"。

演员的位置被存储为 Vec 对象。这是一个二维向量,一个具有 x 和 y 属性的对象,如第 6 章的练习所示。

随着游戏的运行,演员将在不同的地方结束,甚至完全消失(如硬币被收集时)。我们将使用 State 类来跟踪正在运行的游戏的状态。

```
class State {
  constructor(level, actors, status) {
    this.level = level;
    this.actors = actors;
    this.status = status;
  }
  static start(level) {
    return new State(level, level.startActors, "playing");
  }

  get player() {
    return this.actors.find(a => a.type == "player");
  }
}
```

游戏结束后,status 属性将切换为 "lost" 或 "won"。

这又是一个持久的数据结构,更新游戏状态会创建一个新状态并使旧状态保持不变。

16.5　演员

演员对象代表我们游戏中给定的可移动元素的当前位置和状态。所有演员对象都符合相同的接口。其 pos 属性保存相对于元素左上角的坐标,而它们的 size 属性保存其大小。

然后他们有一个 update 方法,用于计算给定时间步后的新状态和位置。它模拟演员所做的事情——响应玩家按下的方向键并围绕熔岩来回弹跳,并返回一个新的、更新后的演员对象。

type 属性包含一个字符串,用于标识演员的类型——"player""coin" 或 "lava"。这在编程游戏时很有用——为演员绘制的矩形外观都是由其类型确定的。

演员类具有静态 create 方法,Level 构造函数使用此方法从关卡地形图中的角色创建演员。它被赋予角色的坐标和角色本身,这是必需的,因为 Lava 类要处理几个不同的角色。

我们将 Vec 类用于二维的值,例如演员的位置和大小:

```
class Vec {
  constructor(x, y) {
    this.x = x; this.y = y;
  }
```

```
  plus(other) {
    return new Vec(this.x + other.x, this.y + other.y);
  }
  times(factor) {
    return new Vec(this.x * factor, this.y * factor);
  }
}
```

times 方法按给定数量缩放矢量。当我们需要将速度矢量乘以时间间隔以获得在此期间行进的距离时，它将非常有用。

因为不同类型的演员行为是非常不同的，所以它们都有自己的类。我们来定义这些类。我们稍后会介绍它们的 update 方法。

Player 类具有属性 speed，可存储其当前速度以模拟动量和重力。

```
class Player {
  constructor(pos, speed) {
    this.pos = pos;
    this.speed = speed;
  }

  get type() { return "player"; }

  static create(pos) {
    return new Player(pos.plus(new Vec(0, -0.5)),
                      new Vec(0, 0));
  }
}

Player.prototype.size = new Vec(0.8, 1.5);
```

因为玩家的高度是一个半正方形高，所以它的初始位置设置为 @ 字符所出现位置上方的半个方格。这样，它的底部正好与它出现的正方形的底部对齐。

对于 Player 的所有实例，size 属性都是相同的，因此我们将其存储在原型而不是实例本身上。我们可以使用类似于 type 的取值方法，但每次读取属性时都会创建并返回一个新的 Vec 对象，这将是浪费（字符串是不可变的，不必在每次计算时重新创建）。

构造 Lava 演员时，我们需要根据它所基于的角色来不同地初始化对象。动态熔岩以其当前速度移动，直到遇到障碍物。此时，如果它具有 reset 属性，它将回到其起始位置（滴落）。如果没有此属性，它将反转其速度并继续向另一个方向移动。

create 方法查看 Level 构造函数传递的字符并创建相应的熔岩演员。

```
class Lava {
  constructor(pos, speed, reset) {
    this.pos = pos;
    this.speed = speed;
    this.reset = reset;
  }
```

```
    get type() { return "lava"; }

    static create(pos, ch) {
      if (ch == "=") {
        return new Lava(pos, new Vec(2, 0));
      } else if (ch == "|") {
        return new Lava(pos, new Vec(0, 2));
      } else if (ch == "v") {
        return new Lava(pos, new Vec(0, 3), pos);
      }
    }
  }
}

Lava.prototype.size = new Vec(1, 1);
```

Coin 演员相对简单。它们大多只是呆在它们的位置上不动。但为了让游戏稍微活跃一些，我们会让它们"振动"（wobble）——轻微地垂直往复运动。为了实现这一点，硬币对象在存储基本位置的同时还存储跟踪弹跳运动阶段的 wobble 属性。它们共同决定了硬币的实际位置（存储在 pos 属性中）。

```
class Coin {
  constructor(pos, basePos, wobble) {
    this.pos = pos;
    this.basePos = basePos;
    this.wobble = wobble;
  }

  get type() { return "coin"; }

  static create(pos) {
    let basePos = pos.plus(new Vec(0.2, 0.1));
    return new Coin(basePos, basePos,
                    Math.random() * Math.PI * 2);
  }
}

Coin.prototype.size = new Vec(0.6, 0.6);
```

在 14.13 节中，我们看到 Math.sin 为我们提供了圆上一个点的 y 坐标。当我们沿圆周移动时，该坐标以平滑的波形来回变化，这使得正弦函数可用于模拟波浪运动。

为了避免出现所有硬币都同步上下移动的情况，每个硬币的起始阶段是随机的。Math.sin 波形的相位，即它产生的波的宽度是 2π。我们用这个数字乘以 Math.random 的返回值为硬币在波形上指定一个随机的起始位置。

我们现在可以定义 levelChars 对象将地形图字符映射到背景网格类型或演员类了。

```
const levelChars = {
  ".": "empty", "#": "wall", "+": "lava",
  "@": Player, "o": Coin,
```

```
  "=": Lava, "|": Lava, "v": Lava
};
```

这为我们提供了创建 Level 实例所需的所有部分。

```
let simpleLevel = new Level(simpleLevelPlan);
console.log('${simpleLevel.width} by ${simpleLevel.height}');
// → 22 by 9
```

前面的任务是在屏幕上显示这样的关卡，并在其中模拟时间和动作。

16.6 封装是一种负担

由于两种原因，本章中的大多数代码都不会非常在意封装。首先，封装需要额外的工作。它使程序的规模更大，并且需要引入额外的概念和接口。由于读者在变得茫然之前只能消化这么多代码，我已经努力把程序规模保持尽量小了。

其次，这个游戏中的各种元素如此紧密地联系在一起，如果其中一个元素的行为改变了，那么其他任何元素都不可能保持不变。元素之间的接口最终会编写进去很多关于游戏工作方式的假设。无论何时改变其中的一部分，这都会降低它们在系统中的效率，你仍然需要担心它影响其他部分的方式，因为它们的接口不会覆盖新的情况。

系统中的一些切割点很适合通过严格的接口进行分离，但其他切割点则不然。试图封装一些不合适的边界会浪费大量精力。当你犯这个错误时，你通常会发现你的接口变得越来越大，越来越详细，而且随着程序的发展，它们需要经常更改。

我们将会封装的是绘图子系统。这样做的原因是我们将在下一章以不同的方式展示相同的游戏。通过将绘图放在界面后面，我们可以在那里加载相同的游戏程序并插入一个新的显示模块。

16.7 绘图

绘图代码的封装是通过定义显示给定关卡和状态的显示器对象来完成的。我们在本章中定义的显示器类型为 DOMDisplay，因为它使用 DOM 元素来显示关卡。

我们将使用样式表来设置构成游戏的元素的实际颜色和其他固定属性。在创建元素的样式属性时，也可以直接将它们分配给元素的 style 属性，但这会使你的程序变得更冗长。

以下辅助函数提供了一种简洁的方法来创建元素并为其提供一些属性和子节点：

```
function elt(name, attrs, ...children) {
  let dom = document.createElement(name);
  for (let attr of Object.keys(attrs)) {
    dom.setAttribute(attr, attrs[attr]);
  }
  for (let child of children) {
```

```
    dom.appendChild(child);
  }
  return dom;
}
```

通过为显示器提供应附加到其自身的父元素和关卡对象来创建一个显示器。

```
class DOMDisplay {
  constructor(parent, level) {
    this.dom = elt("div", {class: "game"}, drawGrid(level));
    this.actorLayer = null;
    parent.appendChild(this.dom);
  }

  clear() { this.dom.remove(); }
}
```

关卡的背景网格（从不更改）只被绘制一次。每次使用给定状态更新显示时，都会重新绘制演员。actorLayer 属性将用于跟踪保存演员的元素，以便可以轻松删除和替换它们。

我们的坐标和大小以网格为单位进行跟踪，其中大小或距离为 1 表示一个网格块。设置像素大小时，我们必须将这些坐标按比例放大——游戏中的所有内容按每个方块一个像素来显示将会非常小。scale 常数给出了单个单位在屏幕上占用的像素数。

```
const scale = 20;

function drawGrid(level) {
  return elt("table", {
    class: "background",
    style: `width: ${level.width * scale}px`
  }, ...level.rows.map(row =>
    elt("tr", {style: `height: ${scale}px`},
        ...row.map(type => elt("td", {class: type})))
  ));
}
```

如上所述，背景绘制为 <table> 元素。这很好地对应于关卡的行属性的结构——网格的每一行都变成表格行（<tr> 元素）。网格中的字符串用作表格单元格（<td>）元素的类名称。展开（三点）运算符用于将子节点数组作为单独的参数传递给 elt。

以下 CSS 使表格看起来像我们想要的背景：

```
.background    { background: rgb(52, 166, 251);
                 table-layout: fixed;
                 border-spacing: 0;              }
.background td { padding: 0;                     }
.lava          { background: rgb(255, 100, 100); }
.wall          { background: white;             }
```

其中一些设置（table-layout（表格布局）、border-spacing（边框间距）和 padding（填充））用于抑制不需要的默认行为。我们不希望表格的布局依赖于其单元格的内容，并且我们不希望表格单元格之间有空格或单元格内有填充。

background 规则设置背景颜色。CSS 允许将颜色指定为单词（White）和 rgb(R,G,B) 格式，其中颜色的红色、绿色和蓝色成分分别为 0 到 255 之间的三个数字。所以在 rgb（52，166,251）中，红色成分为 52，绿色为 166，蓝色为 251。由于蓝色成分最大，因此产生的颜色会偏蓝。你可以在 .lava 规则中看到，第一个数字（红色）是最大的。

我们通过为每个演员创建一个 DOM 元素并根据演员的属性设置此元素的位置和大小来绘制每个演员。值必须乘以比例（scale）才能从游戏单位变为像素。

```
function drawActors(actors) {
  return elt("div", {}, ...actors.map(actor => {
    let rect = elt("div", {class: `actor ${actor.type}`});
    rect.style.width = `${actor.size.x * scale}px`;
    rect.style.height = `${actor.size.y * scale}px`;
    rect.style.left = `${actor.pos.x * scale}px`;
    rect.style.top = `${actor.pos.y * scale}px`;
    return rect;
  }));
}
```

为了给一个元素提供多个类，我们将类名用空格分开。在接下来显示的 CSS 代码中，actor 类为演员提供了绝对位置。它们的类型名称被用作额外的类来为它们提供颜色。我们不必再次定义 lava 类，因为我们正在重复使用我们之前定义的熔岩网格方格的类。

```
.actor  { position: absolute;         }
.coin   { background: rgb(241, 229, 89); }
.player { background: rgb(64, 64, 64);   }
```

syncState 方法用于使显示器展示给定状态。它首先删除旧的演员图形（如果有的话），然后重新绘制新位置的演员。尝试为演员重用 DOM 元素可能很诱人，但为了使其成功，我们需要大量额外的记录将演员与 DOM 元素相关联，并确保在演员消失时删除元素。由于游戏中通常只有一小部分演员，因此重新绘制所有演员的成本并不高。

```
DOMDisplay.prototype.syncState = function(state) {
  if (this.actorLayer) this.actorLayer.remove();
  this.actorLayer = drawActors(state.actors);
  this.dom.appendChild(this.actorLayer);
  this.dom.className = `game ${state.status}`;
  this.scrollPlayerIntoView(state);
};
```

通过将关卡的当前状态作为类名添加到包装器，我们可以通过添加仅在玩家具有给定类的祖先元素时才生效的 CSS 规则来使玩家在赢得或输掉游戏时演员的样式略有不同。

```
.lost .player {
  background: rgb(160, 64, 64);
}
.won .player {
```

```
box-shadow: -4px -7px 8px white, 4px -7px 8px white;
}
```

碰到熔岩后，玩家的颜色变为深红色，表明他被烧焦了。当收集到最后一枚硬币时，我们会为玩家添加两个模糊的白色阴影，一个在左上角，另一个在右上角，以创建白色光晕效果。

不能保证关卡总会恰好铺满视口（viewport）——我们用来绘制游戏的元素。这就是需要 scrollPlayerIntoView 调用的原因。它确保如果关卡延伸到视口外，我们会滚动此视口以确保玩家位于其中心位置。以下 CSS 为游戏包装 DOM 元素提供了最大尺寸，并确保延伸到视口方框外的任何内容都不可见。我们还给它一个相对位置，以便它内部的演员相对于关卡的左上角定位。

```
.game {
  overflow: hidden;
  max-width: 600px;
  max-height: 450px;
  position: relative;
}
```

在 scrollPlayerIntoView 方法中，我们找到玩家的位置并更新包装元素的滚动位置。当玩家太靠近视口边缘时，我们通过操纵此元素的 scrollLeft 和 scrollTop 属性来更改滚动位置。

```
DOMDisplay.prototype.scrollPlayerIntoView = function(state) {
  let width = this.dom.clientWidth;
  let height = this.dom.clientHeight;
  let margin = width / 3;

  // 视口
  let left = this.dom.scrollLeft, right = left + width;
  let top = this.dom.scrollTop, bottom = top + height;

  let player = state.player;
  let center = player.pos.plus(player.size.times(0.5))
                    .times(scale);

  if (center.x < left + margin) {
    this.dom.scrollLeft = center.x - margin;
  } else if (center.x > right - margin) {
    this.dom.scrollLeft = center.x + margin - width;
  }
  if (center.y < top + margin) {
    this.dom.scrollTop = center.y - margin;
  } else if (center.y > bottom - margin) {
    this.dom.scrollTop = center.y + margin - height;
  }
};
```

　　找到玩家中心的代码显示了我们 Vec 类型上的方法是如何用可读性较好的方式来计算对象的。为了找到演员的中心，我们把它的位置（它的左上角）加上一半的高和宽。这是关卡坐标的中心，但我们需要它的像素坐标，所以我们随后将得到的矢量乘以我们的显示比例。

　　接下来，一系列检查验证玩家位置是否在允许范围之外。请注意，有时这会设置小于零或超出元素可滚动区域的无意义滚动坐标。这没关系，因为 DOM 会将它们限制在可接受的值之内。例如，将 scrollLeft 设置为 -10 将使其变为 0。

　　总是尝试将玩家滚动到视口的中心处理起来稍微简单一些。但这会产生令人相当晕眩的效果。当你跳跃时，视图会不断地上下移动。在屏幕中间有一个"中性"区域，你可以在其中移动而不会导致任何滚动，这是更令人舒服的。

　　我们现在能够显示我们的微型关卡了。

```
<link rel="stylesheet" href="css/game.css">

<script>
  let simpleLevel = new Level(simpleLevelPlan);
  let display = new DOMDisplay(document.body, simpleLevel);
  display.syncState(State.start(simpleLevel));
</script>
```

　　将 <link> 标记与 rel ="stylesheet" 一起使用，是一种加载 CSS 文件到页面的方法。文件 game.css 包含我们游戏所需的样式。

16.8　动作和碰撞

　　现在我们可以开始添加动作，这是游戏中最有趣的部分。像这样的大多数游戏采取的基本方法是，将时间分成小的片段，并且对于每个片段都将演员移动它们的速度乘以时间片段所对应的距离。我们将以秒为单位测量时间，因此速度以每秒的单位数表示。

　　移动物体很容易。困难的部分是处理元素之间的相互作用。当玩家撞击墙壁或地板时，它不应该直接穿过它们。当给定的动作导致某个对象撞击另一个对象并相应地做出响应时，游戏必须注意。当碰到墙壁时，玩家必须停止运动。当碰到硬币时，它必须收集硬币。碰到熔岩时，游戏应该输掉。

　　在一般情况下解决这个问题是一项艰巨的任务。你可以找到模拟物理对象之间的相互作用的库，通常称为二维或三维物理引擎。我们将在本章中采用一种更为温和的方法，仅处理矩形对象之间的碰撞并以相当简单的方式处理它们。

在移动玩家或一块熔岩之前，我们测试动作是否会将其带入墙内。如果会，我们只需取消动作即可。对这种碰撞的反应取决于演员的类型，玩家将停下来，而熔岩块将反弹。

这种方法要求我们的时间片段相当小，因为它会导致运动在物体实际接触之前停止。如果时间片段（以及由此造成的运动片段）太大，则玩家最终会在明显离地面有一截的地方徘徊。另一种可能更好但更复杂的方法是找到确切的碰撞点并移动到那里。我们将采用简单的方法并通过确保动画以小片段进行来掩盖这个问题。

此方法告诉我们矩形（由位置和大小指定）是否会碰到给定类型的网格元素。

```
Level.prototype.touches = function(pos, size, type) {
  var xStart = Math.floor(pos.x);
  var xEnd = Math.ceil(pos.x + size.x);
  var yStart = Math.floor(pos.y);
  var yEnd = Math.ceil(pos.y + size.y);

  for (var y = yStart; y < yEnd; y++) {
    for (var x = xStart; x < xEnd; x++) {
      let isOutside = x < 0 || x >= this.width ||
                      y < 0 || y >= this.height;
      let here = isOutside ? "wall" : this.rows[y][x];
      if (here == type) return true;
    }
  }
  return false;
};
```

此方法通过在其坐标上使用 Math.floor 和 Math.ceil 来计算与玩家身体重叠的网格方块集合。请记住，网格方块的大小为 1 乘 1。通过对矩形的两侧四舍五入，我们就得到了与这个矩形接触的背景方块的范围。

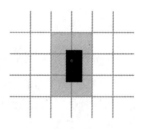

我们遍历通过舍入坐标找到的网格方块，并在找到匹配的方块时返回 true。关卡之外的正方形总是被视为"墙"，以确保玩家不会离开这个世界，并且我们不会意外地尝试在我们的 rows 数组的边界之外读取。

状态的 update 方法使用 touches 来确定玩家是否碰到熔岩。

```
State.prototype.update = function(time, keys) {
  let actors = this.actors
    .map(actor => actor.update(time, this, keys));
  let newState = new State(this.level, actors, this.status);

  if (newState.status != "playing") return newState;

  let player = newState.player;
  if (this.level.touches(player.pos, player.size, "lava")) {
    return new State(this.level, actors, "lost");
  }

  for (let actor of actors) {
    if (actor != player && overlap(actor, player)) {
      newState = actor.collide(newState);
    }
  }
  return newState;
};
```

此方法通过一个时间片段和一个数据结构，告诉它哪些键被按下。它做的第一件事是在所有演员身上调用 update 方法，造出一系列更新的演员。演员也得到了时间片段、键和状态，以便它们可以根据这些进行更新。只有玩家才能真正读取键，因为这是唯一用键盘控制的演员。

如果游戏已经结束，则不需要进行进一步处理（游戏在输掉后无法赢，反之亦然）。否则，此方法测试玩家是否碰到背景熔岩。如果碰到，游戏就会输掉，我们就结束了。最后，如果游戏真的还在继续，它会看到是否有其他演员与玩家重叠。

使用 overlap 函数检测演员之间的重叠。它需要两个演员对象，并且当它们碰到时返回 true，当它们沿着 x 轴和沿 y 轴重叠时就是这种情况。

```
function overlap(actor1, actor2) {
  return actor1.pos.x + actor1.size.x > actor2.pos.x &&
         actor1.pos.x < actor2.pos.x + actor2.size.x &&
         actor1.pos.y + actor1.size.y > actor2.pos.y &&
         actor1.pos.y < actor2.pos.y + actor2.size.y;
}
```

如果有任何演员真的重叠了，则其 collide 方法有机会更新状态。碰到熔岩演员就将游戏状态设置为 "lost"。碰到硬币时它们就消失，当碰到的是关卡的最后一枚硬币时，就将状态设置为 "won"。

```
Lava.prototype.collide = function(state) {
  return new State(state.level, state.actors, "lost");
};

Coin.prototype.collide = function(state) {
  let filtered = state.actors.filter(a => a != this);
```

```
    let status = state.status;
    if (!filtered.some(a => a.type == "coin")) status = "won";
    return new State(state.level, filtered, status);
};
```

16.9 演员的更新

演员对象的 update 方法将时间片段、状态对象和键对象作为参数。Lava 演员类型的 update 忽略了 keys 对象。

```
Lava.prototype.update = function(time, state) {
  let newPos = this.pos.plus(this.speed.times(time));
  if (!state.level.touches(newPos, this.size, "wall")) {
    return new Lava(newPos, this.speed, this.reset);
  } else if (this.reset) {
    return new Lava(this.reset, this.speed, this.reset);
  } else {
    return new Lava(this.pos, this.speed.times(-1));
  }
};
```

此 update 方法通过将时间片段和当前速度的乘积加上其原位置来计算新位置。如果没有障碍物阻挡那个新位置，它就会移动到那里。如果存在障碍物，则行为取决于熔岩块的类型——滴落的熔岩具有 reset 位置，当它碰到物体时会从起始位置重新开始。弹跳熔岩通过将其速度乘以 –1 来反转，使其开始向相反方向移动。

硬币使用它们的 update 方法来振动。它们忽略与网格的碰撞，因为它们只是在它们自己的方块内部振动。

```
const wobbleSpeed = 8, wobbleDist = 0.07;

Coin.prototype.update = function(time) {
  let wobble = this.wobble + time * wobbleSpeed;
  let wobblePos = Math.sin(wobble) * wobbleDist;
  return new Coin(this.basePos.plus(new Vec(0, wobblePos)),
                  this.basePos, wobble);
};
```

wobble 属性会递增以跟踪时间，并用作 Math.sin 的参数来得出波形上的新位置。然后根据基准位置和基于此波形的偏移量来计算硬币的当前位置。

现在只剩下玩家本身了。玩家运动按每个坐标轴单独处理，因为撞击地板不应该阻止水平运动，而撞击墙不应该停止下降或跳跃运动。

```
const playerXSpeed = 7;
const gravity = 30;
const jumpSpeed = 17;
```

```
Player.prototype.update = function(time, state, keys) {
  let xSpeed = 0;
  if (keys.ArrowLeft) xSpeed -= playerXSpeed;
  if (keys.ArrowRight) xSpeed += playerXSpeed;
  let pos = this.pos;
  let movedX = pos.plus(new Vec(xSpeed * time, 0));
  if (!state.level.touches(movedX, this.size, "wall")) {
    pos = movedX;
  }

  let ySpeed = this.speed.y + time * gravity;
  let movedY = pos.plus(new Vec(0, ySpeed * time));
  if (!state.level.touches(movedY, this.size, "wall")) {
    pos = movedY;
  } else if (keys.ArrowUp && ySpeed > 0) {
    ySpeed = -jumpSpeed;
  } else {
    ySpeed = 0;
  }
  return new Player(pos, new Vec(xSpeed, ySpeed));
};
```

水平运动基于左箭头键和右箭头键的状态计算。如果没有墙挡住此动作创建的新位置，则使用它。否则，保留旧位置。

垂直运动以类似的方式工作，但必须模拟跳跃和重力。首先要加速玩家的垂直速度（ySpeed）以反映重力。

我们再次检查墙壁。如果我们没有撞击任何一面墙，则使用新位置。如果有墙，有两种可能的结果。当我们向下移动（意味着我们将要撞上的东西在我们之下）并且按下向上箭头键时，将速度设置为相对较大的负值，这会导致玩家跳跃。如果不是这种情况，那么只需在玩家碰到一些东西后将速度设置为零即可。

这个游戏中的重力、跳跃速度和几乎所有其他常数都是通过反复试验来确定的。我测试了很多值，直到找到了我喜欢的组合。

16.10　跟踪按键

对于这样的游戏，我们不希望按键在每次按下时都只生效一次。相反，我们希望只要它们被按住，它们的作用（移动玩家形象）就一直生效。

我们需要设置一个按键处理程序来存储左、右和上箭头键的当前状态。我们还希望为这些键调用 preventDefault，以便它们不会最终滚动页面。

以下函数在给定键名数组时将返回跟踪这些按键当前位置的对象。它为 "keydown" 和 "keyup" 事件注册事件处理程序，并且当事件中的按键代码存在于它正在跟踪的代码集合中时，更新对象。

```
function trackKeys(keys) {
  let down = Object.create(null);
  function track(event) {
    if (keys.includes(event.key)) {
      down[event.key] = event.type == "keydown";
      event.preventDefault();
    }
  }
  window.addEventListener("keydown", track);
  window.addEventListener("keyup", track);
  return down;
}

const arrowKeys =
  trackKeys(["ArrowLeft", "ArrowRight", "ArrowUp"]);
```

两种事件类型都使用相同的处理函数。它查看事件对象的 type 属性，以确定是否应将按键状态更新为 true（"keydown"）或 false（"keyup"）。

16.11 运行游戏

我们在第 14 章中看到的 requestAnimationFrame 函数，提供了一种使游戏画面动起来的好方法。但它的界面非常原始，使用它需要我们跟踪最后一次调用函数的时间并在每帧之后再次调用 requestAnimationFrame。

让我们定义一个辅助函数，它将这些无聊的部分包含在一个方便的接口中，并允许我们简单地调用 runAnimation，为它提供一个帧函数，此函数需要将时间差作为参数并绘制一个帧。当帧函数返回 false 值时，动画停止。

```
function runAnimation(frameFunc) {
  let lastTime = null;
  function frame(time) {
    if (lastTime != null) {
      let timeStep = Math.min(time - lastTime, 100) / 1000;
      if (frameFunc(timeStep) === false) return;
    }
    lastTime = time;
    requestAnimationFrame(frame);
  }
  requestAnimationFrame(frame);
}
```

我设置了一个 100 毫秒（十分之一秒）的最大帧片段。当隐藏浏览器选项卡或隐藏带有我们页面的窗口时，requestAnimationFrame 调用将暂停，直到再次显示选项卡或窗口。在这种情况下，lastTime 和 time 之间的差将是隐藏页面的整个时长。在一步中就把游戏向前推进那么长时间，看起来很傻，可能会造成奇怪的副作用，例如玩家穿过地板。

此函数还将时间片段转换为秒，这是一个比毫秒更容易想象的单位。

runLevel 函数接收一个 Level 对象和一个显示构造函数并返回一个 promise。它显示关卡（在 document.body 中）并让用户播放它。当关卡结束（输了或赢了）时，runLevel 会等待一秒钟（让用户看发生了什么），然后清除显示，停止动画，并用游戏结束状态来解决这个 promise。

```
function runLevel(level, Display) {
  let display = new Display(document.body, level);
  let state = State.start(level);
  let ending = 1;
  return new Promise(resolve => {
    runAnimation(time => {
      state = state.update(time, arrowKeys);
      display.syncState(state);
      if (state.status == "playing") {
        return true;
      } else if (ending > 0) {
        ending -= time;
        return true;
      } else {
        display.clear();
        resolve(state.status);
        return false;
      }
    });
  });
}
```

本游戏是由一系列关卡组成的。每当玩家死亡时，就从当前关卡重新开始。当一个关卡完成后，我们将进入下一个关卡。这可以通过以下函数表示，此函数需要传入关卡地形图（字符串）的数组和显示器构造函数：

```
async function runGame(plans, Display) {
  for (let level = 0; level < plans.length;) {
    let status = await runLevel(new Level(plans[level]),
                                Display);
    if (status == "won") level++;
  }
  console.log("You've won!");
}
```

因为我们使 runLevel 返回一个 promise，所以 runGame 可以使用异步函数编写，如第 11 章所示。它返回另一个 promise，当游戏结束时它会解决。

在本章的沙盒（https://eloquentjavascript.net/code#16）中，GAME_LEVELS 绑定中提供了一组关卡平面图。下面这个页面将它们提供给 runGame，以开始一个真正的游戏。

```
<link rel="stylesheet" href="css/game.css">
```

```
<body>
  <script>
    runGame(GAME_LEVELS, DOMDisplay);
  </script>
</body>
```

16.12 习题

1. 游戏结束

这种平台游戏的惯例是让玩家开始时有有限数量的生命并且每次死亡时都会减去一条命。当玩家失去所有生命时，游戏将重新开始。

调整 runGame 以实现生命功能。玩家从 3 条命开始。每次关卡开始时都输出当前的生命数（使用 console.log）。

2. 暂停游戏

按下 ESC 键可以暂停（挂起）和继续游戏。

这可以通过更改 runLevel 函数以使用另一个键盘事件处理程序并在按下 ESC 键时中断或恢复动画来完成。

runAnimation 接口看起来可能不适合这项任务，但是如果你重新排列 runLevel 调用它的方式，还是可以实现的。

如果你完成了这项任务，你还可以尝试其他的东西。我们注册键盘事件处理程序的方式有些问题。arrowKeys 对象当前是一个全局绑定，即使没有游戏运行，它的事件处理程序也会被保留。你可以说它们泄漏了我们的系统。扩展 trackKeys 以提供取消注册其处理程序的方法，然后更改 runLevel 以在其启动时注册处理程序，并在结束时再次取消对它们的注册。

3. 一头怪兽

对于平台游戏而言，一般都会包含可以让你跳到他们头上来击败他们的敌人。此练习要求你将这样的演员类型添加到游戏中。

我们称之为怪兽。怪兽只能水平移动。你可以让它们朝着玩家的方向移动，像水平熔岩一样来回巡游，或者拥有你想要的任何移动模式。这个移动模式不必处理下落，但应该确保怪兽不会穿过墙壁。

当怪兽碰到玩家时，效果取决于玩家是否跳到怪兽头上。你可以通过检查玩家的底部是否接近怪兽的顶部来估计这一点。如果玩家跳到怪兽头上，怪兽就会消失。如果玩家接触了怪兽其他部位，就会输掉游戏。

第 17 章 | *Chapter 17*

在画布上绘图

浏览器为我们提供了多种显示图形的方法。最简单的方法是使用样式来对常规 DOM 元素进行定位和着色。这可以实现很多功能，正如前一章中的游戏所示。通过向节点添加部分透明的背景图像，我们可以让它们看起来完全符合我们的要求。甚至可以使用 transform 样式来旋转或倾斜节点。

但我们还会将 DOM 用于超出它最初目标的东西。某些任务（例如在任意点之间绘制一条线），用常规 HTML 元素非常难以处理。

对此有两种选择。第一种是基于 DOM 但使用可缩放矢量图形（SVG）而不是 HTML。将 SVG 视为一种文档标记方言，它侧重于形状而不是文本。你可以直接在 HTML 文档中嵌入 SVG 文档或用 <img> 标签包含它。

第二种选择称为画布。画布是封装图片的单个 DOM 元素。它提供了一个编程接口，用于将形状绘制到节点占用的空间上。画布和 SVG 图片之间的主要区别在于，在 SVG 中保留了形状的原始描述，以便可以随时移动或调整它们的大小。画布在绘制形状时立刻将其转换为像素（栅格上的彩色点），一旦它们被绘制，画布就不记得这些像素代表什么。在画布上移动某个形状的唯一方法是清除画布（或形状周围的部分画布），并将形状重新绘制到新位置。

17.1 SVG

本书不会详细介绍 SVG，但我将简要介绍它的工作方式。在 17.12 节，在决定哪种绘图机制适用于给定的应用程序时，我将回过头来详细分析所必须考虑的权衡。

这是一个 HTML 文档，其中包含一个简单的 SVG 图片：

```
<p>Normal HTML here.</p>
<svg xmlns="http://www.w3.org/2000/svg">
  <circle r="50" cx="50" cy="50" fill="red"/>
  <rect x="120" y="5" width="90" height="90"
        stroke="blue" fill="none"/>
</svg>
```

xmlns 属性将元素（及其子元素）更改为其他 XML 命名空间。这个命名空间由 URL 标识，指定了我们当前正在用的方言。HTML 中不存在的 `<circle>` 和 `<rect>` 标签在 SVG 中有意义——它们使用其属性指定的样式和位置绘制形状。

此文档的显示效果如下：

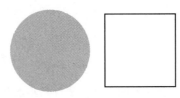

Normal HTML here.

这些标签就像 HTML 标签一样，创建 DOM 元素，脚本可以与之交互。例如，下面的语句会将 `<circle>` 元素更改为青色：

```
let circle = document.querySelector("circle");
circle.setAttribute("fill", "cyan");
```

17.2 画布元素

画布图形可以绘制到 `<canvas>` 元素上。你可以给这样的元素设置 width 和 height 属性，以确定其大小（以像素为单位）。

新画布是空的，这意味着它完全透明，因此在文档中显示为空白区域。

`<canvas>` 标签旨在允许用不同的样式绘图。要访问实际的绘图接口，我们首先需要创建一个上下文（context），它是一个对象，其方法提供绘图接口。目前有两种广受支持的绘图样式：用于二维图形的 "2d" 和用于通过 OpenGL 接口的三维图形的 "webgl"。

本书不讨论 WebGL，我们将专注于二维图形。但如果你对三维图形感兴趣，我鼓励你研究一下 WebGL。它提供了与图形硬件的直接接口，允许你使用 JavaScript 有效地渲染复杂的场景。

你可以使用 `<canvas>` DOM 元素上的 getContext 方法创建上下文。

```
<p>Before canvas.</p>
<canvas width="120" height="60"></canvas>
```

```
<p>After canvas.</p>
<script>
  let canvas = document.querySelector("canvas");
  let context = canvas.getContext("2d");
  context.fillStyle = "red";
  context.fillRect(10, 10, 100, 50);
</script>
```

此示例创建上下文对象后，绘制了一个 100 像素宽，50 像素高的红色矩形，其左上角位于坐标（10，10）处。

Before canvas.

After canvas.

就像在 HTML（和 SVG）中一样，画布使用的坐标系（0，0）在左上角，而 y 轴正方向由此向下。所以（10，10）在左上角的右下方 10 个像素处。

17.3　线和面

在画布接口中，形状可以被填充（这意味着其区域具有某种颜色或图案），或者可以进行描边（这意味着沿着其边缘绘制线条）。SVG 使用相同的术语。

fillRect 方法用于填充矩形。它的参数首先是矩形左上角的 x 坐标和 y 坐标，然后是宽度和高度。类似的方法 strokeRect 用于绘制矩形的轮廓。

这两个方法都不需要任何其他参数。填充的颜色、笔画的粗细等不是由方法的参数决定的（正如你可能合理推测的那样），而是由上下文对象的属性决定的。

fillStyle 属性控制填充形状的方式。可以使用 CSS 使用的颜色表示法将其设置为用于指定颜色的字符串。

strokeStyle 属性的工作方式类似，但它决定的是用于描边线的颜色。线的宽度由 lineWidth 属性决定，此属性可能为任意正数。

```
<canvas></canvas>
<script>
  let cx = document.querySelector("canvas").getContext("2d");
  cx.strokeStyle = "blue";
  cx.strokeRect(5, 5, 50, 50);
  cx.lineWidth = 5;
  cx.strokeRect(135, 5, 50, 50);
</script>
```

此代码绘制两个正方形，第二个使用较粗的线。

如本例所示，如果未指定 width 或 height 属性，canvas 元素的默认宽度为 300 像素，高度为 150 像素。

17.4　路径

路径是一系列线条。2D 画布接口采用一种特殊的方法来描述这样的路径。这完全是通过副作用完成的。路径不是可以存储和传递的值。相反，如果要对路径执行某些操作，则需要执行一系列方法调用来描述其形状。

```
<canvas></canvas>
<script>
  let cx = document.querySelector("canvas").getContext("2d");
  cx.beginPath();
  for (let y = 10; y < 100; y += 10) {
    cx.moveTo(10, y);
    cx.lineTo(90, y);
  }
  cx.stroke();
</script>
```

此示例创建一个具有多条水平线段的路径，然后使用 stroke 方法对其进行描边。使用 lineTo 创建的每个线段都从路径的当前位置开始。除非调用 moveTo，当前位置通常是上一个线段的结尾。在调用 moveTo 的情况下，下一个线段将从传递给 moveTo 的位置开始。

上一个程序描述的路径如下所示：

填充路径时（使用 fill 方法），每个形状都会被单独填充。路径可以包含多个形状——每个 moveTo 动作开始一个新形状。但是在填充之前，路径需要被封闭（意味着它的起点和终点处于相同的位置）。如果路径尚未封闭，则从其终点添加一条线段到其起点，并填充形成的路径所包围的形状。

```
<canvas></canvas>
<script>
  let cx = document.querySelector("canvas").getContext("2d");
  cx.beginPath();
  cx.moveTo(50, 10);
  cx.lineTo(10, 70);
  cx.lineTo(90, 70);
  cx.fill();
</script>
```

此示例绘制一个填充三角形。请注意，程序只明确绘制了三角形的两条边。从右下角回到顶部的第三条边是隐含的，当你对路径进行描边时，它不会显示在那里。

你还可以使用 closePath 方法添加一条返回路径的开头的实际线段来显式封闭路径。这样在对路径进行描边时将会绘制此线段。

17.5　曲线

路径也可以包含曲线。麻烦的是，绘制曲线涉及更多操作。

quadraticCurveTo 方法将曲线绘制到给定点。为了确定线的曲率，要给此方法提供控制点和目标点。想象一下，这个控制点吸引了这条线，给出它的曲线。该曲线不会通过控制点，但它在起点和终点的方向将使得该方向上的直线指向控制点。以下示例说明了这一点：

```
<canvas></canvas>
<script>
  let cx = document.querySelector("canvas").getContext("2d");
  cx.beginPath();
  cx.moveTo(10, 90);
  // control=(60,10) goal=(90,90)
  cx.quadraticCurveTo(60, 10, 90, 90);
  cx.lineTo(60, 10);
  cx.closePath();
  cx.stroke();
</script>
```

它生成一个如下所示的路径：

我们从左到右绘制一条二次曲线，以（60，10）作为控制点，然后绘制两条线段，它们通过该控制点并返回到曲线的起点。结果有点像星际迷航徽章。你可以看到控制点的效果：离开下角的线向着控制点的方向出发，朝向目标弯曲。

bezierCurveTo 方法绘制了类似的曲线。这个曲线对于每个线路的端点都有两个控制点，而不是单个控制点。下面是一个说明这种曲线行为的类似草图：

```
<canvas></canvas>
<script>
  let cx = document.querySelector("canvas").getContext("2d");
  cx.beginPath();
  cx.moveTo(10, 90);
  // control1=(10,10) control2=(90,10) goal=(50,90)
  cx.bezierCurveTo(10, 10, 90, 10, 50, 90);
  cx.lineTo(90, 10);
  cx.lineTo(10, 10);
  cx.closePath();
  cx.stroke();
</script>
```

两个控制点指定曲线两端的方向。离它们的相应点越远，曲线就越朝那个方向"凸出"。

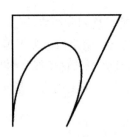

这样的曲线很难处理，如何找到能够得出你正在寻找的形状的控制点并不总是很清楚。有时你可以把它们计算出来，有时你需要反复试验来找到合适的值。

arc 方法是一种绘制会沿圆的边缘弯曲的线的方法。它需要一对弧的中心坐标、一个半径，以及起始角和终止角。

最后两个参数可以仅绘制圆的一部分。角度以弧度而非度数来度量。这意味着整个圆的角度为 2π，或 2*Math.PI，约为 6.28。角度从位于圆中心点右侧的点开始计算，然后从那里顺时针旋转。你可以以 0 为起点，以大于 2π（例如 7）的数为终点，画一个完整的圆。

```
<canvas></canvas>
<script>
  let cx = document.querySelector("canvas").getContext("2d");
  cx.beginPath();
  // center=(50,50) radius=40 angle=0 to 7
  cx.arc(50, 50, 40, 0, 7);
  // center=(150,50) radius=40 angle=0 to 1/2 pi
  cx.arc(150, 50, 40, 0, 0.5 * Math.PI);
  cx.stroke();
</script>
```

生成的图片包含从整圆右侧（第一次调用 arc）到四分之一圆（第二次调用）右侧的一条线段。与其他路径绘制方法一样，使用 arc 绘制的线连接到前一个路径段。你可以调用 moveTo 或启动新路径来避免这种情况。

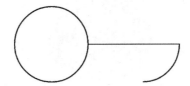

17.6　绘制饼图

设想一下，你刚刚在 EconomiCorp 公司找到了一份工作，你的第一个任务就是绘制一份客户满意度调查结果的饼图。

results 绑定包含表示调查反馈的对象数组。

```
const results = [
  {name: "Satisfied", count: 1043, color: "lightblue"},
  {name: "Neutral", count: 563, color: "lightgreen"},
  {name: "Unsatisfied", count: 510, color: "pink"},
  {name: "No comment", count: 175, color: "silver"}
];
```

为了绘制饼图，我们绘制了许多饼状切片，每个切片都由一段弧线和一对连接弧线端点与该弧线的中心点的线段组成。我们可以通过将一个完整的圆（2π）除以反馈的总数，然后把该数（每个反馈的角度）乘以选择某选项的人数来计算每个弧占用的角度。

```
<canvas width="200" height="200"></canvas>
<script>
  let cx = document.querySelector("canvas").getContext("2d");
  let total = results
    .reduce((sum, {count}) => sum + count, 0);
  // 从顶部开始
  let currentAngle = -0.5 * Math.PI;
  for (let result of results) {
    let sliceAngle = (result.count / total) * 2 * Math.PI;
```

```
        cx.beginPath();
        // center=100,100, radius=100
        //从当前角度，顺时针旋转切片的度数
        cx.arc(100, 100, 100,
                currentAngle, currentAngle + sliceAngle);
        currentAngle += sliceAngle;
        cx.lineTo(100, 100);
        cx.fillStyle = result.color;
        cx.fill();
    }
</script>
```

这绘制了以下图表：

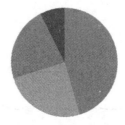

但是没有告诉我们切片含义的图表并不是很有用。我们需要一种方法来将文本绘制到画布上。

17.7 文本

2D 画布绘图上下文提供了 fillText 和 strokeText 方法。后者可用于勾画字母轮廓，但通常 fillText 是你需要的。它将使用当前的 fillStyle 填充给定文本的轮廓。

```
<canvas></canvas>
<script>
  let cx = document.querySelector("canvas").getContext("2d");
  cx.font = "28px Georgia";
  cx.fillStyle = "fuchsia";
  cx.fillText("I can draw text, too!", 10, 50);
</script>
```

你可以使用 font 属性指定文本的大小、样式和字体。此示例仅提供字体大小和系列名称。也可以在字体字符串的开头添加 italic（斜体）或 bold（粗体）以选择样式。[注]

fillText 和 strokeText 的最后两个参数提供了绘制字体的位置。默认情况下，它们指示文本的字母基线开始的位置，即字母所"站"的线，不计算 j 或 p 等字母的悬挂部分。你可以通过将 textAlign 属性设置为 "end" 或 "center" 来更改水平位置，并通过将 textBaseline

---

⊖　比如 cx.font = "italic bold 28px Georgia"。——译者注

设置为 "top" "middle" 或 "bottom" 来更改垂直位置。

我们将在本章末尾的练习中回到我们的饼图，以及标记切片的问题。

17.8　图片

在计算机图形学中，通常要对矢量图形和位图图形进行区分。第一个是我们到目前为止在本章中所做的工作——通过给出形状的逻辑描述来指定图片。与此相反，位图图形不指定实际形状，而是使用像素数据（彩色点组成的光栅）。

drawImage 方法允许我们将像素数据绘制到画布上。此像素数据可以来自 `<img>` 元素或来自另一个画布。以下示例创建一个分离的 `<img>` 元素并将图像文件加载到其中。但它不能立即从根据这张图片开始绘制，因为浏览器可能尚未加载它。为了解决这个问题，我们注册了一个 "load" 事件处理程序，并在图像加载后执行绘图。

```
<canvas></canvas>
<script>
  let cx = document.querySelector("canvas").getContext("2d");
  let img = document.createElement("img");
  img.src = "img/hat.png";
  img.addEventListener("load", () => {
    for (let x = 10; x < 200; x += 30) {
      cx.drawImage(img, x, 10);
    }
  });
</script>
```

默认情况下，drawImage 将以原始大小绘制图像。你还可以为其设置两个额外的参数来设置不同的宽度和高度。

当 drawImage 被赋予九个参数时，它可以用于仅绘制图像的片段。第 2 ～ 5 个参数表明源图像中应该复制的矩形（x、y、宽度和高度），第 6 ～ 9 个参数给出应该复制到的矩形（在画布上）。

这可以用于将多个精灵（图像元素）打包到单个图像文件中，然后仅绘制你需要的部分。例如，我们这张照片包含多个姿势的游戏角色：

通过交替我们绘制的姿势，我们可以显示看起来像角色行走的动画。

要在画布上绘制图片的动画，clearRect 方法很有用。它类似于 fillRect，但它不是对矩形着色，而是删除先前绘制的像素，使矩形透明。

我们知道每个精灵（即每个子画面）宽 24 像素，高 30 像素。以下代码加载图像，然后设置间隔（重复计时器）以绘制下一帧：

```
<canvas></canvas>
<script>
  let cx = document.querySelector("canvas").getContext("2d");
  let img = document.createElement("img");
  img.src = "img/player.png";
  let spriteW = 24, spriteH = 30;
  img.addEventListener("load", () => {
    let cycle = 0;
    setInterval(() => {
      cx.clearRect(0, 0, spriteW, spriteH);
      cx.drawImage(img,
                   // 源矩形
                   cycle * spriteW, 0, spriteW, spriteH,
                   //目标矩形
                   0,               0, spriteW, spriteH);
      cycle = (cycle + 1) % 8;
    }, 120);
  });
</script>
```

cycle 绑定跟踪我们在动画中的位置。对于每个帧，它会递增，然后使用余数运算符修剪，回到 0 到 7 的范围。之后使用此绑定来计算当前姿势的子画面在图片中具有的 x 坐标。

17.9　转换

但是如果我们希望我们的角色向左走而不是向右走呢？当然，我们可以绘制另一组子画面。但我们也可以指示画布反过来绘制图片。

调用 scale 方法将导致任何内容在按比例尺调整大小后被绘制。此方法有两个参数，一个用于设置水平比例尺，另一个用于设置垂直比例尺。

```
<canvas></canvas>
<script>
  let cx = document.querySelector("canvas").getContext("2d");
  cx.scale(3, .5);
  cx.beginPath();
  cx.arc(50, 50, 40, 0, 7);
  cx.lineWidth = 3;
  cx.stroke();
</script>
```

由于调用了 scale，圆被绘制成三倍宽和一半高。

按比例尺调整大小将导致绘制图像的所有内容（包括线宽）按指定方式拉伸或挤压在一起。按负数换算会使图片翻转。翻转发生在点（0，0）周围，这意味着它也将翻转坐标系的方向。当采用水平比例尺 –1 时，在 x 为 100 的位置绘制的形状将最终画在以前的 –100 位置。

因此，为了转换图片，我们不能简单地在调用 drawImage 之前添加 cx.scale(-1,1)，因为这会将我们的图片移到画布之外，而在那里它将不可见。你可以调整提供给 drawImage 的坐标，通过在 x 为 –50 的位置而不是 0 的位置绘制图像来补偿这个问题。另一个解决方案是按照比例尺变化来调整轴，此法不需要绘图的代码了解比例尺变化。

除了按比例尺调整大小之外，还有其他几种方法会影响画布的坐标系。你可以使用 rotate 方法来旋转随后绘制的形状，并使用 translate 方法移动它们。有趣且令人困惑的是，这些转换叠加在一起，意味着每个转换都相对于先前的转换发生。

因此，如果我们移动 10 个水平像素两次，则会把所有内容向右移动 20 像素后绘制。如果我们首先将坐标系的中心移动到（50，50）然后旋转 20 度（大约 0.1π 弧度），那么旋转将发生在点（50，50）附近。

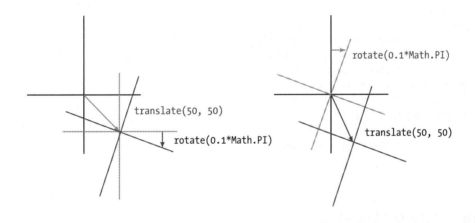

但是如果我们首先旋转 20 度然后平移到（50，50），则平移将发生在旋转后的坐标系中，从而产生不同的方向。转换的顺序很重要。

要在给定 x 位置围绕垂直线翻转图片，我们可以执行以下操作：

```
function flipHorizontally(context, around) {
  context.translate(around, 0);
  context.scale(-1, 1);
  context.translate(-around, 0);
}
```

我们将 y 轴移动到想要放置镜子的位置，采取镜像，最后将 y 轴移回镜像的世界中的适当位置。下图说明了为什么会这样。

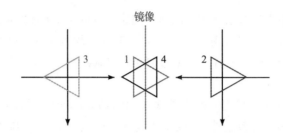

这显示了沿中心线镜像之前和之后的坐标系。对这些三角形编号以说明每个步骤。如果我们在正的 *x* 位置绘制三角形，默认情况下，它将位于三角形 1 所在的位置。对 flipHorizontally 的调用首先进行向右平移，得到三角形 2。然后按比例尺调整大小，将三角形翻转到位置 3。如果它按照给定的直线作镜像，则位置 3 不应该是它应该在的位置。第二个 translate 调用解决了这个问题——它"取消"了初始平移，并使三角形 4 恰好出现在它应该在的位置。

我们现在可以通过在角色的垂直中心周围翻转所有东西来在位置（100，0）处绘制一个镜像角色。

```
<canvas></canvas>
<script>
  let cx = document.querySelector("canvas").getContext("2d");
  let img = document.createElement("img");
  img.src = "img/player.png";
  let spriteW = 24, spriteH = 30;
  img.addEventListener("load", () => {
    flipHorizontally(cx, 100 + spriteW / 2);
    cx.drawImage(img, 0, 0, spriteW, spriteH,
                 100, 0, spriteW, spriteH);
  });
</script>
```

17.10 存储和清除转换

转换是叠加在一起的。绘制镜像角色后我们绘制的所有其他内容也将被镜像。这可能有些不方便。

可以保存当前转换，进行一些绘制和转换，然后恢复旧转换。对于需要暂时转换坐标系的函数来说，这通常是正确的做法。首先，我们保存调用此函数的代码所使用的任何转换。然后运行函数，在当前转换之上添加更多转换。最后，我们返回一开始的转换。

2D 画布上下文中的 save 和 restore 方法执行此转换管理。它们在概念上保留了一堆转换状态。当你调用 save 时，当前状态被压入栈，当你调用 restore 时，栈顶部的状态将被取消并用作上下文的当前转换。你也可以调用 resetTransform 来完全重置转换。

以下示例中的 branch 函数说明了使用函数更改转换然后调用函数（在本例中为它自身）

可以执行的操作，此函数将继续使用给定的转换进行绘制。

此函数通过绘制线条然后移动坐标系的中心到线的末端来绘制树状形状，然后调用自身两次（先向左旋转然后向右旋转）。每次调用都会减少绘制分支的长度（减少到原来的0.8），并且会在长度小于 8 时停止递归。

```html
<canvas width="600" height="300"></canvas>
<script>
  let cx = document.querySelector("canvas").getContext("2d");
  function branch(length, angle, scale) {
    cx.fillRect(0, 0, 1, length);
    if (length < 8) return;
    cx.save();
    cx.translate(0, length);
    cx.rotate(-angle);
    branch(length * scale, angle, scale);
    cx.rotate(2 * angle);
    branch(length * scale, angle, scale);
    cx.restore();
  }
  cx.translate(300, 0);
  branch(60, 0.5, 0.8);
</script>
```

结果是一个简单的分形图形。

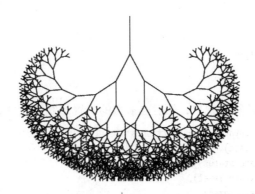

如果不存在对 save 和 restore 的调用，则对分支的第二次递归调用将以第一次调用创建的位置和旋转结束。它不会连接到当前分支，而是连接到第一个调用绘制的最里面、最右侧的分支。由此产生的形状也可能很有趣，但它绝对不是树状的。

17.11 回到游戏

我们现在对画布绘图有了足够的了解，可以开始使用基于画布的显示系统来编写前一章的游戏了。新的显示将不只是显示彩色框。相反，我们将使用 drawImage 来绘制代表游戏元素的图片。

我们定义另一个名为 CanvasDisplay 的显示对象类型，它支持与 16.7 节中的 DOMDisplay 相同的接口，即 syncState 和 clear 方法。

此对象比 DOMDisplay 保留更多信息。除了使用其 DOM 元素的滚动位置，它还跟踪自己的视口，这告诉我们当前正在查看哪部分关卡。最后，它保留了一个 flipPlayer 属性，这样即使玩家静止不动，它仍然面对它最后移向的方向。

```
class CanvasDisplay {
  constructor(parent, level) {
    this.canvas = document.createElement("canvas");
    this.canvas.width = Math.min(600, level.width * scale);
    this.canvas.height = Math.min(450, level.height * scale);
    parent.appendChild(this.canvas);
    this.cx = this.canvas.getContext("2d");

    this.flipPlayer = false;

    this.viewport = {
      left: 0,
      top: 0,
      width: this.canvas.width / scale,
      height: this.canvas.height / scale
    };
  }

  clear() {
    this.canvas.remove();
  }
}
```

syncState 方法首先计算新视口，然后在适当的位置绘制游戏场景。

```
CanvasDisplay.prototype.syncState = function(state) {
  this.updateViewport(state);
  this.clearDisplay(state.status);
  this.drawBackground(state.level);
  this.drawActors(state.actors);
};
```

与 DOMDisplay 相反，此显示样式必须在每次更新时重绘背景。因为画布上的形状只是像素，所以在我们绘制它们之后没有好的方法来移动它们（或删除它们）。更新画布显示的唯一方法是清除它并重绘场景。画面也可能已滚动，这需要背景处于不同的位置。

updateViewport 方法类似于 DOMDisplay 的 scrollPlayerIntoView 方法。它会检查玩家是否太靠近屏幕边缘并在这种情况下移动视口。

```
CanvasDisplay.prototype.updateViewport = function(state) {
  let view = this.viewport, margin = view.width / 3;
  let player = state.player;
```

```
    let center = player.pos.plus(player.size.times(0.5));

    if (center.x < view.left + margin) {
      view.left = Math.max(center.x - margin, 0);
    } else if (center.x > view.left + view.width - margin) {
      view.left = Math.min(center.x + margin - view.width,
                           state.level.width - view.width);
    }
    if (center.y < view.top + margin) {
      view.top = Math.max(center.y - margin, 0);
    } else if (center.y > view.top + view.height - margin) {
      view.top = Math.min(center.y + margin - view.height,
                          state.level.height - view.height);
    }
};
```

对 Math.max 和 Math.min 的调用确保视口不会显示关卡之外的空间。Math.max(x,0) 确保结果数不小于零。Math.min 同样保证值保持在给定范围之内。

清除显示屏时，我们将使用稍微不同的颜色，具体取决于玩家是赢（较亮）还是输（较暗）。

```
CanvasDisplay.prototype.clearDisplay = function(status) {
  if (status == "won") {
    this.cx.fillStyle = "rgb(68, 191, 255)";
  } else if (status == "lost") {
    this.cx.fillStyle = "rgb(44, 136, 214)";
  } else {
    this.cx.fillStyle = "rgb(52, 166, 251)";
  }
  this.cx.fillRect(0, 0,
                   this.canvas.width, this.canvas.height);
};
```

为了绘制背景，我们使用与上一章 touch 方法中相同的技巧，来遍历当前视口中可见的墙砖。

```
let otherSprites = document.createElement("img");
otherSprites.src = "img/sprites.png";

CanvasDisplay.prototype.drawBackground = function(level) {
  let {left, top, width, height} = this.viewport;
  let xStart = Math.floor(left);
  let xEnd = Math.ceil(left + width);
  let yStart = Math.floor(top);
  let yEnd = Math.ceil(top + height);

  for (let y = yStart; y < yEnd; y++) {
    for (let x = xStart; x < xEnd; x++) {
      let tile = level.rows[y][x];
      if (tile == "empty") continue;
      let screenX = (x - left) * scale;
```

```
    let screenY = (y - top) * scale;
    let tileX = tile == "lava" ? scale : 0;
    this.cx.drawImage(otherSprites,
                      tileX,        0, scale, scale,
                      screenX, screenY, scale, scale);
    }
  }
};
```

使用 drawImage 绘制非空的墙砖。otherSprites 图像包含用于玩家以外的元素的图片。它从左到右分别包含墙砖、熔岩块和硬币子画面。

因为我们将使用与 DOMDisplay 中相同的比例，所以背景图块是 20 × 20 像素。因此，熔岩块的偏移量为 20（scale 绑定的值），墙壁的偏移量为 0。

我们不费心等待子画面图像加载。使用尚未加载的图像调用 drawImage 不起作用。因此，我们可能无法在前几帧正确绘制游戏，因为图像仍在加载，但这不是一个严重的问题。由于我们不断更新屏幕，因此图像加载完成后将立即显示正确的场景。

前面显示的步行角色将用于表示玩家。绘制它的代码需要根据玩家当前的动作选择正确的子画面和方向。前八个子画面包含一个步行动画。当玩家沿着地板移动时，我们会根据当前时间循环显示它们。我们想每 60 毫秒切换一次帧，所以时间先要除以 60。当玩家静止不动时，我们绘制第九个子画面。在跳跃期间，我们使用最右侧的第十个子画面来表示垂直速度不为零的状态。

因为子画面稍微宽于玩家对象——为了给脚和手臂留出一些空间它的宽度是 24 而不是 16 像素，所以使用此方法必须根据给定量调整 x 坐标和宽度（playerXOverlap）。

```
let playerSprites = document.createElement("img");
playerSprites.src = "img/player.png";
const playerXOverlap = 4;

CanvasDisplay.prototype.drawPlayer = function(player, x, y,
                                              width, height){
  width += playerXOverlap * 2;
  x -= playerXOverlap;
  if (player.speed.x != 0) {
    this.flipPlayer = player.speed.x < 0;
  }

  let tile = 8;
  if (player.speed.y != 0) {
    tile = 9;
```

```
  } else if (player.speed.x != 0) {
    tile = Math.floor(Date.now() / 60) % 8;
  }

  this.cx.save();
  if (this.flipPlayer) {
    flipHorizontally(this.cx, x + width / 2);
  }
  let tileX = tile * width;
  this.cx.drawImage(playerSprites, tileX, 0, width, height,
                                  x,     y, width, height);
  this.cx.restore();
};
```

drawplayer 方法由 drawActors 调用，drawActors 负责绘制游戏中的所有角色。

```
CanvasDisplay.prototype.drawActors = function(actors) {
  for (let actor of actors) {
    let width = actor.size.x * scale;
    let height = actor.size.y * scale;
    let x = (actor.pos.x - this.viewport.left) * scale;
    let y = (actor.pos.y - this.viewport.top) * scale;
    if (actor.type == "player") {
      this.drawPlayer(actor, x, y, width, height);
    } else {
      let tileX = (actor.type == "coin" ? 2 : 1) * scale;
      this.cx.drawImage(otherSprites,
                        tileX, 0, width, height,
                        x,     y, width, height);
    }
  }
};
```

在绘制不是玩家的物体时，我们会查看其类型以找到它相对于子画面的正确偏移量。熔岩块在偏移量为 20 处找到，硬币在 40（2 倍的偏移）处找到。

我们必须在计算角色的位置时减去视口的位置，因为画布上的（0，0）对应于视口的左上角，而不是关卡的左上角。我们也可以使用 translate 做这件事。无论哪种方式都有效。

新的显示系统编写结束了。由此产生的游戏画面如下图所示。

17.12　选择图形界面

因此，当你需要在浏览器中生成图形时，你可以在纯 HTML、SVG 和画布之间进行选择。没有一种适用于所有情况的最佳方法。每个选项都有其优点和缺点。

纯 HTML 的优点是简单。它还能与文本很好地集成。SVG 和画布都允许你绘制文本，但它们无法帮助你定位文本或在文本占用多行时将其换行。在基于 HTML 的图片中，包含文本块要容易得多。

SVG 可用于生成在任何缩放倍数下都很美观的清晰图形。与 HTML 不同，它专为绘图而设计，因此更适合于此目的。

SVG 和 HTML 都构建了一个表示图片的数据结构（DOM）。这使得在绘制元素后可以对其进行修改。如果你需要反复修改一大张图片的一小部分，用来响应用户正在做什么，或把它作为动画的一部分，在画布中执行它的成本可能高得离谱。DOM 还允许我们在图片中的每个元素上（甚至在使用 SVG 绘制的形状上）注册鼠标事件处理程序。你不能用画布做到这一点。

但是，在绘制大量微小元素时，画布的面向像素的方法可能是一个优势。它不构建数据结构，而只是重复绘制到同一像素表面，这使得画布处理每个形状的成本更低。

还有一些效果，比如一次渲染一个像素的场景（例如，使用光线跟踪器）或使用 JavaScript 对图像进行后处理（模糊或扭曲），这实际上只能通过基于像素的方法处理。

在某些情况下，你可能希望综合运用这些技术。例如，你可以使用 SVG 或画布绘制图形，但通过在图片顶部放置 HTML 元素来显示文本信息。

对于要求不太高的应用程序，你选择哪个界面并不重要。我们在本章中为游戏构建的显示系统可以使用这三种图形技术中的任何一种来实现，因为它不需要绘制文本和处理鼠标交互，也没有使用非常多的元素。

17.13　小结

在本章中，我们讨论了在浏览器中绘制图形的技术，重点是 <canvas> 元素。

画布节点表示我们的程序可以在上面进行绘制的文档中的区域。这种绘图通过使用 getContext 方法创建的绘图上下文对象完成。

2D 绘图接口允许我们填充和勾勒各种形状。上下文的 fillStyle 属性确定如何填充形状。strokeStyle 和 lineWidth 属性控制绘制线条的方式。

可以使用单个方法调用绘制矩形和文本片段。fillRect 和 strokeRect 方法绘制矩形，fillText 和 strokeText 方法绘制文本。要创建自定义形状，我们必须首先构建一个路径。

调用 beginPath 会启动一条新路径。许多其他方法都将直线和曲线添加到当前路径。例如，lineTo 可以添加一条直线。路径完成后，可以使用 fill 方法填充，也可以使用 stroke

方法进行描边。

　　使用 drawImage 方法可以将图像或其他画布上的像素移动到画布上。默认情况下，此方法绘制整个源图像，但通过为其提供更多参数，你可以复制图像的特定区域。我们通过从包含游戏角色许多种姿势的图像中复制它的个别姿势来将其用于我们的游戏。

　　转换允许你以多个方向绘制形状。2D 绘图上下文可以使用 translate、scale 和 rotate 方法更改当前转换。这些将影响所有后续的绘图操作。可以使用 save 方法保存当前转换的状态，并使用 restore 方法进行恢复。

　　在画布上显示动画时，clearRect 方法可用于在重绘之前清除画布部分区域。

17.14　习题

1. 形状

编写一个在画布上绘制以下形状的程序：

（1）梯形（一边更宽的四边形）

（2）红色菱形（旋转 45 度或 π/4 弧度的矩形）

（3）折线

（4）由 100 条线段组成的螺旋形

（5）一颗黄星

　　在绘制最后两个形状时，你可能需要参考 14.13 节中对 Math.cos 和 Math.sin 的说明，其中介绍了如何使用这些函数来获取圆上的坐标。

　　我建议为每个形状都分别创建一个函数。用参数传递位置，以及可选的其他属性，例如大小或点数。另一种方法是对代码中的数字进行硬编码，但这会使代码难以阅读和修改。

2. 饼图

　　在 17.6 节中，我们见到了一个绘制饼图的示例程序。修改此程序，以便在表示它的切片旁边显示每个类别的名称。试着找出一个美观的自动定位此文本的方法，使之也适用于其他数据集。你可以假设类别足够大，可以为标签留出足够的空间。

　　你可能需要再次使用 Math.sin 和 Math.cos，这些都在 14.13 节中描述过了。

3. 一个弹跳球

　　使用我们在第 14 章和第 16 章中看到的 requestAnimationFrame 技术绘制一个带有弹跳

球的盒子。球以恒定的速度移动并在碰到盒子的两侧时反弹。

4. 预计算镜像

关于转换的一个令人遗憾的事情是它们减慢了位图的绘制速度。每个像素的位置和大小都必须进行转换，尽管浏览器未来有可能在转换方面变得更聪明，但目前它们会导致绘制位图所需的时间明显增加。

在示例游戏中，我们只绘制一个转换后的子画面，这不成问题。但设想一下，我们需要从爆炸中抽取数百个字符或数千个旋转粒子的情况。

思考一种允许我们绘制倒置角色的方法，要求既不需要加载其他图像文件，也不必在每一帧调用转换后的 drawImage。

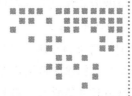

第 18 章 *Chapter 18*

HTTP 和表单

在第 13 章提到过的超文本传输协议,是在万维网上请求并提供数据的机制。本章更详细地描述了此协议,并解释了浏览器 JavaScript 访问它的方式。

18.1 协议

如果你在浏览器的地址栏中键入 eloquentjavascript.net/18_http.html,浏览器首先会查找与 eloquentjavascript.net 关联的服务器的地址,并尝试在端口 80 上打开与其建立的 TCP 连接,这是 HTTP 流量的默认端口。如果服务器存在并接受连接,浏览器可能会发送如下内容:

```
GET /18_http.html HTTP/1.1
Host: eloquentjavascript.net
User-Agent:你的浏览器名称
```

然后服务器通过相同的连接进行响应。

```
HTTP/1.1 200 OK
Content-Length: 65585
Content-Type: text/html
Last-Modified: Mon, 07 Jan 2019 10:29:45 GMT

<!doctype html>
···文件的其余部分
```

浏览器将响应中空白行后面的正文(body)(不要与 HTML `<body>` 标签混淆)取出,并将其显示为 HTML 文档。

客户端发送的信息称为请求（request）。它从这一行开始：

GET /18_http.html HTTP/1.1

第一个单词是请求的方法。GET 意味着我们想要获取指定的资源。其他的常用方法还有删除资源的 DELETE、创建或替换资源的 PUT，以及向其发送信息的 POST。请注意，服务器没有义务执行它收到的每个请求。如果你输入一个随机的网站并要求删除它的主页面，服务器很可能会拒绝。

方法名后面的部分是请求应用的资源的路径。在最简单的情况下，资源就是服务器上的文件，但协议并不要求它一定是文件。资源可以是任何可以像文件一样传输的东西。许多服务器的响应是即时生成的。例如，如果你打开 https://github.com/marijnh，服务器会在其数据库中查找名为 marijnh 的用户，如果找到一个，则会为该用户生成一个个人简介页面。

在资源路径之后，请求的第一行提到 HTTP/1.1——表示它正在使用的 HTTP 协议的版本。

在实践中，许多站点使用 HTTP 版本 2，它支持与版本 1.1 相同的概念，但是更复杂，因此它可以处理得更快。浏览器在与给定服务器通信时将自动切换到适当的协议版本，无论使用哪个版本，请求的结果都是相同的。因为版本 1.1 更简单，更容易使用，我们将着重介绍它。

服务器的响应将从版本号开始，然后是响应的状态（三位数的状态代码），最后是人类可读的字符串。

HTTP/1.1 200 OK

以 2 开头的状态代码表示请求成功。以 4 开头的状态代码表示请求有问题。404 可能是最著名的 HTTP 状态代码，这意味着无法找到请求的资源。以 5 开头的代码表示服务器发生了错误，请求不应该受到指责。

请求或响应的第一行可以跟随任意数量的标头（header）。这些都是 name: value 形式的行，用于指定有关请求或响应的额外信息。这些标头是示例响应的一部分：

Content-Length: 65585
Content-Type: text/html
Last-Modified: Thu, 04 Jan 2018 14:05:30 GMT

这些标头告诉我们响应文档的大小和类型。在本例中，它是一个 65 585 字节的 HTML 文档。它还告诉我们此文档最后一次被修改的时间。

对于大多数标头，客户端和服务器可以自由决定是否将它们包含在请求或响应中。但有一些是必需的。例如，指定主机名的 Host 标头应包含在请求中，因为服务器可能在单个 IP 地址上提供多个主机名，如果没有此标头，服务器将不知道客户端想要与哪个主机名通信。

在标头之后，请求和响应都可能包含一个空行，后跟正文，其中包含正在发送的数据。GET 和 DELETE 请求不会发送任何数据，但 PUT 和 POST 请求会发送数据。同样，某些响应类型（如错误响应）不需要正文。

18.2　浏览器和 HTTP

正如我们在示例中看到的，当我们在浏览器地址栏中输入 URL 时，它将发出请求。当生成的 HTML 页面引用其他文件（例如图像和 JavaScript 文件）时，也会同时获取这些文件。

一个中等复杂的网站可以轻易地在任何地方包含 10 到 200 个资源。为了能够快速获取这些内容，浏览器将同时发出多个 GET 请求，而不是依次等待收到响应后再发出下一个请求。

HTML 页面可能包含表单（form），允许用户填写信息并将其发送到服务器。以下是一个例子。

```
<form method="GET" action="example/message.html">
  <p>Name: <input type="text" name="name"></p>
  <p>Message:<br><textarea name="message"></textarea></p>
  <p><button type="submit">Send</button></p>
</form>
```

此代码描述了一个包含两个输入域的表单：一个要求输入名称的小型输入域和一个用于写入消息的较大输入域。当你单击 Send 按钮时，表单将被提交（submit），这意味着其输入域的内容被打包到 HTTP 请求中，浏览器随后显示该请求的结果。

当 <form> 元素的 method 属性为 GET（或省略）时，表单中的信息将作为查询字符串添加到 action URL 的末尾。浏览器可能会向此 URL 发出如下请求：

```
GET /example/message.html?name=Jean&message=Yes%3F HTTP/1.1
```

问号表示 URL 的路径部分的结束和查询的开始。接下来是成对的名称和值，分别对应于表单域元素的 name 属性和这些元素的内容。符号 & 用于分隔这些成对的名称和值。

URL 中编码的实际消息是 Yes?，但问号被奇怪的代码替换。查询字符串中的某些字符必须进行转义。问号就是其中之一，它被表示为 %3F。似乎有一条不成文的规则，即每种格式都需要以自己的方式转义字符。这个称为 URL 编码，使用百分号后跟两个十六进制（基数为 16）的数字来编码字符代码。在这种情况下，3F（十进制表示法为 63）是问号字符的代码。JavaScript 提供 encodeURIComponent 和 decodeURIComponent 函数来对此格式进行编码和解码。

```
console.log(encodeURIComponent("Yes?"));
// → Yes%3F
console.log(decodeURIComponent("Yes%3F"));
// → Yes?
```

如果我们在之前看到的示例中将 HTML 表单的 method 属性更改为 POST，则提交表单的 HTTP 请求将使用 POST 方法并将查询字符串放在请求的正文中，而不是将其添加到 URL 中。

```
POST /example/message.html HTTP/1.1
Content-length: 24
Content-type: application/x-www-form-urlencoded

name=Jean&message=Yes%3F
```

GET 请求应该用于没有副作用只是要求信息的请求。更改服务器上某些内容的请求（例如，创建新账户或发布消息）应使用其他方法表示，例如 POST。客户端软件（例如浏览器）知道它不应盲目地发出 POST 请求，但通常会隐式地发出 GET 请求，例如预取一个它认为用户很快就会需要的资源。

我们将在 18.7 节中回过头来详细讲解表单，以及如何使用 JavaScript 与它们进行交互。

18.3　fetch

浏览器 JavaScript 可以通过接口发出 HTTP 请求，该接口称为 fetch。由于它相对较新，它可以方便地使用 promise（很少有浏览器接口支持它）。

```
fetch("example/data.txt").then(response => {
  console.log(response.status);
  // → 200
  console.log(response.headers.get("Content-Type"));
  // → text/plain
});
```

调用 fetch 将返回一个 promise，该 promise 将被解析为一个 Response 对象，其中包含有关服务器响应的信息，例如其状态代码和它的标头。标头包含在一个类似 Map 的对象中，这个对象把它的键（标头名称）当作不区分大小写的内容，因为标头名称不应区分大小写。这意味着 headers.get ("Content-Type") 和 headers.get ("content-TYPE") 将返回相同的值。

请注意，即使服务器响应了错误代码，fetch 返回的 promise 也会成功解决。如果出现网络错误或无法找到请求所对应的服务器，promise 也可能会被拒绝。

fetch 的第一个参数是应该请求的 URL。当该 URL 不以协议名称（例如 http:）开头时，它被视为相对路径，这意味着它是相对于当前文档进行解释的。如果它以斜杠 (/) 开头，那么它会替换当前路径，即替换为服务器名称后面的部分。如果没有，则当前路径的一部分（包括其最后一个斜杠字符）将放在相对 URL 的前面。

要获取响应的实际内容，可以使用 text 方法。因为一旦收到响应的标头，就会解决初始 promise，并且因为读取响应正文可能需要一段时间，这将再次返回一个 promise。

```
fetch("example/data.txt")
  .then(resp => resp.text())
  .then(text => console.log(text));
// →这是data.txt的内容
```

一个名为 json 的类似方法返回一个 promise，它解决把正文解析为 JSON 时获得的值，如果正文不是有效的 JSON 则拒绝。

默认情况下，fetch 使用 GET 方法发出请求，但不包含请求正文。你可以通过将带有额外选项的对象作为第二个参数传递来以不同方式配置它。例如，此请求尝试删除 example/data.txt：

```
fetch("example/data.txt", {method: "DELETE"}).then(resp => {
  console.log(resp.status);
  // → 405
});
```

405 状态代码意味着"不允许的方法"，这是 HTTP 服务器说"我不能这样做"的方式。

要添加请求正文，你可以包含 body 选项。要设置标头，请选择 headers 选项。例如，此请求包含 Range 标头，该标头指示服务器仅返回响应的一部分。

```
fetch("example/data.txt", {headers: {Range: "bytes=8-19"}})
  .then(resp => resp.text())
  .then(console.log);
// →内容
```

浏览器将自动添加一些请求标头，例如 Host 和服务器确定正文的大小所需的标头。但是添加自己的标头通常可用于包含诸如身份验证信息之类的内容，或告诉服务器你希望接收哪种文件格式。

18.4　HTTP 沙盒

在网页脚本中再次发出 HTTP 请求会引起对安全性的担忧。控制脚本的人与运行这段脚本的计算机用户可能有不同的利益。更具体地说，如果我访问 themafia.org，我不希望它的脚本能够使用我的浏览器中的识别信息向 mybank.com 提出请求，并指示我将所有资金转移到某个随机账户。

出于这个原因，浏览器通过禁止脚本发送 HTTP 请求到其他域名（例如 themafia.org 和 mybank.com）来保护我们。

当构建想要出于合法原因访问多个域名的系统时，这可能是一个恼人的问题。幸运的是，服务器可以在响应中包含这样的标头，以明确向浏览器指示来自另一个域名的请求是可以访问的：

```
Access-Control-Allow-Origin: *
```

18.5　欣赏 HTTP

在构建需要在浏览器（客户端）中运行的 JavaScript 程序与服务器（服务器端）上的程序之间通信的系统时，对此通信进行建模可以有几种不同的方法。

常用的模型是远程过程调用（RPC）。在此模型中，通信遵循正常函数调用的模式，但此函数实际上在另一台机器上运行。调用它涉及对包括函数的名称和参数的服务器的请求。对该请求的响应包含返回的值。

在考虑远程过程调用时，HTTP 只是一种通信工具，你很可能会编写一个完全隐藏它的抽象层。

另一种方法是围绕资源和 HTTP 方法的概念建立通信。你使用对 /users/larry 的 PUT 请求，而不是名为 addUser 的远程过程。你可以定义代表用户的 JSON 文档格式（或使用现有格式），而不是在函数参数中对该用户的属性进行编码。创建一个新资源的 PUT 请求的正文就是这样一个文档。通过向资源的 URL（例如，/user/larry）发出 GET 请求来获取资源，该 URL 也会返回表示资源的文档。

第二种方法可以更轻松地使用 HTTP 提供的某些功能，例如支持缓存资源（在客户端上保留副本以便快速访问）。HTTP 中使用的概念设计得很好，可以为设计服务器接口提供一组有用的原则。

18.6 安全性和 HTTPS

通过互联网传播的数据往往会走一条漫长而危险的道路。要到达目的地，必须经历从咖啡店 Wi-Fi 热点到各种公司和国家控制的网络之类的任何东西。在其路线上的任何一点，它都可能被检查甚至修改。

如果必须对信息保密（例如电子邮件账户的密码），或要求信息未经修改到达目的地（例如你通过银行网站转账的账号），那么普通的 HTTP 就不够了。

以 https：// 开头的 URL 的安全 HTTP 协议以一种难以阅读和篡改的方式包装 HTTP 流量。在交换数据之前，客户端要求服务器证明它具有由浏览器识别的证书颁发机构颁发的加密证书来验证服务器是否是它声称的身份。接下来，通过连接的所有数据都以防止窃听和篡改的方式进行加密。

因此，当它正常工作时，HTTPS 可以防止其他人冒充你想要与之交互的网站并窥探你的通信。它并不完美，并且发生了由于证书伪造或被盗以及软件损坏而导致 HTTPS 失败的各种事件，但它还是比普通的 HTTP 安全得多。

18.7 表单域

表单最初是为 JavaScript 之前的 Web 设计的，允许 Web 站点在 HTTP 请求中发送用户提交的信息。此设计假定与服务器进行的交互始终通过转移到新页面进行。

但是它们的元素就像页面的其余部分一样是 DOM 的一部分，表示表单域的 DOM 元素支持许多其他元素上不存在的属性和事件。这使得可以使用 JavaScript 程序检查和控制此类输入域，并执行向表单添加新功能，或使用表单和域作为 JavaScript 应用程序中的构件等操作。

Web 表单由 <form> 标签中分组的任意数量的输入域组成。HTML 允许域有几种不同的样式，从简单的开 / 关复选框到下拉菜单和文本输入域。本书不会讨论所有域类型，但我们会进行粗略的概述。

很多域类型都使用 `<input>` 标签。此标签的 type 属性用于选择域的样式。下面是一些常用的 `<input>` 类型：

text　　　单行文本域

password　与 text 相同但隐藏了键入的文本

checkbox　复选框（开 / 关）

radio　　单选框（多选域的一部分）

file　　　允许用户从其计算机中选择文件

表单域不一定必须出现在 `<form>` 标签中。你可以将它们放在页面中的任何位置。这样的无表单域无法提交（只有整个表单才可以提交），但是当使用 JavaScript 响应输入时，我们通常不希望用正常的方式提交域。

```
<p><input type="text" value="abc"> (text)</p>
<p><input type="password" value="abc"> (password)</p>
<p><input type="checkbox" checked> (checkbox)</p>
<p><input type="radio" value="A" name="choice">
   <input type="radio" value="B" name="choice">
   <input type="radio" value="C" name="choice"checked > (radio)</p>
<p><input type="file"> (file)</p>
```

使用此 HTML 代码创建的域如下所示：

这些元素的 JavaScript 接口因元素的类型而异。

多行文本域有自己的标签 `<textarea>`，这主要是因为使用属性指定多行初始值会很糟糕。`<textarea>` 标签需要与之匹配的 `</textarea>` 结束标签，并使用这两者之间的文本而不是 value 属性作为初始文本。

```
<textarea>
one
two
three
</textarea>
```

最后，`<select>` 标签用于创建允许用户从多个预定义选项中进行选择的域。

```
<select>
  <option>Pancakes</option>
  <option>Pudding</option>
  <option>Ice cream</option>
</select>
```

这样的域看起来像这样：

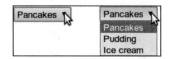

只要表单域的值发生更改，它就会触发 "change" 事件。

18.8　焦点

与 HTML 文档中的大多数元素不同，表单域可以获得键盘焦点。当以其他方式单击或激活时，它们将成为当前活跃元素和键盘输入的接收者。

因此，只有在取得焦点时才能键入文本域。其他域对键盘事件的响应方式不同。例如，<select> 菜单尝试移动到包含用户键入的文本的选项，并通过上下移动其选择来响应箭头键。

我们可以使用 focus 和 blur 方法从 JavaScript 控制焦点。第一个方法将焦点移动到调用它的 DOM 元素，第二个方法移除焦点。document.activeElement 中的值对应于当前取得焦点的元素。

```
<input type="text">
<script>
  document.querySelector("input").focus();
  console.log(document.activeElement.tagName);
  // → INPUT
  document.querySelector("input").blur();
  console.log(document.activeElement.tagName);
  // → BODY
</script>
```

对于某些页面，用户需要立即与表单域进行交互。加载文档时，JavaScript 可用于聚焦此域，但 HTML 还提供 autofocus 属性，这会产生相同的效果，同时让浏览器知道我们要实现的目标。这使浏览器可以选择禁用不合适的行为，例如用户将焦点放在其他内容上。

传统上，浏览器还允许用户通过按 TAB 键将焦点移动到文档中。我们可以使用 tabindex 属性影响元素获得焦点的顺序。下面的示例文档将让焦点从文本输入框跳转到 OK 按钮，而不是首先转到帮助链接上：

```
<input type="text" tabindex=1> <a href=".">(help)</a>
<button onclick="console.log('ok')" tabindex=2>OK</button>
```

默认情况下，大多数类型的 HTML 元素都无法聚焦。但是，你可以将 tabindex 属性添加到任何元素，使其可聚焦。tabindex 为 –1 使得 TAB 键跳过一个元素，即使它通常是可聚焦的。

18.9　禁用域

可以通过其 disabled 属性禁用所有表单域。它是一个可以在没有值的情况下指定的属性，它的存在会禁用元素。

```
<button>I'm all right</button>
<button disabled>I'm out</button>
```

禁用的域无法聚焦或更改，浏览器使它们看起来变灰、变暗。

I'm all right　　I'm out

当程序正在处理由某些按钮或其他可能需要与服务器通信的控件引起的操作，并因此需要较长一段时间时，在操作完成之前禁用控件是个好主意。这样，当用户不耐烦并再次点击它时，他们不会意外地重复他们的操作。

18.10　表单整体

当一个域包含在 `<form>` 元素中时，其 DOM 元素将具有一个 form 属性，此属性链接回表单的 DOM 元素。反过来，`<form>` 元素有一个名为 elements 的属性，它包含一个类似于数组的域集合。

表单域的 name 属性确定在提交表单时标识其值的办法。它也可以用作访问表单的 elements 属性时的属性名，此属性既可以作为类似数组的对象（可通过数字访问），也可以作为映射（可通过名称访问）。

```
<form action="example/submit.html">
  Name: <input type="text" name="name"><br>
  Password: <input type="password" name="password"><br>
  <button type="submit">Log in</button>
</form>
<script>
  let form = document.querySelector("form");
  console.log(form.elements[1].type);
  // → password
  console.log(form.elements.password.type);
  // → password
  console.log(form.elements.name.form == form);
  // → true
</script>
```

按下类型属性为 submit 的按钮时，将会提交表单。在获得焦点的表单域中按 ENTER 键具有相同的效果。

提交表单通常意味着浏览器使用 GET 或 POST 请求转移到表单的 action 属性指示的页面。

但在此之前，会发生 "submit" 事件。你可以使用 JavaScript 处理此事件，并通过在事件对象上调用 preventDefault 来防止此默认行为。

```
<form action="example/submit.html">
  Value: <input type="text" name="value">
  <button type="submit">Save</button>
</form>
<script>
  let form = document.querySelector("form");
  form.addEventListener("submit", event => {
    console.log("Saving value", form.elements.value.value);
    event.preventDefault();
  });
</script>
```

拦截 JavaScript 中的 "submit" 事件有各种用途。我们可以编写代码来验证用户输入的值是否有意义并立即显示错误消息而不是提交表单。或者我们可以禁用完全提交表单的常规方式（如示例所示），并让我们的程序处理输入，可以使用 fetch 将其发送到服务器而不重新加载页面。

18.11　文本域

由 <textarea> 标签或带有 text 或 password 类型的 <input> 标签创建的域共享一个公共接口。它们的 DOM 元素具有将其当前内容保存为字符串值的值属性。将此属性设置为另一个字符串会更改域的内容。

文本域的 selectionStart 和 selectionEnd 属性为我们提供了文本中光标和选取的信息。如果未选取任何内容，则这两个属性保持相同的数字，表示光标的位置。例如，0 表示文本的开头，10 表示光标在第 10 个字符之后。选择部分域时，两个属性将不同，从而为我们提供所选取文本的开头和结尾。与 value 一样，也可以写入这些属性。

想象一下，你正在写一篇关于 Khasekhemwy 的文章，但在拼写他的名字时遇到一些麻烦。以下代码使用事件处理程序连接 <textarea> 标签，当你按 F2 时，为你插入字符串 "Khasekhemwy"。

```
<textarea></textarea>
<script>
  let textarea = document.querySelector("textarea");
  textarea.addEventListener("keydown", event => {
    // F2的键码是113
    if (event.keyCode == 113) {
      replaceSelection(textarea, "Khasekhemwy");
      event.preventDefault();
    }
  });
```

```
function replaceSelection(field, word) {
  let from = field.selectionStart, to = field.selectionEnd;
  field.value = field.value.slice(0, from) + word +
                field.value.slice(to);
  // 将光标放在单词之后
  field.selectionStart = from + word.length;
  field.selectionEnd = from + word.length;
}
</script>
```

replaceSelection 函数用给定的单词替换文本域内容的当前选定部分，然后将光标移动到该单词之后，以便用户可以继续键入。

每次输入内容时，文本域的 "change" 事件都不会触发。相反，它会在内容发生变化后失去焦点时触发。要立即响应文本域中的更改，你应该为 "input" 事件注册一个处理程序，该处理程序会在用户每次键入字符、删除文本或以其他方式操作域内容时触发。

以下示例展示了一个文本域和一个显示域中文本当前长度的计数器：

```
<input type="text"> length: <span id="length">0</span>
<script>
  let text = document.querySelector("input");
  let output = document.querySelector("#length");
  text.addEventListener("input", () => {
    output.textContent = text.value.length;
  });
</script>
```

18.12 复选框和单选按钮

复选框域是开 / 关切换的。可以通过其 checked 属性提取或更改其值，此属性包含布尔值。

```
<label>
  <input type="checkbox" id="purple"> Make this page purple
</label>
<script>
  let checkbox = document.querySelector("#purple");
  checkbox.addEventListener("change", () => {
    document.body.style.background =
      checkbox.checked ? "mediumpurple" : "";
  });
</script>
```

<label> 标签将一段文档与输入域相关联。单击标签上的任意位置将激活该域，该域由此获得焦点，如果它是复选框或单选按钮时还将切换其值。

单选按钮类似于复选框，但它隐式链接到具有相同名称属性的其他单选按钮，因此任何时候只有其中一个可以处于活跃状态。

```
Color:
<label>
  <input type="radio" name="color" value="orange"> Orange
</label>
<label>
  <input type="radio" name="color" value="lightgreen"> Green
</label>
<label>
  <input type="radio" name="color" value="lightblue"> Blue
</label>
<script>
  let buttons = document.querySelectorAll("[name=color]");
  for (let button of Array.from(buttons)) {
    button.addEventListener("change", () => {
      document.body.style.background = button.value;
    });
  }
</script>
```

传给 querySelectorAll 的 CSS 查询中的方括号用于匹配属性。它选择 name 属性为 "color" 的元素。

18.13 选择域

选择域在概念上类似于单选按钮，它们都允许用户从一组选项中进行选择。但是，单选按钮将选项的布局置于我们的控制之下，而 <select> 标签的出现由浏览器确定。

选择域也有一个更类似于复选框列表，而不是单选框的变体。当给出 multiple 属性时，<select> 标签将允许用户选择任意数量的选项，而不仅仅是一个选项。在大多数浏览器中，这与普通选择域的显示方式不同，正常选择域通常被绘制为仅在打开时显示选项的下拉控件。

每个 <option> 标签都有一个值。可以使用 value 属性定义此值。如果没有给出 value 属性，则选项内的文本将作为其值。<select> 元素的 value 属性反映当前选定的选项。但是，对于 multiple 域，此属性并没有多大用处，因为它只给出一个当前选择的选项的值。

可以通过域的 options 属性将 <select> 域的 <option> 标签作为类似数组的对象进行访问。每个选项都有一个名为 selected 的属性，表示当前是否选择了该选项。也可以写入此属性以选择或取消选择选项。

以下示例从多选域中提取所选值，并使用它们从各个位组成二进制数。按住 CTRL（或在 Mac 上的 COMMAND）键选择多个选项。

```
<select multiple>
  <option value="1">0001</option>
  <option value="2">0010</option>
  <option value="4">0100</option>
```

```
    <option value="8">1000</option>
  </select> = <span id="output">0</span>
  <script>
    let select = document.querySelector("select");
    let output = document.querySelector("#output");
    select.addEventListener("change", () => {
      let number = 0;
      for (let option of Array.from(select.options)) {
        if (option.selected) {
          number += Number(option.value);
        }
      }
      output.textContent = number;
    });
  </script>
```

18.14　文件域

文件域最初设计为通过表单从用户机器上传文件的方式。在现代浏览器中，它们还提供了一种从 JavaScript 程序中读取此类文件的方法。该域充当一种守门人。脚本不能简单地从用户的计算机读取私有文件，但如果用户在这样的域中选择文件，则浏览器会将该操作解释为脚本可以读取此文件。

文件域通常看起来像一个标有类似“选择文件”或“浏览”标记的按钮，其中包含有关所选文件的信息。

```
<input type="file">
<script>
  let input = document.querySelector("input");
  input.addEventListener("change", () => {
    if (input.files.length > 0) {
      let file = input.files[0];
      console.log("You chose", file.name);
      if (file.type) console.log("It has type", file.type);
    }
  });
</script>
```

文件域元素的 files 属性是包含在域中选择的文件的类数组对象（同样，不是真实数组）。它最初是空的。它不仅仅是 file 属性的原因是文件域也支持 multiple 属性，因而可以同时选择多个文件。

files 对象中的对象具有诸如 name（文件名）、size（文件大小，以字节为单位，大小为 8 位）和 type（文件的媒体类型，如 text/plain 或 image/jpeg 之类的属性）。

它没有包含文件内容的属性，实现这一点需要更多工作。由于从磁盘读取文件可能需要一些时间，因此接口必须是异步的，以避免冻结文档。

```
<input type="file" multiple>
<script>
  let input = document.querySelector("input");
  input.addEventListener("change", () => {
    for (let file of Array.from(input.files)) {
      let reader = new FileReader();
      reader.addEventListener("load", () => {
        console.log("File", file.name, "starts with",
                    reader.result.slice(0, 20));
      });
      reader.readAsText(file);
    }
  });
</script>
```

读取文件是通过创建 FileReader 对象，为其注册 "load" 事件处理程序，并调用其 readAsText 方法，再为其提供我们想要读取的文件来完成的。加载完成后，阅读器的 result 属性包含文件的内容。

当读取文件因任何原因失败时，FileReaders 也会触发 "error" 事件。错误对象本身将最终出现在读取者的 error 属性中。这个接口是在 promise 成为语言的一部分之前设计的。你可以将它包装在下面这样的 promise 中：

```
function readFileText(file) {
  return new Promise((resolve, reject) => {
    let reader = new FileReader();
    reader.addEventListener(
      "load", () => resolve(reader.result));
    reader.addEventListener(
      "error", () => reject(reader.error));
    reader.readAsText(file);
  });
}
```

18.15　在客户端存储数据

带有一点 JavaScript 的简单 HTML 页面可以成为"迷你应用程序"的一种很好的格式——可以自动执行基本任务的小型辅助程序。通过将几个表单域与事件处理程序相连接，你可以执行任何操作（包括厘米和英寸之间的单位转换操作，以及通过主密码和网站名称来计算密码的操作）。

当这样的应用程序需要记住会话之间的某些内容时，你无法使用 JavaScript 绑定，因为每次关闭页面时都会丢弃这些绑定。你可以设置服务器，将其连接到互联网，并将你的应用程序存储在那里。我们将在第 20 章中看到如何做到这一点。但这是一项额外的工作并有点复杂。有时仅将数据保留在浏览器中就足够了。

localStorage 对象可用于以页面重新加载的方式存储数据。此对象允许你在某名称下归档字符串值。

```
localStorage.setItem("username", "marijn");
console.log(localStorage.getItem("username"));
// → marijn
localStorage.removeItem("username");
```

localStorage 中的值会一直存在，直到它被覆盖、用 removeItem 删除，或者用户清除其本地数据为止。

来自不同域名的站点将获得不同的存储隔间。这意味着给定网站存储在 localStorage 中的数据原则上只能由同一站点上的脚本读取（和覆盖）。

浏览器会对可以存储在 localStorage 中的站点数据大小实施限制。用垃圾填满人们的硬盘并不能真正获得什么好处，采用这种限制可以使这个功能不会占用太多空间。

以下代码实现了一个粗略的笔记本应用程序。它保留一组命名笔记，并允许用户编辑笔记并创建新笔记。

```
Notes: <select></select> <button>Add</button><br>
<textarea style="width: 100%"></textarea>

<script>
  let list = document.querySelector("select");
  let note = document.querySelector("textarea");

  let state;
  function setState(newState) {
    list.textContent = "";
    for (let name of Object.keys(newState.notes)) {
      let option = document.createElement("option");
      option.textContent = name;
      if (newState.selected == name) option.selected = true;
      list.appendChild(option);
    }
    note.value = newState.notes[newState.selected];

    localStorage.setItem("Notes", JSON.stringify(newState));
    state = newState;
  }
  setState(JSON.parse(localStorage.getItem("Notes")) || {
    notes: {"shopping list": "Carrots\nRaisins"},
    selected: "shopping list"
  });

  list.addEventListener("change", () => {
    setState({notes: state.notes, selected: list.value});
  });
  note.addEventListener("change", () => {
    setState({
      notes: Object.assign({}, state.notes,
```

```
                                 {[state.selected]: note.value}),
        selected: state.selected
      });
    });
    document.querySelector("button")
      .addEventListener("click", () => {
        let name = prompt("Note name");
        if (name) setState({
          notes: Object.assign({}, state.notes, {[name]: ""}),
          selected: name
        });
      });
  </script>
```

脚本从存储在 localStorage 中的 "Notes" 值获取其起始状态，如果缺少该值，则创建仅具有一个购物清单的示例状态。读取 localStorage 中不存在的域会产生 null。将 null 传递给 JSON.parse 将使其解析字符串 "null" 并返回 null。因此，在这种情况下，可用 || 运算符来提供默认值。

setState 方法确保 DOM 显示给定状态并将新状态存储到 localStorage 中。事件处理程序调用此函数以移至新状态。

在示例中使用 Object.assign 旨在创建一个新对象，它是旧 state.notes 的克隆，但具有一个添加或被覆盖的属性。Object.assign 获取其第一个参数，并将任何其他参数的所有属性都添加到它。因此，传给它一个空对象将导致它填补一个新的对象。第三个参数中的方括号表示法用于创建其名称基于某个动态值的属性。

还有另一个类似于 localStorage 的对象，称为 sessionStorage。两者之间的区别在于 sessionStorage 的内容是在每个会话结束时失效的，对于大多数浏览器来说，这意味着每当浏览器关闭就失效。

18.16   小结

在本章中，我们讨论了 HTTP 协议的工作原理。客户端发送请求，此请求包含方法（通常为 GET）和标识资源的路径。然后，服务器决定如何处理请求，并使用状态代码和响应正文进行响应。请求和响应都可能包含提供其他信息的标头。

浏览器 JavaScript 可以通过 fetch 接口来创建 HTTP 请求。发出请求看起来像这样：

```
fetch("/18_http.html").then(r => r.text()).then(text => {
  console.log(`The page starts with ${text.slice(0, 15)}`);
});
```

浏览器发出 GET 请求以获取显示网页所需的资源。页面还可以包含表单，这些表单允许用户输入的信息在提交表单时作为对新页面的请求发送。

HTML 可以表示各种类型的表单域，例如文本域、复选框、多选域和文件选择器。

可以使用 JavaScript 检查和操作这些域。它们在更改时触发 "change" 事件，在键入文本时触发 "input" 事件，并在获得键盘焦点时接收键盘事件。value（用于文本和选择域）或 checked（用于复选框和单选按钮）等属性用于读取或设置域的内容。

提交表单时，会触发 "submit" 事件。JavaScript 处理程序可以在该事件上调用 preventDefault 来禁用浏览器的默认行为。表单域元素也可以出现在表单标签之外。

当用户在文件选择器域中选择其本地文件系统中的文件时，可以使用 FileReader 接口从 JavaScript 程序访问此文件的内容。

localStorage 和 sessionStorage 对象可在重新加载页面的情况下保存信息。第一个对象永远保存数据（直到用户决定清除它），第二个对象保存数据直到浏览器关闭。

18.17　习题

1. 内容协商

HTTP 可以进行内容协商。Accept 请求标头用于告诉服务器客户端想要获得哪种类型的文档。许多服务器都忽略此标头，但是当服务器知道对资源进行编码的各种方法时，它可以查看此标头并按照客户端更喜欢的格式发送响应。

URL https://eloquentjavascript.net/author 配置为使用纯文本、HTML 或 JSON 进行响应，具体取决于客户端要求的内容。这些格式由标准化媒体类型 text/plain、text/html 和 application/json 标识。

发送请求以获取此资源的所有三种格式。使用传递给 fetch 的选项对象中的 headers 属性将名为 Accept 的标头设置为所需的媒体类型。

最后，尝试请求媒体类型 application/rainbows+unicorns，并查看产生的状态码。

2. 一个 JavaScript 工作台

构建一个允许人们键入和运行 JavaScript 代码片段的界面。

在 <textarea> 域旁边放置一个按钮，当按下该按钮时，使用我们在 10.4 节中看到的 Function 构造函数将文本包装在函数中并调用它。将函数的返回值或其引发的任何错误转换为字符串，并将其显示在文本域下方。

3. 康威的生命游戏

康威的生命游戏是一个简单的模拟游戏，它在网格上创造了人工"生命"，每个网格都是活着或死亡的状态。每一代（轮），它们采取以下规则：

- 任何具有少于两个或多于三个活邻居的活网格都会死亡。

- 任何具有两个或三个活邻居的活网格都会活到下一轮。
- 任何具有三个活邻居的死网格都会变成活网格。

邻居被定义为任何相邻的网格，包括对角相邻的网格。

请注意，这些规则一次性应用于整个网格，而不是一次应用于一个网格。这意味着邻居的个数基于生成开始时的情况，并且在这一代发生在邻近网格中的变化不应该影响给定网格的新状态。

使用你认为合适的数据结构实现此游戏。最初使用 Math.random 以随机模式填充网格。将其显示为复选框域的网格，在旁边加上一个按钮以前进到下一代。当用户选中或取消选中复选框时，应在计算下一代时包含其更改。

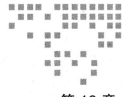

第 19 章 *Chapter 19*

项目：像素绘图程序

前面章节中的材料为你提供了构建基本 Web 应用程序所需的所有元素。在本章中，我们将做一个这样的程序。

我们的应用程序将是一个像素绘图程序，其中图片显示为彩色方块网格，你可以通过操作它的放大视图逐个像素地修改它。你可以使用此程序打开图像文件，用鼠标或其他指针设备对其进行划线，然后保存它们。这就是它的界面：

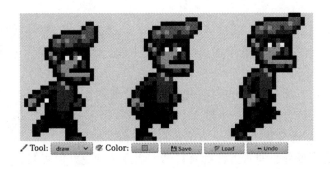

在电脑上绘画很棒。你无须担心材料、技能或天分。你可以随心所欲地涂抹。

19.1 组件

应用程序的界面上显示了一个大的 <canvas> 元素，其下面有许多表单域。用户通过从 <select> 域中选择工具，然后在画布上单击、触摸或拖动来绘制图片。有一些工具可用来绘制单个像素或矩形、填充某个区域，以及从图片中选取颜色。

我们将编辑器界面构造为许多组件,对象负责 DOM 中的一块,并且可能包含其他的组件。

应用程序的状态包括当前图片、所选工具和所选颜色。我们将进行设置,以使状态存在于单个值中,而界面组件始终按照当前状态下它们的样子显示。

为了认识到这一点的重要性,让我们考虑在整个界面中散落的状态的替代方案。在某一方面,这更容易编程。当我们需要知道当前颜色时,我们可以对一个颜色域发起请求并读取它的值。

但随后我们添加了颜色选择器,它是一种工具,可以让你单击图片以选择给定像素的颜色。为了使颜色域显示正确的颜色,该工具必须知道颜色域存在并在选择新颜色时更新它。如果你添加了另一个使颜色可见的位置(也许鼠标光标可以显示它),你必须更新用来更改颜色的代码以保持同步。

实际上,这会产生一个问题,即界面的每个部分都需要知道所有其他部分的情况,这种设计的模块化程度不高。对于像本章那样的小型应用程序,这可能不是问题。对于更大的项目,它可能变成一场真正的噩梦。

为了在原则上避免这种噩梦,我们将对数据流严格要求。总共只有一个状态,并且基于该状态绘制界面。界面组件可以通过更新状态来响应用户动作,此时组件有机会与这个新状态同步。

在实践中,每个组件都被设置为当它被赋予新状态时,它还通知它的那些需要更新的子组件。设置这个有点麻烦。使这种操作更方便是许多浏览器编程库的主要卖点。但是对于像本章这样的小型应用程序,我们可以在没有这样的基础架构的情况下完成这个操作。

对状态的更新表示为对象,我们将其称为操作(action)。组件可以创建此类操作并将其分派(dispatch)——将它们分配给中央状态管理函数。此函数计算下一个状态,之后界面组件将自身更新为此新状态。

我们正在执行运行用户界面并应用一些结构的混乱任务。虽然与 DOM 相关的部分仍然有很多副作用,但支持它们的是一个概念上简单的主干:状态更新周期。状态确定 DOM 的外观,DOM 事件可以改变状态的唯一方法是将操作分派给状态。

这种方法有许多变体,每种方法都有自己的优点和缺点,但它们的中心思想是相同的:状态变化应该通过一个明确定义的渠道来完成,而不是到处发生。

我们的组件将是符合接口标准的类。它们的构造函数被赋予一个状态——它可能是整个应用程序状态,或者,如果它不需要访问所有东西,也可以是一些较小的值。可以使用这个状态来构建 dom 属性。这是表示组件的 DOM 元素。大多数构造函数还会采用其他一些不会随时间变化的值,它们可用于分派操作的函数。

每个组件都有一个 syncState 方法,用于将其与新的状态值同步。此方法采用一个参数 state,它与构造函数的第一个参数的类型相同。

19.2 状态

应用程序状态是具有 picture、tool 和 color 属性的对象。图片本身就是一个存储图片宽度、高度和像素内容的对象。像素在数组中存储的方式与第 6 章中的矩阵类相同，即从上到下依次存储。

```
class Picture {
  constructor(width, height, pixels) {
    this.width = width;
    this.height = height;
    this.pixels = pixels;
  }
  static empty(width, height, color) {
    let pixels = new Array(width * height).fill(color);
    return new Picture(width, height, pixels);
  }
  pixel(x, y) {
    return this.pixels[x + y * this.width];
  }
  draw(pixels) {
    let copy = this.pixels.slice();
    for (let {x, y, color} of pixels) {
      copy[x + y * this.width] = color;
    }
    return new Picture(this.width, this.height, copy);
  }
}
```

我们希望能够将图片视为不可变的值，原因我们将在本章后面再讨论。但我们有时也需要一次更新一大堆像素。为了能够做到这一点，这个类有一个 draw 方法，它采用一个被更新的像素对象数组，每个对象都包含 x、y 和 color 属性，并使用这些更新后的像素创建新图片。此方法使用不带参数的 slice 来复制整个像素数组，切片的起点默认为 0，而终点默认为数组的长度。

empty 方法使用了我们前所未见的两个数组功能。可以使用数字调用 Array 构造函数以创建给定长度的空数组。然后可以使用 fill 方法用给定值填充此数组。这些用于创建一个其中所有像素都具有相同的颜色的数组。

颜色存储为包含传统 CSS 颜色代码的字符串，颜色代码由哈希符号（#）后跟六个十六进制（基数为 16）数字组成：两个数字对应于红色成分，两个数字用于绿色成分，两个数字用于蓝色成分。这种编写颜色的方法有点神秘和不方便，但它是 HTML 颜色输入域使用的格式，它可以用于画布中绘制上下文的 fillColor 属性，因此对于我们在此程序中使用颜色的方式，它足够实用。

黑色的所有成分都为零，写为 "#000000"，亮粉色看起来像 "#ff00ff"，其中红色和蓝色成分为最大值 255，以十六进制数字写成 ff（使用 a 到 f 代表数字 10 到 15）。

我们将允许接口将操作分派为属性会覆盖先前状态属性的对象。当用户更改颜色域时，颜色域可以派发像 {color：field.value} 这样的对象，更新函数可以根据它来计算新状态。

```
function updateState(state, action) {
  return Object.assign({}, state, action);
}
```

相当麻烦的模式中 Object.assign 用于首先将 state 属性添加到空对象，然后使用来自 action 的属性覆盖其中一些，这在使用不可变对象的 JavaScript 代码中很常见。对此有更方便的表示法，其中三点运算符用于包括对象表达式中的另一个对象的所有属性，这种表示法还处于标准化的最后阶段。通过添加这个表示法，你可以编写像 {... state，... action} 那样的代码。在撰写本文时，这在所有浏览器中都不起作用。

19.3　DOM 的建立

界面组件的主要功能之一是创建 DOM 结构。我们不想直接使用烦琐的 DOM 方法，所以这里是 elt 函数的略微扩展的版本：

```
function elt(type, props, ...children) {
  let dom = document.createElement(type);
  if (props) Object.assign(dom, props);
  for (let child of children) {
    if (typeof child != "string") dom.appendChild(child);
    else dom.appendChild(document.createTextNode(child));
  }
  return dom;
}
```

此版本与我们在 16.7 节中使用的版本的主要区别在于，此版本将 P 属性（property）分配给 DOM 节点，而不是 A 属性（attribute）。⊖这意味着我们不能用它来设置任意 A 属性，但我们可以使用它来设置值不是字符串的 P 属性，例如 onclick，可以将其设置为注册点击事件处理程序的函数。

这允许以下样式的注册事件处理程序：

```
<body>
  <script>
    document.body.appendChild(elt("button", {
      onclick: () => console.log("click")
    }, "The button"));
  </script>
</body>
```

⊖　此处用英文首字母区分两种中文名相同的"属性"。——译者注

19.4 画布

我们将定义的第一个组件是界面的一部分，它将图片显示为由彩色方块组成的网格。此组件负责两件事：显示图片，以及将该图片上的指针事件传递给应用程序的其余部分。

因此，我们可以将其定义为仅了解当前图片而非整个应用程序状态的组件。因为它不知道整个应用程序是如何工作的，所以它不能直接分派操作。相反，当响应指针事件时，此组件会调用由创建它的代码提供的回调函数，那个代码将处理特定于应用程序的部分。

```
const scale = 10;

class PictureCanvas {
  constructor(picture, pointerDown) {
    this.dom = elt("canvas", {
      onmousedown: event => this.mouse(event, pointerDown),
      ontouchstart: event => this.touch(event, pointerDown)
    });
    this.syncState(picture);
  }
  syncState(picture) {
    if (this.picture == picture) return;
    this.picture = picture;
    drawPicture(this.picture, this.dom, scale);
  }
}
```

我们将每个像素都绘制为 10×10 的方块，这由常数 scale（比例）确定。为了避免不必要的工作，组件会跟踪其当前图片，并且仅当 syncState 被赋予新图片时才会重绘。

实际绘图函数根据比例和图片大小设置画布的大小，并用一系列方块来填充它，每个像素一个。

```
function drawPicture(picture, canvas, scale) {
  canvas.width = picture.width * scale;
  canvas.height = picture.height * scale;
  let cx = canvas.getContext("2d");

  for (let y = 0; y < picture.height; y++) {
    for (let x = 0; x < picture.width; x++) {
      cx.fillStyle = picture.pixel(x, y);
      cx.fillRect(x * scale, y * scale, scale, scale);
    }
  }
}
```

当鼠标悬停在图片画布上时按下鼠标左键，组件会调用 pointerDown 回调函数，为其提供按照图片坐标描述的被点击的像素位置。这将用于实现鼠标与图片的交互。当按钮被按下时，把指针移动到不同的像素，此回调函数可能会返回另一个回调函数。

```
PictureCanvas.prototype.mouse = function(downEvent, onDown) {
  if (downEvent.button != 0) return;
  let pos = pointerPosition(downEvent, this.dom);
  let onMove = onDown(pos);
  if (!onMove) return;
  let move = moveEvent => {
    if (moveEvent.buttons == 0) {
      this.dom.removeEventListener("mousemove", move);
    } else {
      let newPos = pointerPosition(moveEvent, this.dom);
      if (newPos.x == pos.x && newPos.y == pos.y) return;
      pos = newPos;
      onMove(newPos);
    }
  };
  this.dom.addEventListener("mousemove", move);
};
function pointerPosition(pos, domNode) {
  let rect = domNode.getBoundingClientRect();
  return {x: Math.floor((pos.clientX - rect.left) / scale),
          y: Math.floor((pos.clientY - rect.top) / scale)};
}
```

由于我们知道像素的大小，我们还可以使用 getBoundingClientRect 来确定画布在屏幕上的位置，因此可以从鼠标事件坐标（clientX 和 clientY）转到图片坐标。它们总是向下舍入，以便它们引用特定的像素。

对于触摸事件，我们必须做类似的事情，但我们必须使用不同的事件，并确保我们在 "touchstart" 事件上调用 preventDefault 来防止平移（这是触摸的默认操作）。

```
PictureCanvas.prototype.touch = function(startEvent,
                                         onDown) {
  let pos = pointerPosition(startEvent.touches[0], this.dom);
  let onMove = onDown(pos);
  startEvent.preventDefault();
  if (!onMove) return;
  let move = moveEvent => {
    let newPos = pointerPosition(moveEvent.touches[0],
                                 this.dom);
    if (newPos.x == pos.x && newPos.y == pos.y) return;
    pos = newPos;
    onMove(newPos);
  };
  let end = () => {
    this.dom.removeEventListener("touchmove", move);
    this.dom.removeEventListener("touchend", end);
  };
  this.dom.addEventListener("touchmove", move);
  this.dom.addEventListener("touchend", end);
};
```

对于触摸事件，clientX 和 clientY 不能直接在事件对象上使用，但我们可以在 touches 属性中使用第一个触摸对象的坐标。

19.5　应用程序

为了能够逐个构建应用程序，我们将主要组件实现为围绕图片画布的 shell 以及我们传递给构造函数的动态工具和控件集。

控件（control）是显示在图片下方的界面元素。它们将作为组件构造函数的数组提供。

工具（tool）可以执行绘制像素或填充区域等操作。应用程序将可用工具集显示为 <select> 域。当前选择的工具确定当用户用指针设备与图片交互时发生的情况。可用工具集作为对象提供，这些对象将下拉域中显示的名称映射到实现工具的函数。这些函数将图片位置、当前应用程序状态和 dispatch 函数作为参数。它们可能会返回一个移动处理函数，当指针移动到另一个像素时，此函数会使用新位置和当前状态进行调用。

```
class PixelEditor {
  constructor(state, config) {
    let {tools, controls, dispatch} = config;
    this.state = state;

    this.canvas = new PictureCanvas(state.picture, pos => {
      let tool = tools[this.state.tool];
      let onMove = tool(pos, this.state, dispatch);
      if (onMove) return pos => onMove(pos, this.state);
    });
    this.controls = controls.map(
      Control => new Control(state, config));
    this.dom = elt("div", {}, this.canvas.dom, elt("br"),
                   ...this.controls.reduce(
                     (a, c) => a.concat(" ", c.dom), []));
  }
  syncState(state) {
    this.state = state;
    this.canvas.syncState(state.picture);
    for (let ctrl of this.controls) ctrl.syncState(state);
  }
}
```

给予 PictureCanvas 的指针处理程序使用适当的参数调用当前选定的工具，如果返回移动处理程序，则扩展它以接收状态。

构造所有控件并将其存储在 this.controls 中，以便在应用程序状态更改时更新它们。对 reduce 的调用会在控件的 DOM 元素之间引入空格。这样它们看起来不那么拥挤。

第一个控件是工具选择菜单。它为每个工具创建一个带有选项的 <select> 元素，并设置一个 "change" 事件处理程序，用于在用户选择其他工具时更新应用程序状态。

```
class ToolSelect {
  constructor(state, {tools, dispatch}) {
    this.select = elt("select", {
      onchange: () => dispatch({tool: this.select.value})
    }, ...Object.keys(tools).map(name => elt("option", {
      selected: name == state.tool
    }, name)));
    this.dom = elt("label", null, "✎ Tool: ", this.select);
  }
  syncState(state) { this.select.value = state.tool; }
}
```

通过将标签文本和域包装在 `<label>` 元素中，我们告诉浏览器标签属于该域，以便你可以执行某些操作，例如单击标签以聚焦域。

我们还需要能够改变颜色，所以让我们为它添加一个控件。具有 color 属性的 HTML `<input>` 元素为我们提供了专门用于选择颜色的表单域。这样的域值始终是 "#RRGGBB" 格式的 CSS 颜色代码（红色、绿色和蓝色成分，每种颜色两位数）。当用户与之交互时，浏览器将显示颜色选择器界面。

根据浏览器的不同，颜色选择器可能如下所示：

此控件创建此类域并将其连接起来以与应用程序状态的颜色属性保持同步。

```
class ColorSelect {
  constructor(state, {dispatch}) {
    this.input = elt("input", {
      type: "color",
      value: state.color,
      onchange: () => dispatch({color: this.input.value})
    });
    this.dom = elt("label", null, "🎨 Color: ", this.input);
  }
  syncState(state) { this.input.value = state.color; }
}
```

19.6   绘图工具

在我们绘制任何东西之前，我们需要实现在画布上控制鼠标或触摸事件功能的工具。

最基本的工具是绘图工具，它可以把你单击或触碰的任何像素点变成当前选定的颜色。它安排一个操作，将图像更新为指定的像素变成当前所选的颜色的版本。

```javascript
function draw(pos, state, dispatch) {
  function drawPixel({x, y}, state) {
    let drawn = {x, y, color: state.color};
    dispatch({picture: state.picture.draw([drawn])});
  }
  drawPixel(pos, state);
  return drawPixel;
}
```

此函数立即调用 drawPixel 函数，但随后也返回它，以便当用户拖动或滑动图片时再次调用新触摸的像素。

要绘制更大的形状，快速创建矩形会很有用。矩形工具会在你开始拖动的点和拖到的点之间绘制一个矩形。

```javascript
function rectangle(start, state, dispatch) {
  function drawRectangle(pos) {
    let xStart = Math.min(start.x, pos.x);
    let yStart = Math.min(start.y, pos.y);
    let xEnd = Math.max(start.x, pos.x);
    let yEnd = Math.max(start.y, pos.y);
    let drawn = [];
    for (let y = yStart; y <= yEnd; y++) {
      for (let x = xStart; x <= xEnd; x++) {
        drawn.push({x, y, color: state.color});
      }
    }
    dispatch({picture: state.picture.draw(drawn)});
  }
  drawRectangle(start);
  return drawRectangle;
}
```

此实现中的一个重要细节是，在拖动时，矩形将按照原始状态重新绘制在图片上。这样，你可以在创建矩形时使矩形变大和变小[○]，而不会在最终图片中粘贴中间矩形。这是不可变图片对象有用的原因之一，我们稍后会看到另一个原因。

实施泼墨填充更为复杂。此工具填充指针下的像素和具有相同颜色的所有相邻像素。"相邻"意味着水平或垂直相邻，而不是对角线相邻。此图片说明了在标记像素处使用泼墨填充工具时着色的像素集：

　　○　在拖动起点与当前指针位置之间显示动态的矩形。——译者注

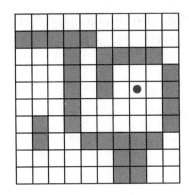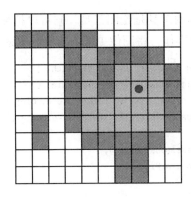

有趣的是，我们这样做的方式看起来有点像第 7 章中的查找路径代码。那段代码通过图搜索来查找路径，此代码搜索网格以查找所有"连接"的像素。跟踪可能路线的分支集合的问题是类似的。

```
const around = [{dx: -1, dy: 0}, {dx: 1, dy: 0},
                {dx: 0, dy: -1}, {dx: 0, dy: 1}];

function fill({x, y}, state, dispatch) {
  let targetColor = state.picture.pixel(x, y);
  let drawn = [{x, y, color: state.color}];
  for (let done = 0; done < drawn.length; done++) {
    for (let {dx, dy} of around) {
      let x = drawn[done].x + dx, y = drawn[done].y + dy;
      if (x >= 0 && x < state.picture.width &&
          y >= 0 && y < state.picture.height &&
          state.picture.pixel(x, y) == targetColor &&
          !drawn.some(p => p.x == x && p.y == y)) {
        drawn.push({x, y, color: state.color});
      }
    }
  }
  dispatch({picture: state.picture.draw(drawn)});
}
```

绘制的像素数组也是函数的工作列表。对于选择的每个像素，我们必须查看任何相邻像素是否具有相同的颜色并且尚未被涂过。添加新像素时，循环计数器滞后于要绘制的数组的长度。它前面的所有像素仍然需要探索。当它赶上长度，没有未探测的像素时，函数的工作就完成了。

最后一个工具是一个颜色选择器，它允许你指向图片中的颜色，以将其用作当前绘图颜色。

```
function pick(pos, state, dispatch) {
  dispatch({color: state.picture.pixel(pos.x, pos.y)});
}
```

19.7 保存和加载

当我们绘制我们的杰作时，我们会想要保存它以供日后使用。我们应该添加一个按钮，将当前图片下载为图像文件。以下控件为我们提供了这个按钮：

```
class SaveButton {
  constructor(state) {
    this.picture = state.picture;
    this.dom = elt("button", {
      onclick: () => this.save()
    }, "💾 Save");
  }
  save() {
    let canvas = elt("canvas");
    drawPicture(this.picture, canvas, 1);
    let link = elt("a", {
      href: canvas.toDataURL(),
      download: "pixelart.png"
    });
    document.body.appendChild(link);
    link.click();
    link.remove();
  }
  syncState(state) { this.picture = state.picture; }
}
```

该组件会跟踪当前图片，以便在保存时可以访问它。为创建图像文件，它使用 <canvas> 元素来绘制图片（按照每个像素一个像素的比例）。

画布元素上的 toDataURL 方法创建了一个以 data: 开头的数据 URL。与 http ：和 https ：开头的 URL 不同，数据 URL 包含 URL 中的整个资源。它们通常很长，但它们允许我们对浏览器中的任意图片创建工作链接。

为了让浏览器实际下载图片，我们随后创建一个指向此 URL 并具有 download 属性的链接元素。单击此类链接会使浏览器显示文件保存对话框。我们将该链接添加到文档，模拟对其的单击，然后再将其删除。

你可以使用浏览器技术做很多事情，但有时候它的做法很奇怪。

更糟的还在后头。我们还希望能够将现有的图像文件加载到我们的应用程序中。为此，我们再次定义一个按钮组件。

```
class LoadButton {
  constructor(_, {dispatch}) {
    this.dom = elt("button", {
      onclick: () => startLoad(dispatch)
    }, "📁 Load");
  }
  syncState() {}
}

function startLoad(dispatch) {
  let input = elt("input", {
```

```
      type: "file",
      onchange: () => finishLoad(input.files[0], dispatch)
  });
  document.body.appendChild(input);
  input.click();
  input.remove();
}
```

为访问用户计算机上的文件，我们需要用户通过文件输入域选择文件。但我不希望加载按钮看起来像文件输入域，因此我们在单击按钮时创建文件输入域，然后假装单击了此文件输入域本身。

当用户选择了一个文件时，我们可以使用 FileReader 来访问其内容，这也是一个数据 URL。该 URL 可用于创建 <img> 元素，但由于我们无法直接访问此类图像中的像素，因此我们无法从中创建 Picture 对象。

```
function finishLoad(file, dispatch) {
  if (file == null) return;
  let reader = new FileReader();
  reader.addEventListener("load", () => {
    let image = elt("img", {
      onload: () => dispatch({
        picture: pictureFromImage(image)
      }),
      src: reader.result
    });
  });
  reader.readAsDataURL(file);
}
```

要访问像素点，我们必须首先将图片绘制到 <canvas> 元素。画布上下文有一个 getImageData 方法，允许脚本读取其像素。因此，一旦图片在画布上，我们就可以访问它并构建一个 Picture 对象。

```
function pictureFromImage(image) {
  let width = Math.min(100, image.width);
  let height = Math.min(100, image.height);
  let canvas = elt("canvas", {width, height});
  let cx = canvas.getContext("2d");
  cx.drawImage(image, 0, 0);
  let pixels = [];
  let {data} = cx.getImageData(0, 0, width, height);

  function hex(n) {
    return n.toString(16).padStart(2, "0");
  }
  for (let i = 0; i < data.length; i += 4) {
    let [r, g, b] = data.slice(i, i + 3);
    pixels.push("#" + hex(r) + hex(g) + hex(b));
  }
```

```
    return new Picture(width, height, pixels);
  }
```

我们将图像的大小限制为 100 x 100 像素，因为更大的图像在我们的显示器上看起来都过于大，并且可能会降低界面速度。

getImageData 返回的对象的 data 属性是一个颜色组件数组。对于由参数指定的矩形中的每个像素，它包含四个值，分别表示像素颜色的红色、绿色、蓝色和 alpha 成分，数字介于 0 到 255 之间。alpha 部分表示不透明度，当它为零时，像素完全透明，当它是 255 时，像素完全不透明。对于我们的任务，我们可以忽略它。

颜色标记中的每个颜色成分的两个十六进制数字精确对应于 0 到 255 的范围——两个十六进制数字可以表示 $16^2 = 256$ 个数字。toString 数字方法可以给出一个基数作为参数，因此 n.toString(16) 将生成基数为 16 的字符串。我们必须确保每个数字占用 2 位，因此 hex 辅助函数调用 padStart 以在必要时添加前导零。

我们现在可以加载并保存图片了！在我们完成之前，还有一个功能需要实现。

19.8　撤销历史记录

编辑过程的一半是犯错误并纠正错误。因此，绘图程序中的一个重要功能是撤销历史记录。

为了能够撤销更改，我们需要存储图片的先前版本。由于它是一个不可变的值，这很容易。但需要在应用程序状态中添加一个域。

我们将添加一个 done 数组来保留图片的先前版本。维护此属性需要更复杂的状态更新功能，以将图片添加到数组。

但我们不希望存储每一个变化，而只是存储一定的时间内的变化。为了能够做到这一点，我们需要第二个属性 doneAt，以跟踪我们上次在历史记录中存储图片的时间。

```
function historyUpdateState(state, action) {
  if (action.undo == true) {
    if (state.done.length == 0) return state;
    return Object.assign({}, state, {
      picture: state.done[0],
      done: state.done.slice(1),
      doneAt: 0
    });
  } else if (action.picture &&
             state.doneAt < Date.now() - 1000) {
    return Object.assign({}, state, action, {
      done: [state.picture, ...state.done],
      doneAt: Date.now()
    });
  } else {
    return Object.assign({}, state, action);
  }
}
```

当操作是撤销动作时，此函数从历史记录中获取最新的图像并使其成为当前图像。它将 doneAt 设置为零，以保证下一次更改将图片存储回历史记录中，如果需要，可以再次还原它。

另一方面，如果操作包含新图片，并且距离我们最后一次存储内容的时间超过一秒（1000 毫秒），则更新 done 和 doneAt 属性以存储上一张图片。

撤销按钮组件没有做太多事情。它在单击时安排撤销操作，并在没有任何内容可撤销时自行禁用。

```
class UndoButton {
  constructor(state, {dispatch}) {
    this.dom = elt("button", {
      onclick: () => dispatch({undo: true}),
      disabled: state.done.length == 0
    }, "↩ Undo");
  }
  syncState(state) {
    this.dom.disabled = state.done.length == 0;
  }
}
```

19.9　让我们画吧

为设置应用程序，我们需要创建一个状态、一组工具、一组控件和一个分派函数。我们可以将它们传递给 PixelEditor 构造函数来创建主要组件。由于我们需要在练习中创建几个编辑器，我们首先定义一些绑定。

```
const startState = {
  tool: "draw",
  color: "#000000",
  picture: Picture.empty(60, 30, "#f0f0f0"),
  done: [],
  doneAt: 0
};

const baseTools = {draw, fill, rectangle, pick};

const baseControls = [
  ToolSelect, ColorSelect, SaveButton, LoadButton, UndoButton
];

function startPixelEditor({state = startState,
                           tools = baseTools,
                           controls = baseControls}) {
  let app = new PixelEditor(state, {
    tools,
    controls,
```

```
    dispatch(action) {
      state = historyUpdateState(state, action);
      app.syncState(state);
    }
  });
  return app.dom;
}
```

在对对象或数组进行解构时，可以在绑定名称后使用 = 来为绑定提供默认值，此值在缺少属性或保持 undefined 时使用。startPixelEditor 函数使用它来接受将许多可选属性作为参数的对象。例如，如果你不提供 tools 属性，则 tools 将绑定到 baseTools。

这就是我们在屏幕上实际获得编辑器的方法：

```
<div></div>
<script>
  document.querySelector("div")
    .appendChild(startPixelEditor({}));
</script>
```

19.10　为什么这么难

浏览器技术令人惊叹。它提供了一组功能强大的界面构件、样式和操作方法，以及检查和调试应用程序的工具。你为浏览器编写的软件几乎可以在地球上的每台计算机和手机上运行。

与此同时，浏览器技术也很荒谬。你必须学习大量愚蠢的技巧和模糊的事实来掌握它，它提供的默认编程模型是如此成问题，以至于大多数程序员都喜欢在几个抽象层中覆盖它而不是直接处理它。

尽管情况肯定在改善，但它主要是通过添加更多元素以解决缺点而形成的，而这会产生更多的复杂性。被百万个网站使用的功能实际上无法被替换。即使可能，也很难确定应该把它替换成什么。

技术永远不会存在于真空中，我们的工具以及产生它们的社会、经济和历史因素限制了我们。这可能很烦人，但尝试建立对现有技术如何工作的良好理解，以及为什么它是这样，比起愤怒反对它或坚持另一套东西，通常更有成效。

新的抽象可能会有所帮助。我在本章中使用的组件模型和数据流约定是其粗略形式。如上所述，有些库试图使用户界面编程更加愉快。在撰写本文时，React 和 Angular 是受欢迎的选择，但是这种框架有一个完整的小型产业。如果你对编写 Web 应用程序感兴趣，我建议你研究其中的一些应用程序，以了解它们的工作原理以及它们提供的好处。

19.11　习题

我们的程序仍有改进的空间。让我们添加一些功能作为习题。

1. 键盘绑定

向应用程序添加键盘快捷键。用工具英文名称的第一个字母来选择工具，用 CTRL-Z 或 COMMAND-Z 激活撤销。

通过修改 PixelEditor 组件来完成此操作。向包装 <div> 元素添加为 0 的 tabIndex 属性，以便它可以接收键盘焦点。请注意，与 tabindex A 属性对应的 P 属性为 tabIndex ，它带有大写字母 I，我们的 elt 函数需要 P 属性名称。直接在此元素上注册按键事件处理程序。这意味着你必须先单击、触摸或用 TAB 键跳到应用程序，然后才能使用键盘与其进行交互。

请记住，键盘事件具有 ctrlKey 和 metaKey（对于 Mac 上的 COMMAND 键）属性，你可以使用这些属性来查看这些键是否被按下。

2. 高效绘图

在绘图期间，我们的应用程序所做的大部分工作都发生在 drawPicture 中。创建一个新状态并更新 DOM 的其余部分的成本并不是非常高，但重新绘制画布上的所有像素的工作量相当大。

通过仅重新绘制实际更改的像素，找到一种使 PictureCanvas 的 syncState 方法更快的方法。

请记住，drawPicture 也被保存按钮使用，因此如果你更改它，请确保更改不会破坏旧用法或创建具有不同名称的新版本。

另请注意，更改 <canvas> 元素的大小（通过设置它的 width 或 height 属性）会清除它，使其再次完全透明。

3. 圆

定义一个名为 circle 的工具，在拖动时绘制一个实心圆。圆的中心位于拖动或触摸手势开始的点，其半径由拖动的距离确定。

4. 适当的线

这个习题比前两个更高级，它将要求你设计一个方案来解决有点难度的问题。在开始练习之前，请确保你有足够的时间和耐心，并且不要因最初的失败而气馁。

在大多数浏览器中，当你使用 draw 工具并快速拖动图片时，你不会得到一条封闭直线。相反，你会得到有间隙的点，因为 "mousemove" 或 "touchmove" 事件没有足够快地激活以击中每个像素。

改进 draw 工具，使其画出一条完整的线条。这意味着你必须使运动处理函数记住先前的位置并将其连接到当前位置。由于像素可以相距任意距离，要做到这一点，你必须编写一个通用的画线条函数。

两个像素之间的线是连接的像素链，要尽可能直。对角相邻的像素被视为连接，因此斜线应该看起来像左侧的图片，而不是右侧的图片。

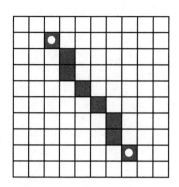 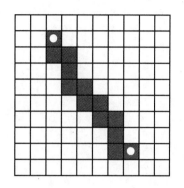

最后，如果我们拥有在两个任意点之间绘制一条线段的代码，我们也可以使用它来定义一个画线工具，它在拖动的开始点和结束点之间绘制一条线段。

第三部分 *Part 3*

Node

- 第 20 章　Node.js
- 第 21 章　项目：技能分享网站
- 第 22 章　JavaScript 性能

第 20 章

Node.js

到目前为止，我们只在一种环境（浏览器）中使用 JavaScript 语言。本章和下一章简要介绍 Node.js，这是一个允许你在浏览器之外应用 JavaScript 技能的程序。使用 Node.js，你可以构建从小型命令行工具到支持动态网站的 HTTP 服务器的任何内容。

这两章旨在向你介绍 Node.js 使用的主要概念，并为你提供足够的信息来在它上面编写有用的程序。但它们不会完整或深入地介绍 Node.js 平台。

如果你想运行本章中的代码，则需要安装 Node.js 10.1 或更高版本。为此，请访问 https://nodejs.org 并按照操作系统的安装说明进行操作。你还可以在那里找到 Node.js 的更多文档。

20.1　背景

编写通过网络进行通信的系统的一个难题是管理输入和输出，即在网络和硬盘驱动器之间读取和写入数据。来回移动数据需要时间，而这个工作安排得是否巧妙会对系统响应用户或网络请求的速度产生很大影响。

在这样的程序中，异步编程通常很有帮助。它允许程序同时从多个设备发送和接收数据，而无须复杂的线程管理和同步。

Node 最初的构思是为了使异步编程变得简单方便。JavaScript 非常适合像 Node 这样的系统。它是为数不多的没有内置输入和输出方式的编程语言之一。因此，JavaScript 可以适应 Node 相当古怪的输入和输出方法，而不会导致两个不一致的接口。在 2009 年设计 Node 时，人们已经在浏览器中进行基于回调的编程了，因此围绕该语言的社区已经习惯于异步编程风格了。

20.2　node 命令

当 Node.js 安装在系统上时，它提供了一个名为 node 的程序，用于运行 JavaScript 文件。假设你有一个文件 hello.js，其中包含以下代码：

```
let message = "Hello world";
console.log(message);
```

然后，你可以从命令行运行 Node，以执行此程序：

```
$ node hello.js
Hello world
```

Node 中的 console.log 方法与浏览器中的方法类似，它打印出一段文字。但在 Node 中，文本将转到进程的标准输出流，而不是浏览器的 JavaScript 控制台。从命令行运行 Node 时，这意味着你将在终端中看到记录的值。

如果你运行 Node 而不给它一个文件，它会显示一个提示符，你可以在其中键入 JavaScript 代码并立即查看结果。

```
$ node
> 1 + 1
2
> [-1, -2, -3].map(Math.abs)
[1, 2, 3]
> process.exit(0)
$
```

与 console 绑定一样，process 绑定在 Node 中全局可用。它提供了各种方法来检查和操作当前程序。exit 方法可以结束进程并给出一个退出状态代码，该代码告诉启动 Node 的程序（在本例中为命令行 shell），Node 程序是成功完成（代码为 0），还是遇到错误（任何其他代码）。

要查找给予脚本的命令行参数，可以读取 process.argv，它是一个字符串数组。请注意，它还包括 Node 命令的名称和脚本名称，因此实际参数从索引 2 开始。如果 showargv.js 包含语句 console.log (process.argv)，则可以像下面这样运行：

```
$ node showargv.js one --and two
["node", "/tmp/showargv.js", "one", "--and", "two"]
```

所有标准 JavaScript 全局绑定（例如 Array、Math 和 JSON）也存在于 Node 的环境中。与浏览器相关的功能（例如 document 或 prompt）则不包括在内。

20.3　模块

除了我提到的绑定（例如 console 和 process）之外，Node 还在全局范围内添加了一些额外的绑定。如果要访问内置功能，则必须利用模块系统。

基于 require 函数的 CommonJS 模块系统在 10.5 节中进行了描述。该系统内置于 Node 中，用于将内置模块、下载包中的任何内容加载到属于你自己程序的文件中。

调用 require 时，Node 必须将给定的字符串解析为可以加载的实际文件。以 /, ./ 或 ../ 开头的路径名被解析为相对于当前模块的路径，其中 ./ 代表当前目录，../ 用于上一层目录，而 / 用于文件系统的根目录。因此，如果你从 /tmp/robot/robot.js 文件中请求 "./graph"，Node 将尝试加载文件 /tmp/robot/graph.js。

可以省略 .js 扩展名，如果存在这样的文件，Node 将添加它。如果所需路径引用的是一个目录，Node 将尝试在该目录中加载名为 index.js 的文件。

当一个看起来不像相对或绝对路径的字符串被赋予 require 时，它被认为是指内置模块或安装在 node_modules 目录中的模块。例如，require("fs") 将给出 Node 的内置文件系统模块。而 require("robot") 可能会尝试加载 node_modules/robot/ 中的库。安装这些库的常用方法是使用 NPM，我们马上就会介绍它。

让我们设置一个由两个文件组成的小项目。第一个文件名为 main.js，定义了一个可以从命令行调用以反转字符串的脚本。

```
const {reverse} = require("./reverse");

//索引2保存第一个实际的命令行参数
let argument = process.argv[2];

console.log(reverse(argument));
```

文件 reverse.js 定义了一个用于反转字符串的库，它可以由此命令行工具和需要直接访问字符串反转函数的其他脚本使用。

```
exports.reverse = function(string) {
  return Array.from(string).reverse().join("");
};
```

请记住，向 exports 添加属性会将它们添加到模块的接口中。由于 Node.js 将文件视为 CommonJS 模块，因此 main.js 可以从 reverse.js 获取导出的 reverse 函数。

我们现在可以像这样调用我们的工具：

```
$ node main.js JavaScript
tpircSavaJ
```

20.4 使用 NPM 安装

NPM 是第 10 章中介绍的，它是 JavaScript 模块的在线存储库，其中许多模块是专门为 Node 编写的。在计算机上安装 Node 时，还会获得 npm 命令，你可以使用该命令与此存储库进行交互。

NPM 的主要用途是下载软件包。在第 10 章中我们看到了 ini 包。我们可以使用 NPM

在我们的计算机上获取并安装该软件包。

```
$ npm install ini
npm WARN enoent ENOENT: no such file or directory,
         open '/tmp/package.json'
+ ini@1.3.5
added 1 package in 0.552s

$ node
> const {parse} = require("ini");
> parse("x = 1\ny = 2");
{ x: '1', y: '2' }
```

运行 npm install 后，NPM 将创建一个名为 node_modules 的目录。在该目录中将有一个包含此库的 ini 目录。你可以打开它并查看代码。当我们调用 require("ini") 时，会加载这个库，我们可以调用它的 parse 属性来解析配置文件。

默认情况下，NPM 在当前目录下，而不是在某个中心位置安装软件包。如果你习惯于其他软件包管理器，这可能看起来很不寻常，但它具有优势——它使每个应用程序都完全控制它安装的软件包，并且更容易管理版本和在删除应用程序时进行清理。

20.4.1　包文件

在 npm install 示例中，你可以看到有关 package.json 文件不存在这一情况的警告。建议手动或通过运行 npm init 为每个项目创建这样的文件。它包含有关项目的一些信息，例如其名称和版本，并列出其依赖项。

将第 7 章中的机器人模拟器，按照第 10 章练习题中那样模块化，可能有一个像这样的 package.json 文件：

```
{
  "author": "Marijn Haverbeke",
  "name": "eloquent-javascript-robot",
  "description": "Simulation of a package-delivery robot",
  "version": "1.0.0",
  "main": "run.js",
  "dependencies": {
    "dijkstrajs": "^1.0.1",
    "random-item": "^1.0.0"
  },
  "license": "ISC"
}
```

在没有命名要安装的软件包的情况下运行 npm install 时，NPM 将安装 package.json 中列出的依赖项。当你安装尚未列为依赖项的特定包时，NPM 会将其添加到 package.json。

20.4.2　版本

package.json 文件列出了程序自己的版本及其依赖项的版本。版本是一种处理包单独演变的方法，而为某个包（在某一时刻存在的）编写的与之协同工作的代码可能不适用于这个包的后续修改版本。

NPM 要求其软件包遵循语义版本模式，该模式对版本号代表的版本兼容哪些版本（不破坏旧接口）的信息进行编码。语义版本由三个数字组成并以句点分隔，例如 2.3.0。每次添加新功能时，版本号中间的数字都必须递增。每次兼容性被破坏时，使用该包的现有代码可能无法与包的新版本一起使用，版本号第一个数字必须递增。

package.json 中依赖项版本号前面的脱字符（^）表示与给定数字兼容的任何版本可能会安装。因此，例如，"^ 2.3.0" 意味着允许任何大于或等于 2.3.0 且小于 3.0.0 的版本。

npm 命令还用于发布新包或新版本的包。如果在具有 package.json 文件的目录中运行 npm publish，它将把一个包连同一个列出包的名称和版本的 JSON 文件发布到注册目录。任何人都可以将软件包发布到 NPM——尽管只是在一个尚未使用的软件包名下，因为如果随便哪个人都可以更新现有的软件包，那会有些可怕。

由于 npm 程序是一个与开放系统（包注册目录）对话的软件，因此它没有什么独特之处。另一个可以从 NPM 注册表安装的程序 yarn，使用稍微不同的界面和安装策略担任与 npm 相同的角色。

本书不会深入探讨 NPM 使用的细节。有关更多文档和搜索包的方法，请参阅 https://npmjs.org。

20.5 文件系统模块

Node 中最常用的一个内置模块是 fs 模块，它代表文件系统（file system）。它导出用于处理文件和目录的函数。

例如，名为 readFile 的函数读取文件，然后使用文件的内容调用回调函数。

```
let {readFile} = require("fs");
readFile("file.txt", "utf8", (error, text) => {
  if (error) throw error;
  console.log("The file contains:", text);
});
```

readFile 的第二个参数表示将文件解码为字符串的字符编码。有几种方法可以将文本编码为二进制数据，但大多数现代系统都使用 UTF-8。因此，除非你有理由相信文本文件使用了其他编码，否则在读取它时请传递 "utf8"。如果你没有传递编码，Node 将假定你对二进制数据感兴趣并且将为你提供 Buffer 对象而不是字符串。这是一个类似于数组的对象，它包含表示文件中字节（8 位数据块）的数字。

```
const {readFile} = require("fs");
readFile("file.txt", (error, buffer) => {
  if (error) throw error;
```

```
  console.log("The file contained", buffer.length, "bytes.",
              "The first byte is:", buffer[0]);
});
```

类似的函数 writeFile 用于将文件写入磁盘。

```
const {writeFile} = require("fs");
writeFile("graffiti.txt", "Node was here", err => {
  if (err) console.log(`Failed to write file: ${err}`);
  else console.log("File written.");
});
```

这里没有必要指定编码——当给它一个要写的字符串而不是一个 Buffer 对象时，writeFile 会假设它应该使用它的默认字符编码（UTF-8）将其写为文本。

fs 模块包含许多其他有用的函数：readdir 将返回目录中的文件作为字符串数组，stat 将检索有关文件的信息，rename 将重命名文件，unlink 将删除一个文件，等等。详细信息请参阅 https://nodejs.org 上的文档。

其中大多数函数都将回调函数作为最后一个参数，它们要么使用错误结果调用该函数（第一个参数），要么使用成功的结果调用该函数（第二个参数）。正如我们在第 11 章中看到的那样，这种编程风格存在缺点，最大的缺点是错误处理变得冗长且容易出错。

虽然 promise 已经成为 JavaScript 的一部分，但在撰写本文时，它们与 Node.js 的集成工作仍然在进行中。从版本 10.1 开始，有一个从 fs 包导出的 promises 对象，它与 fs 的大多数功能相同，但使用 promise 而不是回调函数。

```
const {readFile} = require("fs").promises;
readFile("file.txt", "utf8")
  .then(text => console.log("The file contains:", text));
```

有时你不需要异步性，它只会妨碍你。fs 中的许多函数也有一个同步变体，它以原函数的名称开头，同时将 Sync 添加到名字末尾。例如，readFile 的同步版本为 readFileSync。

```
const {readFileSync} = require("fs");
console.log("The file contains:",
            readFileSync("file.txt", "utf8"));
```

请注意，在执行此类同步操作时，你的程序将完全停止。如果它应该对用户或网络上的其他机器做出响应，那么卡在同步操作上可能会产生烦人的延迟。

20.6　HTTP 模块

另一个核心模块叫作 http。它提供运行 HTTP 服务器和发出 HTTP 请求的功能。

下面就是启动 HTTP 服务器所需的全部内容：

```
const {createServer} = require("http");
let server = createServer((request, response) => {
  response.writeHead(200, {"Content-Type": "text/html"});
```

```
  response.write(`
    <h1>Hello!</h1>
    <p>You asked for <code>${request.url}</code></p>`);
  response.end();
});
server.listen(8000);
console.log("Listening! (port 8000)");
```

如果你在自己的计算机上运行此脚本，则可以将 Web 浏览器指向 http://localhost : 8000/hello 以向服务器发出请求。它将以一个小型 HTML 页面进行响应。

每次客户端连接到服务器时，都会调用作为参数传递给 createServer 的函数。request 和 response 绑定是表示传入和传出数据的对象。第一个包含有关请求的信息，例如 url 属性，它告诉我们请求的 URL。

因此，当你在浏览器中打开该页面时，它会向你自己的计算机发送请求。这会导致服务器功能运行并发回一个响应，然后你可以在浏览器中看到该响应。

要发回一些东西，可以在 response 对象上调用方法。第一个是 writeHead，它将写出响应标头（参见第 18 章）。你提供给它状态代码（在本例中为 200，表示 "OK"）和包含标头值的对象。此示例设置 Content-Type 标头以通知客户端我们将发送回 HTML 文档。

接下来，使用 response.write 发送实际响应主体（文档本身）。如果要逐个发送响应，例如在数据流变得可用时将它传输到客户端，则可以多次调用此方法。最后，response.end 表示响应结束。

对 server.listen 的调用导致服务器开始等待端口 8000 上的连接。这就是为什么你必须连接到 localhost:8000 来与这个服务器通信，而不是只使用 localhost 的原因，因为不写端口号将使用默认端口 80。

当你运行此脚本时，此进程就在那里并一直等待。当脚本正在监听事件时（在本例中，监听的是网络连接）Node 到达脚本末尾时将不会自动退出。要关闭它，请按 CTRL-C。

一个真正的 Web 服务器通常比示例中做的更多，它查看请求的方法（方法属性）以查看客户端尝试执行的操作，并查看请求的 URL 以找出哪个资源正在执行此操作。我们将在 20.8 节中看到更高级的服务器。

要充当 HTTP 客户端，我们可以使用 http 模块中的 request 函数。

```
const {request} = require("http");
let requestStream = request({
  hostname: "eloquentjavascript.net",
  path: "/20_node.html",
  method: "GET",
  headers: {Accept: "text/html"}
}, response => {
  console.log("Server responded with status code",
              response.statusCode);
});
requestStream.end();
```

request 的第一个参数配置请求，告诉 Node 要与哪个服务器通信，从该服务器请求什么路径，使用哪种方法，等等。第二个参数是响应进入时应该调用的函数。它给出了一个允许我们检查响应的对象，例如找出它的状态码。

就像我们在服务器中看到的 response 对象一样，request 返回的对象允许我们使用 write 方法将数据流式传输到请求中，并使用 end 方法完成请求。此示例不使用 write，因为 GET 请求不应包含请求正文中的数据。

https 模块中有一个类似的 request 函数，可用于向 https: URL 发出请求。

使用 Node 的原始功能发出请求相当冗长。NPM 上有更方便的压缩程序包。例如，node-fetch 提供了我们从浏览器中知道的基于 promise 的 fetch 接口。

20.7　流

我们在 HTTP 示例中看到了两个可写流实例，即服务器可以写入的 response 对象，以及从请求返回的 request 对象。

可写流是 Node 中广泛使用的概念。这样的对象有一个 write 方法，可以传递一个字符串或一个 Buffer 对象来将一些东西写入流。它们的 end 方法关闭流，并可选择在关闭之前使用某个值写入流。这两种方法也可以作为附加参数给出回调函数，它们将在写入或结束时调用。

可以使用 fs 模块中的 createWriteStream 函数创建指向文件的可写流。然后，你可以在结果对象上使用 write 方法一次一个地写入文件，而不是像 writeFile 一样一次写入全部。

可读流涉及更多内容。传递给 HTTP 服务器回调函数的 request 绑定和传递给 HTTP 客户端回调函数的 response 绑定都是可读流——服务器读取请求然后写入响应，而客户端首先写入请求然后读取响应。从流中读取是使用事件处理程序而不是方法完成的。

在 Node 中发出事件的对象有一个名为 on 的方法，类似于浏览器中的 addEventListener 方法。你给它传入一个事件名称和函数，它会注册在给定事件发生时要调用的函数。

可读流具有 "data" 和 "end" 事件。第一个在每次数据进入时触发，第二个在流结束时调用。此模型最适合于可以立即处理的流数据，即使整个文档尚不可用。通过使用 fs 中的 createReadStream 函数，可以将文件读取为可读流。

此代码创建一个服务器，该服务器读取请求正文并将它们作为全大写文本传输回客户端：

```
const {createServer} = require("http");
createServer((request, response) => {
  response.writeHead(200, {"Content-Type": "text/plain"});
  request.on("data", chunk =>
    response.write(chunk.toString().toUpperCase()));
  request.on("end", () => response.end());
}).listen(8000);
```

传递给数据处理程序的 chunk 值将是二进制 Buffer。我们可以通过使用 toString 方法将其解码为 UTF-8 编码字符来将其转换为字符串。

在大写服务器活动下运行时，以下代码将向该服务器发送请求并写出它获得的响应：

```
const {request} = require("http");
request({
  hostname: "localhost",
  port: 8000,
  method: "POST"
}, response => {
  response.on("data", chunk =>
    process.stdout.write(chunk.toString()));
}).end("Hello server");
// → HELLO SERVER
```

此示例写入 process.stdout（进程的标准输出，这是一个可写的流）而不是使用 console.log。我们不能使用 console.log，因为它在它写入的每段文本之后都添加了一个额外的换行符，这在这里不合适，因为响应可能以多个块的形式出现。

20.8　文件服务器

让我们结合我们关于 HTTP 服务器的新知识并使用文件系统来建立两者之间的桥梁：允许远程访问文件系统的 HTTP 服务器。这样的服务器具有各种用途——它允许 Web 应用程序存储和共享数据，或者它可以让一组人共享访问一堆文件。

当我们将文件视为 HTTP 资源时，HTTP 方法 GET、PUT 和 DELETE 可分别用于读取 \ 写入和删除文件。我们将请求中的路径解释为请求引用的文件的路径。

我们可能不想共享我们的整个文件系统，因此我们将这些路径解释为从服务器工作目录（即启动它的目录）开始。如果我从 /tmp/public/（或 Windows 上的 C:\tmp\public\）运行服务器，那么对 /file.txt 的请求应该引用 /tmp/public/file.txt（或 C:\tmp\public\file.txt）。

我们将使用一个名为 methods 的对象存储处理各种 HTTP 方法的函数来逐步构建程序。methods 处理程序是异步函数，它将请求对象作为参数获取，并返回一个解析为描述响应的对象的 promise。

```
const {createServer} = require("http");

const methods = Object.create(null);

createServer((request, response) => {
  let handler = methods[request.method] || notAllowed;
  handler(request)
    .catch(error => {
      if (error.status != null) return error;
      return {body: String(error), status: 500};
```

```
    })
    .then(({body, status = 200, type = "text/plain"}) => {
      response.writeHead(status, {"Content-Type": type});
      if (body && body.pipe) body.pipe(response);
      else response.end(body);
    });
}).listen(8000);
async function notAllowed(request) {
  return {
    status: 405,
    body: `Method ${request.method} not allowed.`
  };
}
```

这将启动一个只返回 405 错误响应的服务器，这个代码用于指示服务器拒绝处理给定的方法。

当请求处理程序的 promise 被拒绝时，catch 调用将错误转换为响应对象（如果它不是已响应对象），以便服务器可以发回错误响应以通知客户端它无法处理请求。

可以省略响应描述的 status 字段，在这种情况下，它默认为 200（OK）。type 属性中的内容类型也可以省略，在这种情况下，响应被假定为纯文本。

当 body 的值是可读流时，它将具有 pipe 方法，此方法用于将所有内容从可读流转发到可写流。如果不是，则假定为 null（无正文）、字符串或缓冲区，并将其直接传递给响应的 end 方法。

为了确定哪个文件路径对应于请求 URL，urlPath 函数使用 Node 的内置 url 模块来解析 URL。它采用路径名，就像 "/file.txt" 一样，对它解码以摆脱 %20 样式的转义码，并将它解析为相对于程序工作目录的路径。

```
const {parse} = require("url");
const {resolve, sep} = require("path");

const baseDirectory = process.cwd();

function urlPath(url) {
  let {pathname} = parse(url);
  let path = resolve(decodeURIComponent(pathname).slice(1));
  if (path != baseDirectory &&
      !path.startsWith(baseDirectory + sep)) {
    throw {status: 403, body: "Forbidden"};
  }
  return path;
}
```

一旦设置了接受网络请求的程序，就必须开始关注安全问题。在这种情况下，如果我们不小心，就可能会意外地将整个文件系统暴露给网络。

文件路径是 Node 中的字符串。要将这样的字符串映射到实际文件，会发生大量的解释。例如，路径可以包括 ../ 来引用父目录。因此，一个明显的问题来源是对 /../secret_ file 等路径的请求。

　　为避免此类问题，urlPath 使用 path 模块中的 resolve 函数来解析相对路径。然后验证结果是否在工作目录之下。process.cwd 函数（其中 cwd 代表当前工作目录）可用于查找工作目录。path 包中的 sep 绑定是系统的路径分隔符（Windows 上的反斜杠和大多数其他系统上的正斜杠）。当路径不从基目录开始时，此函数将使用 HTTP 状态代码抛出错误响应对象，指示禁止访问资源。

　　我们将设置 GET 方法以在读取目录时返回文件列表，并在读取常规文件时返回文件的内容。

　　一个棘手的问题是我们在返回文件内容时应该设置什么样的 Content-Type 标头。由于这些文件可以是任何内容，因此我们的服务器不能简单地为所有文件返回相同的内容类型。NPM 可以在这里再次帮助我们。mime 包（内容类型指示符，如 text/plain，也称为 MIME 类型）知道大量文件扩展名的正确类型。

　　以下 npm 命令位于服务器脚本所在的目录中，安装特定版本的 mime：

```
$ npm install mime@2.2.0
```

　　当请求的文件不存在时，要返回的正确 HTTP 状态代码为 404。我们将使用 stat 函数查找文件的相关信息，以查明文件是否存在以及它是否是目录。

```
const {createReadStream} = require("fs");
const {stat, readdir} = require("fs").promises;
const mime = require("mime");

methods.GET = async function(request) {
  let path = urlPath(request.url);
  let stats;
  try {
    stats = await stat(path);
  } catch (error) {
    if (error.code != "ENOENT") throw error;
    else return {status: 404, body: "File not found"};
  }
  if (stats.isDirectory()) {
    return {body: (await readdir(path)).join("\n")};
  } else {
    return {body: createReadStream(path),
            type: mime.getType(path)};
  }
};
```

　　因为这个操作必须接触磁盘，因此可能需要一段时间，因此 stat 是异步的。由于我们使用的是 promise 而不是回调样式，因此必须从 promises 导入而不是直接从 fs 导入。

　　当文件不存在时，stat 将抛出一个 code 属性为 "ENOENT"[⊖]的错误对象。这些有点费解，你识别 Node 中的错误类型时要熟悉 Unix 风格的错误码。

　　⊖　Error No Entry 的缩写。——译者注

stat 返回的 stats 对象告诉我们一些关于文件的事情，例如它的大小（size 属性）和它的修改日期（mtime 属性）。在这里，我们感兴趣的是它是一个目录还是一个常规文件，isDirectory 方法会告诉我们这一点。

我们使用 readdir 读取目录中的文件数组并将其返回客户端。对于普通文件，我们使用 createReadStream 创建一个可读流，并将其作为正文返回，同时返回 mime 包为它的文件名提供的内容类型。

处理 DELETE 请求的代码稍微简单一些。

```
const {rmdir, unlink} = require("fs").promises;

methods.DELETE = async function(request) {
  let path = urlPath(request.url);
  let stats;
  try {
    stats = await stat(path);
  } catch (error) {
    if (error.code != "ENOENT") throw error;
    else return {status: 204};
  }
  if (stats.isDirectory()) await rmdir(path);
  else await unlink(path);
  return {status: 204};
};
```

当 HTTP 响应不包含任何数据时，可以使用状态代码 204（"无内容"）来指示这一点。由于对删除的响应不需要传输除操作是否成功之外的任何信息，因此在此处返回 204 状态代码是明智之举。

你可能想知道为什么尝试删除不存在的文件会返回成功状态代码，而不是错误。当没有被删除的文件时，你可以说已经满足了请求的目标。HTTP 标准鼓励我们使请求具有幂等性，这意味着多次发出相同的请求会产生与发出一次请求相同的结果。在某种程度上，如果你试图删除已经消失的东西，你试图做的效果已经实现——那事物不再存在了。

这是 PUT 请求的处理程序：

```
const {createWriteStream} = require("fs");

function pipeStream(from, to) {
  return new Promise((resolve, reject) => {
    from.on("error", reject);
    to.on("error", reject);
    to.on("finish", resolve);
    from.pipe(to);
  });
}

methods.PUT = async function(request) {
```

```
    let path = urlPath(request.url);
    await pipeStream(request, createWriteStream(path));
    return {status: 204};
};
```

我们这次不需要检查文件是否存在，如果存在，我们只要覆盖它就行了。我们再次使用管道将数据从可读流移动到可写流，在本例中是从请求到文件。但是由于管道不是用来返回 promise 的，我们必须编写一个包装器 pipeStream，它会在调用管道的结果周围创建一个 promise。

若打开文件时出现问题，createWriteStream 仍将返回一个流，但该流将触发 "error" 事件。请求的输出流也可能失败，例如，网络出现故障。因此，我们将两个流的" error"事件连接起来以拒绝 promise。管道完成后，它将关闭输出流，从而触发 "finish" 事件。这时我们就成功解决了 promise（不返回任何内容）。

有关服务器的完整脚本，请访问 https://eloquentjavascript.net/code/file_server.js。你可以下载它，并在安装其依赖项后，使用 Node 运行它以启动你自己的文件服务器。当然，你可以修改和扩展它以解决本章的习题或实验。

命令行工具 curl 广泛应用于类 Unix 系统（如 macOS 和 Linux），可用于发出 HTTP 请求。以下会话简要测试我们的服务器。-X 选项用于设置请求的方法，-d 用于包含请求正文。

```
$ curl http://localhost:8000/file.txt
File not found
$ curl -X PUT -d hello http://localhost:8000/file.txt
$ curl http://localhost:8000/file.txt
hello
$ curl -X DELETE http://localhost:8000/file.txt
$ curl http://localhost:8000/file.txt
File not found
```

file.txt 的第一个请求失败，因为此文件尚不存在。PUT 请求创建文件，并且下一个请求成功获取该文件。使用 DELETE 请求删除它后，文件再次丢失。

20.9 小结

Node 是一个很好的小型系统，它允许我们在非浏览器环境中运行 JavaScript。它最初是为网络任务而设计的，可以在网络中扮演节点（node）的角色。但它还适用于各种脚本任务，如果你喜欢编写 JavaScript，那么使用 Node 自动完成任务也行得通。

NPM 为你能想到的一切（以及你可能从未想到过的一些东西）提供了包，它允许你使用 npm 程序获取和安装这些包。Node 附带了许多内置模块，包括用于处理文件系统的 fs 模块和用于运行 HTTP 服务器和发出 HTTP 请求的 http 模块。

Node 中的所有输入和输出都是异步完成的，除非你明确使用函数的同步变体，例如 readFileSync。调用此类异步函数时，你将提供回调函数，并且 Node 会在准备好时，使用错误值和（如果存在）结果调用它们。

20.10　习题

1. 搜索工具

在 Unix 系统上，有一个名为 grep 的命令行工具，可利用正则表达式快速搜索满足条件的文件。

编写一个可以从命令行运行并且行为有点像 grep 的 Node 脚本。它将其第一个命令行参数视为正则表达式，并将任何其他参数视为要搜索的文件。它应该输出内容与正则表达式匹配的任何文件的名称。

当这个脚本完成上述工作时，对它进行扩展，以便当其中一个参数是目录时，它将搜索该目录及其子目录中的所有文件。

根据需要使用异步或同步文件系统功能。设置成同时发出多个异步操作请求可能会稍微加快速度，但不会提高很多，因为大多数文件系统一次只能读取一个东西。

2. 目录创建

虽然我们的文件服务器中的 DELETE 方法能够删除目录（使用 rmdir），但服务器当前不提供任何创建目录的方法。

添加对 MKCOL 方法（"make collection"）的支持，此方法应该通过从 fs 模块调用 mkdir 来创建目录。MKCOL 不是一种广泛使用的 HTTP 方法，但它确实由于相同的目的存在于 WebDAV 标准中，它在 HTTP 上指定一组约定，使其适合于创建文档。

3. 网络上的公共空间

由于文件服务器提供任何类型的文件，甚至包括正确的 Content-Type 标头，因此你可以使用它来为网站提供服务。因为它允许每个人删除和替换文件，所以它将是一个有趣的网站：一个可以被任何人修改、改进和破坏的网站，只要他们花时间来创建正确的 HTTP 请求。

编写一个包含简单 JavaScript 文件的基本 HTML 页面。将文件放在文件服务器提供的目录中，然后在浏览器中打开它们。

接下来，作为高级练习甚至是周末项目，将你从本书中获得的所有知识结合起来，以便构建对用户更加友好的界面来修改网站，即在网站内部的页面上进行操作。

使用 HTML 表单编辑构成网站的文件的内容，允许用户使用 HTTP 请求在服务器上更新它们，如第 18 章所述。

首先只制作一个可编辑的文件。然后进行设置，以便用户可以选择要编辑的文件。利用我们的文件服务器在读取目录时返回文件列表的功能来完成这个工作。

不要直接在文件服务器公开的代码上工作，因为如果你犯了错误，你可能会损坏那里的文件。相反，请将你的工作代码放在可公开访问的目录之外，并在测试时将其复制到那里。

第 21 章

项目：技能分享网站

技能分享会是这样一种活动：人们因为共同的兴趣聚在一起，并随意地讲述他们所了解的事物的相关知识。在园艺分享会上，有人可能会介绍如何种植芹菜。在编程技能分享组中，你可以直接告诉人们有关 Node.js 的事情。

人们也将计算机的这种聚会称为用户组，它是扩大视野、了解新发展或仅仅与具有类似兴趣的人会面的好方法。许多大城市都有 JavaScript 聚会。你通常可以自由参加，我发现我参加的那些聚会都是友好和热情的。

在这最后的项目章节中，我们的目标是建立一个网站，用来对技能分享会议上的讨论进行管理。想象一下，一个小组的人定期在一位成员的办公室里开会讨论独轮车。但以前的会议组织者搬到了另一个城镇，没有人来接管这项任务。我们想要实现一个系统，它能够让参与者在没有主事者的情况下提出话题并进行讨论。

此项目的完整代码可以从本书网站 https://eloquentjavascript.net/code/skillsharing.zip 下载。

21.1 设计

这个项目的服务器部分是用 Node.js 编写的，还有一个为浏览器编写的客户端部分。服务器存储系统的数据并将其提供给客户端。它还提供实现客户端系统的文件。

服务器保留下次会提出的讨论列表，客户端显示此列表。每次演讲都有演讲者姓名、标题、摘要以及与之相关的一系列意见。客户端允许用户提出新的讨论（将其添加到列表中）、删除讨论，以及在现有讨论中发表意见。每当用户进行这样的更改时，客户端发出HTTP 请求，以告知服务器。

此应用程序将被设置为显示当前提出的讨论及其意见的实时视图。每当有人在某个地方提交新的演讲或添加意见时，所有在浏览器中打开此页面的人都应立即看到更改。这有点挑战性——Web 服务器既无法打开与客户端的连接，也没有一种好方法可以获悉正在查看给定网站的是哪些客户端。

这个问题的常见解决方案是长轮询（long polling），这恰好也是设计 Node 的动机之一。

21.2 长轮询

为了能够立即通知客户端某些内容发生了变化，我们需要与该客户端建立连接。由于 Web 浏览器传统上不接受连接，并且客户端通常位于阻止此类连接的路由器后面，因此让服务器来启动这种连接是不切实际的。

我们可以安排客户端打开连接并保持连接，以便服务器可以在需要时使用此连接来发送信息。

但 HTTP 请求只允许简单的信息流：客户端发送一个请求，服务器返回一个响应，仅此而已。现代浏览器支持一种称为 WebSockets 的技术，利用它可以打开任意数据交换的连接。但正确使用它们有难度。

在本章中，我们使用更简单的技术——长轮询，其中客户端使用常规 HTTP 请求不断向服务器请求新信息，并且当没有新的信息要报告时，服务器会延迟其响应。

只要客户端确保它始终打开轮询请求，它就会在服务器可用后立即从服务器接收信息。例如，如果 Fatma 在浏览器中打开了我们的技能分享应用程序，则她的浏览器将发出更新请求，并将等待对该请求的响应。当 Iman 提交有关极限独轮车下坡的讨论时，服务器会注意到 Fatma 正在等待更新，并向她的待处理请求发送包含新讨论的响应。Fatma 的浏览器将接收数据并更新屏幕以显示此讨论。

为了防止连接超时（由于缺少操作而中止），长轮询技术通常会为每个请求设置最长时间，超时后服务器无论如何都会响应，即使它没有任何要报告的，之后客户端将开始新的请求。定期重新启动请求也使该技术更加强大，它允许客户端从临时连接故障或服务器问题中恢复过来。

使用长轮询的繁忙服务器可能有数千个等待的请求，因此 TCP 连接打开。Node 可以很容易地管理多个连接而无须为每个连接创建单独的控制线程，这非常适合这样的系统。

21.3　HTTP 接口

在我们开始设计服务器或客户端之前，让我们考虑一下它们接触的点：它们用以通信的 HTTP 接口。

我们将使用 JSON 作为请求和响应正文的格式。与第 20 章的文件服务器一样，我们将尝试充分利用 HTTP 方法和标头。接口以 /talks 路径为中心。那些不以 /talks 开头的路径将用于提供静态文件——用于客户端系统的 HTML 和 JavaScript 代码。

对 /talks 的 GET 请求返回如下的 JSON 文档：

```
[{"title": "Unituning",
  "presenter": "Jamal",
  "summary": "Modifying your cycle for extra style",
  "comments": []}]}
```

通过对诸如 /talks/Unituning 之类的 URL 发出 PUT 请求来创建新的讨论，其中第二个斜杠之后的部分是讨论的标题。PUT 请求的正文应包含具有 presenter（演讲者）和 summary（摘要）属性的 JSON 对象。

由于讨论标题可能包含空格和其他可能无法在 URL 中正常显示的字符，因此在构建此类 URL 时，必须使用 encodeURIComponent 函数对标题字符串进行编码。

```
console.log("/talks/" + encodeURIComponent("How to Idle"));
// → /talks/How%20to%20Idle
```

创建关于标题包含空格的讨论的请求可能如下所示：

```
PUT /talks/How%20to%20Idle HTTP/1.1
Content-Type: application/json
Content-Length: 92

{"presenter": "Maureen",
 "summary": "Standing still on a unicycle"}
```

此类 URL 还支持 GET 请求以获取讨论的 JSON 表示，并支持删除讨论的 DELETE 请求。

为某个讨论添加意见是通过对 URL（例如，/talks/Unituning/comments）发送 POST 请求来完成的，其 JSON 正文具有 author 和 message 属性。

```
POST /talks/Unituning/comments HTTP/1.1
Content-Type: application/json
Content-Length: 72

{"author": "Iman",
 "message": "Will you talk about raising a cycle?"}
```

为了支持长轮询，对 /talks 的 GET 请求可能包括额外的标头，如果没有新信息，则通知服务器延迟响应。我们将使用一对通常用于管理缓存的标头：ETag 和 If-None-Match。

服务器可以在响应中包括 ETag（"实体标签"）标头。它的值是一个标识当前资源版本的字符串。客户端稍后再次请求该资源时，可以通过包含值具有相同字符串的 If-None-Match 标头来发出带条件的请求。如果资源没有改变，服务器将响应状态代码 304，这意味着"未修改"，告诉客户端其缓存版本仍然是当前的内容。当标签不匹配时，服务器正常响应。

我们需要这样的东西，客户端可以告诉服务器一个列表，列出它拥有哪个版本的讨论，服务器只在那个列表中的讨论发生更改后响应。但是，服务器不应立即返回 304 响应，而应停止响应，并仅在新的内容可用或已经过去指定时长后才返回。为了区分长轮询请求和正常条件请求，我们给它们另一个标头 Prefer: wait=90，它告诉服务器客户端愿意等待响应的时间为 90 秒。

服务器将保留每次讨论更改时更新的版本号，并将其用作 ETag 值。当讨论改变时，客户端可以发出如下请求来获得通知：

```
GET /talks HTTP/1.1
If-None-Match: "4"
Prefer: wait=90

(time passes)

HTTP/1.1 200 OK
Content-Type: application/json
ETag: "5"
Content-Length: 295

[....]
```

此处描述的协议不执行任何访问控制。每个人都可以发表意见、修改讨论，甚至删除它们（因为互联网上龙蛇混杂，在没有进一步保护的情况下将这样的系统放在网上太危险了）。

21.4　服务器

让我们从构建程序的服务器端部分开始。本节中的代码在 Node.js 上运行。

21.4.1　路由器

我们的服务器将使用 createServer 启动 HTTP 服务器。在处理新请求的函数中，必须区分我们支持的各种请求（由方法和路径确定）。这可以通过一长串 if 语句来完成，但还有另一种更好的方法。

路由器是一个组件，可以帮助将请求分派给可以处理它的函数。例如，你可以告诉路由器，PUT 请求的路径，如果与正则表达式 /^\/talks\/([^\/]+)$/（/talks/ 后跟讨论标题）

匹配，则可以由给定的函数处理。另外，它可以帮助提取路径中有意义的部分（在本例中为讨论的标题），它们包含在正则表达式的括号中，并将它们传递给处理函数。

NPM 上有很多好的路由器包，但是我们将自己编写一个来说明它的原理。

这是 router.js，稍后我们将从服务器模块中请求它：

```
const {parse} = require("url");

module.exports = class Router {
  constructor() {
    this.routes = [];
  }
  add(method, url, handler) {
    this.routes.push({method, url, handler});
  }
  resolve(context, request) {
    let path = parse(request.url).pathname;

    for (let {method, url, handler} of this.routes) {
      let match = url.exec(path);
      if (!match || request.method != method) continue;
      let urlParts = match.slice(1).map(decodeURIComponent);
      return handler(context, ...urlParts, request);
    }
    return null;
  }
};
```

模块导出 Router 类。路由器对象允许使用 add 方法注册新的处理程序，并可以使用其 resolve 方法解析请求。

后者将在找到处理程序时返回响应，否则返回 null。它一次尝试一个路径（按照它们的定义顺序），直到找到匹配的路径为止。

使用 context 值（在我们的示例中将是服务器实例）、在正则表达式中定义的任何组匹配的字符串，以及请求对象来调用处理函数。字符串必须进行 URL 解码，因为原始 URL 可能包含 %20 样式的代码。

21.4.2　提供文件服务

当请求与路由器中定义的任何请求类型都不匹配时，服务器必须将其解释为对 public 目录中文件的请求。可以使用第 20 章中定义的文件服务器来提供这些文件，但我们既不需要也不想支持文件上的 PUT 和 DELETE 请求，我们希望拥有高级功能，例如支持缓存。因此，让我们使用 NPM 中经过良好测试的静态文件服务器。

NPM 上这样的服务器软件包有很多，我选择 ecstatic，因为它运行良好，符合我们的目的。ecstatic 包导出一个函数，此函数可以使用配置对象来调用以生成请求处理函数。我们使用 root 选项告诉服务器应该在哪里查找文件。处理程序函数接受请求和响应参数，并且可以直接传递给 createServer 以创建仅提供文件的服务器。首先要检查应该特别处理的请求，因此我们将其包装在另一个函数中。

```
const {createServer} = require("http");
const Router = require("./router");
const ecstatic = require("ecstatic");

const router = new Router();
const defaultHeaders = {"Content-Type": "text/plain"};

class SkillShareServer {
  constructor(talks) {
    this.talks = talks;
    this.version = 0;
    this.waiting = [];

    let fileServer = ecstatic({root: "./public"});
    this.server = createServer((request, response) => {
      let resolved = router.resolve(this, request);
      if (resolved) {
        resolved.catch(error => {
          if (error.status != null) return error;
          return {body: String(error), status: 500};
        }).then(({body,
                  status = 200,
                  headers = defaultHeaders}) => {
          response.writeHead(status, headers);
          response.end(body);
        });
      } else {
        fileServer(request, response);
      }
    });
  }
  start(port) {
    this.server.listen(port);
  }
  stop() {
    this.server.close();
  }
}
```

这里使用了与前一章中的文件服务器类似的用于响应的约定，处理程序返回解析为描述响应的对象的 promise。它将服务器包装在一个也保持其状态的对象中。

21.4.3　作为资源的讨论

已经提出的讨论存储在服务器的 talks 属性中，此属性的名称是讨论的标题。这些将作为 HTTP 资源公开在 /talks/ [title] 下，因此我们需要向路由器添加处理程序，以实现客户端可以用来处理它们的各种方法。

　　GET 单个讨论的请求的处理程序必须查找这个讨论，并使用讨论的 JSON 数据或 404 错误进行响应。

```
const talkPath = /^\/talks\/([^\/]+)$/;

router.add("GET", talkPath, async (server, title) => {
  if (title in server.talks) {
    return {body: JSON.stringify(server.talks[title]),
            headers: {"Content-Type": "application/json"}};
  } else {
    return {status: 404, body: `No talk '${title}' found`};
  }
});
```

　　删除某个讨论是通过从 talks 对象中删除它来完成的。

```
router.add("DELETE", talkPath, async (server, title) => {
  if (title in server.talks) {
    delete server.talks[title];
    server.updated();
  }
  return {status: 204};
});
```

　　我们将在下一节中定义的 updated 方法向等待中的长轮询请求发送有关更改的通知。

　　为了获取请求正文的内容，我们定义了一个名为 readStream 的函数，此函数从可读流中读取所有内容并返回一个解析为字符串的 promise。

```
function readStream(stream) {
  return new Promise((resolve, reject) => {
    let data = "";
    stream.on("error", reject);
    stream.on("data", chunk => data += chunk.toString());
    stream.on("end", () => resolve(data));
  });
}
```

　　PUT 处理程序需要读取请求的正文，用于创建新的讨论。它必须检查它给出的数据是否具有 presenter 和 summary 属性，它们是字符串。来自系统外部的任何数据都可能是无意义的，我们不希望破坏我们的内部数据模型或在发出错误请求时使系统崩溃。

　　如果数据看起来有效，则处理程序存储一个对象，此对象表示 talks 对象中的新讨论，它可能会覆盖具有同名标题的现有讨论，并再次调用 updated。

```
router.add("PUT", talkPath,
           async (server, title, request) => {
  let requestBody = await readStream(request);
  let talk;
  try { talk = JSON.parse(requestBody); }
```

```
catch (_) { return {status: 400, body: "Invalid JSON"}; }

if (!talk ||
    typeof talk.presenter != "string" ||
    typeof talk.summary != "string") {
  return {status: 400, body: "Bad talk data"};
}
server.talks[title] = {title,
                       presenter: talk.presenter,
                       summary: talk.summary,
                       comments: []};
server.updated();
return {status: 204};
});
```

在讨论中添加意见的工作方式与此类似。我们使用 readStream 来获取请求的内容，验证结果数据，并在它看起来有效时将其存储为意见。

```
router.add("POST", /^\/talks\/([^\/]+)\/comments$/,
            async (server, title, request) => {
  let requestBody = await readStream(request);
  let comment;
  try { comment = JSON.parse(requestBody); }
  catch (_) { return {status: 400, body: "Invalid JSON"}; }

  if (!comment ||
      typeof comment.author != "string" ||
      typeof comment.message != "string") {
    return {status: 400, body: "Bad comment data"};
  } else if (title in server.talks) {
    server.talks[title].comments.push(comment);
    server.updated();
    return {status: 204};
  } else {
    return {status: 404, body: `No talk '${title}' found`};
  }
});
```

尝试向不存在的讨论添加意见会返回 404 错误。

21.4.4 长轮询支持

服务器最有趣的方面是处理长轮询的部分。当对 /talk 的 GET 请求进入时，它可能是常规请求，也可能是长轮询请求。

我们必须在多个地方向客户端发送一系列讨论，因此我们首先定义一个辅助方法来构建这样一个数组并在响应中包含一个 ETag 头。

```
SkillShareServer.prototype.talkResponse = function() {
  let talks = [];
```

```
  for (let title of Object.keys(this.talks)) {
    talks.push(this.talks[title]);
  }
  return {
    body: JSON.stringify(talks),
    headers: {"Content-Type": "application/json",
              "ETag": `"${this.version}"`}
  };
};
```

处理程序本身需要查看请求标头以查看是否存在 If-None-Match 和 Prefer 标头。节点以其小写名称存储标头，其名称被指定为不区分大小写。

```
router.add("GET", /^\/talks$/, async (server, request) => {
  let tag = /"(.*)"/.exec(request.headers["if-none-match"]);
  let wait = /\bwait=(\d+)/.exec(request.headers["prefer"]);
  if (!tag || tag[1] != server.version) {
    return server.talkResponse();
  } else if (!wait) {
    return {status: 304};
  } else {
    return server.waitForChanges(Number(wait[1]));
  }
});
```

如果请求没有给出标签或者给出的标签与服务器的当前版本不匹配，则处理程序将使用讨论列表进行响应。如果请求是有条件的，并且讨论没有改变，我们查询 Prefer 标题，看看我们是否应该推迟回复或立即回应。

被延迟的请求的回调函数存储在服务器的 waiting 数组中，以便在发生某些事件时通知它们。waitForChanges 方法还会立即设置一个计时器，以便在请求等待足够长时间时以 304 状态响应。

```
SkillShareServer.prototype.waitForChanges = function(time) {
  return new Promise(resolve => {
    this.waiting.push(resolve);
    setTimeout(() => {
      if (!this.waiting.includes(resolve)) return;
      this.waiting = this.waiting.filter(r => r != resolve);
      resolve({status: 304});
    }, time * 1000);
  });
};
```

使用 updated 注册更改会增加 version 属性的值并唤醒所有等待请求。

```
SkillShareServer.prototype.updated = function() {
  this.version++;
  let response = this.talkResponse();
  this.waiting.forEach(resolve => resolve(response));
  this.waiting = [];
};
```

服务器代码到这里就完成了。如果我们创建一个 SkillShareServer 实例并在端口 8000 上启动它，则生成的 HTTP 服务器将提供来自子目录 public 的文件以及 /talks URL 下的讨论管理接口。

```
new SkillShareServer(Object.create(null)).start(8000);
```

21.5　客户端

技能分享网站的客户端部分包含三个文件：一个小型 HTML 页面文件、一个样式表和一个 JavaScript 文件。

21.5.1　HTML

当请求直接发送到与目录对应的路径时，Web 服务器提供名为 index.html 的文件是一种广泛使用的约定。我们使用的文件服务器模块 ecstatic 支持这种约定。当对路径 / 发出请求时，服务器会查找文件 ./public/index.html（./public 是我们给它设置的根目录），如果找到则返回此文件。

因此，如果我们想要在浏览器指向我们的服务器时显示某个页面，我们应该将它放在 public/index.html 中。下面是我们的 index 文件：

```
<!doctype html>
<meta charset="utf-8">
<title>Skill Sharing</title>
<link rel="stylesheet" href="skillsharing.css">
<h1>Skill Sharing</h1>

<script src="skillsharing_client.js"></script>
```

它定义了文档标题，并包含了一个样式表，用于定义其中一些样式，以确保讨论之间有一些空白。

在文件底部，它在页面顶部添加一个标题，并加载包含客户端应用程序的脚本。

21.5.2　操作

应用程序状态由讨论列表和用户名组成，我们将其存储在 {talks, user} 对象中。我们不允许用户界面直接操纵状态或发送 HTTP 请求。相反，它可以发出描述用户尝试做什么的操作（action）。

handleAction 函数取得这样的操作并使其发生。因为我们的状态更新非常简单，所以状态更改也在同一个函数中处理。

```
function handleAction(state, action) {
  if (action.type == "setUser") {
    localStorage.setItem("userName", action.user);
```

```
      return Object.assign({}, state, {user: action.user});
    } else if (action.type == "setTalks") {
      return Object.assign({}, state, {talks: action.talks});
    } else if (action.type == "newTalk") {
      fetchOK(talkURL(action.title), {
        method: "PUT",
        headers: {"Content-Type": "application/json"},
        body: JSON.stringify({
          presenter: state.user,
          summary: action.summary
        })
      }).catch(reportError);
    } else if (action.type == "deleteTalk") {
      fetchOK(talkURL(action.talk), {method: "DELETE"})
        .catch(reportError);
    } else if (action.type == "newComment") {
      fetchOK(talkURL(action.talk) + "/comments", {
        method: "POST",
        headers: {"Content-Type": "application/json"},
        body: JSON.stringify({
          author: state.user,
          message: action.message
        })
      }).catch(reportError);
    }
    return state;
}
```

我们将用户的名称存储在 localStorage 中，以便在加载页面时可以恢复它。

需要涉及服务器的操作使用 fetch 将网络请求发送到前面描述的 HTTP 接口。我们使用包装器函数 fetchOK，它确保在服务器返回错误代码时返回的 promise 被拒绝。

```
function fetchOK(url, options) {
  return fetch(url, options).then(response => {
    if (response.status < 400) return response;
    else throw new Error(response.statusText);
  });
}
```

下面的辅助函数用于为具有给定标题的讨论建立 URL。

```
function talkURL(title) {
  return "talks/" + encodeURIComponent(title);
}
```

当请求失败时，我们不希望我们的页面只是原封不动地在那里，什么都不做，不带任何解释。所以我们定义了一个函数 reportError，它至少向用户显示一个对话框，告诉他们出错了。

```
function reportError(error) {
  alert(String(error));
}
```

21.5.3　展现组件

我们将使用类似于第 19 章中所见的方法，把应用拆分到组件中。但是由于某些组件要么永远不需要更新，要么在更新时始终完全重构，所以我们不把那些组件定义成类，而是定义成直接返回 DOM 节点的函数。例如，下面是一个组件，它显示用户可以输入其名称的域：

```
function renderUserField(name, dispatch) {
  return elt("label", {}, "Your name: ", elt("input", {
    type: "text",
    value: name,
    onchange(event) {
      dispatch({type: "setUser", user: event.target.value});
    }
  }));
}
```

elt 函数用于构造 DOM 元素，我们在第 19 章使用过这个函数。[⊖]

类似的函数用于展现讨论，其中包括一个意见列表和一个用于添加新意见的表单。

```
function renderTalk(talk, dispatch) {
  return elt(
    "section", {className: "talk"},
    elt("h2", null, talk.title, " ", elt("button", {
      type: "button",
      onclick() {
        dispatch({type: "deleteTalk", talk: talk.title});
      }
    }, "Delete")),
    elt("div", null, "by ",
        elt("strong", null, talk.presenter)),
    elt("p", null, talk.summary),
    ...talk.comments.map(renderComment),
    elt("form", {
      onsubmit(event) {
        event.preventDefault();
        let form = event.target;
        dispatch({type: "newComment",
                  talk: talk.title,
                  message: form.elements.comment.value});
        form.reset();
      }
    }, elt("input", {type: "text", name: "comment"}), " ",
      elt("button", {type: "submit"}, "Add comment")));
}
```

"submit" 事件处理程序在创建 "newComment" 操作后调用 form.reset 来清除表单的内容。

⊖　elt 在第 14 章定义。——译者注

在创建中等复杂程度的 DOM 时，这种编程风格的代码就会变得相当混乱。有一个广泛使用的（非标准的）JavaScript 扩展，名为 JSX[○]，它允许你直接在脚本中编写 HTML，这可以使这些代码更漂亮（取决于你的审美）。在实际运行此类代码之前，必须在脚本上运行一个程序，将伪 HTML 转换为 JavaScript 函数调用，结果就像我们在这里给出的代码那样。

意见的展现更容易一些。

```
function renderComment(comment) {
  return elt("p", {className: "comment"},
             elt("strong", null, comment.author),
             ": ", comment.message);
}
```

最后，用户用来创建新讨论的表单如下所示：

```
function renderTalkForm(dispatch) {
  let title = elt("input", {type: "text"});
  let summary = elt("input", {type: "text"});
  return elt("form", {
    onsubmit(event) {
      event.preventDefault();
      dispatch({type: "newTalk",
                title: title.value,
                summary: summary.value});
      event.target.reset();
    }
  }, elt("h3", null, "Submit a Talk"),
     elt("label", null, "Title: ", title),
     elt("label", null, "Summary: ", summary),
     elt("button", {type: "submit"}, "Submit"));
}
```

21.5.4 轮询

要启动应用程序，我们需要当前的讨论列表。由于初始加载与长轮询过程密切相关——轮询时必须使用来自加载的 ETag，我们将编写一个函数，它不断轮询服务器 /talk，并在一组新的讨论可用时调用回调函数。

```
async function pollTalks(update) {
  let tag = undefined;
  for (;;) {
    let response;

    try {
      response = await fetchOK("/talks", {
        headers: tag && {"If-None-Match": tag,
                         "Prefer": "wait=90"}
```

○ React 使用 JSX 来替代常规的 JavaScript。——译者注

```
      });
    } catch (e) {
      console.log("Request failed: " + e);
      await new Promise(resolve => setTimeout(resolve, 500));
      continue;
    }
    if (response.status == 304) continue;
    tag = response.headers.get("ETag");
    update(await response.json());
  }
}
```

这是一个异步函数，因此循环和等待请求更容易。正常情况下，它运行一个无限循环，在每次迭代时，都会获取讨论列表；如果这不是第一个请求，则包含使其成为长轮询请求的标头。

当请求失败时，此函数会等待片刻，然后再次尝试。这样，如果你的网络连接断开了一段时间然后又重连，则应用程序可以恢复并继续更新。通过 setTimeout 解析的 promise 是强制异步函数等待的一种方法。

当服务器返回 304 响应时，这意味着长轮询请求超时，因此此函数应该立即启动下一个请求。如果响应是正常的 200 响应，则其正文将被读取为 JSON 并传递给回调，并且其 ETag 标头值将被存储，以便用于下一次迭代。

21.5.5　应用程序

以下组件将整个用户界面集成在一起：

```
class SkillShareApp {
  constructor(state, dispatch) {
    this.dispatch = dispatch;
    this.talkDOM = elt("div", {className: "talks"});
    this.dom = elt("div", null,
                   renderUserField(state.user, dispatch),
                   this.talkDOM,
                   renderTalkForm(dispatch));
    this.syncState(state);
  }

  syncState(state) {
    if (state.talks != this.talks) {
      this.talkDOM.textContent = "";
      for (let talk of state.talks) {
        this.talkDOM.appendChild(
          renderTalk(talk, this.dispatch));
      }
      this.talks = state.talks;
    }
  }
}
```

当讨论发生变化时，该组件重新绘制所有这些内容。这很简单但也很浪费。我们将在练习中改进这一点。

我们可以像这样启动应用程序：

```
function runApp() {
  let user = localStorage.getItem("userName") || "Anon";
  let state, app;
  function dispatch(action) {
    state = handleAction(state, action);
    app.syncState(state);
  }

  pollTalks(talks => {
    if (!app) {
      state = {user, talks};
      app = new SkillShareApp(state, dispatch);
      document.body.appendChild(app.dom);
    } else {
      dispatch({type: "setTalks", talks});
    }
  }).catch(reportError);
}

runApp();
```

如果你运行服务器，并打开彼此相邻的两个浏览器窗口同时访问 http://localhost:8000，则可以看到你在一个窗口中执行的操作可以在另一个窗口中立即看到。

21.6　习题

以下练习将涉及修改本章中定义的系统。要完成它们，请先下载代码（https://eloquentjavascript.net/code/skillsharing.zip），然后从 https://nodejs.org 下载 Node 并安装，再使用 npm install 安装项目的依赖项。

1. 磁盘持久性

技能分享服务器将其数据完全保存在内存中。这意味着当它崩溃或因任何原因重新启动时，所有的讨论和意见都会丢失。

扩展服务器功能，以便将讨论数据存储到磁盘，并在重新启动时自动重新加载数据。不要担心效率，做最简单的事情即可。

2. 意见域重置

批量重新绘制讨论非常有效，因为你通常无法区分 DOM 节点及与其完全相同的替换品。但也有例外。如果你在一个浏览器窗口中开始在某个讨论的意见域中键入内容，然后在另一个浏览器窗口中给那个讨论添加意见，则会重新绘制第一个窗口中的域，同时删除其内容与焦点。

在一个热烈的讨论中，多个人会同时发表意见，这是令人头疼的事。你能想出办法来解决它吗？

第 22 章 *Chapter 22*

JavaScript 性能

在机器上运行计算机程序需要在编程语言和机器本身指令的不同格式之间搭起桥梁。这项工作可以通过编写一个解释其他程序的程序来完成，就像我们在第 11 章中所做的那样，但通常是通过将程序编译（翻译）为机器代码来完成的。

有些语言，例如 C 和 Rust 编程语言，旨在准确表达机器原本就擅长的东西。这使它们易于有效编译。JavaScript 的设计方式与它们完全不同，它侧重于简单性和易用性。几乎没有任何功能直接与机器的功能相对应。这使得 JavaScript 的编译难度比它们高出许多。

然而，出于某种原因，现代 JavaScript 引擎（编译和运行 JavaScript 的程序）确实能够以惊人的速度运行脚本。与等效的 C 或 Rust 程序相比，编写的 JavaScript 程序运行速度可能是前者的 10%。这可能听起来仍然是一个巨大的差距，但旧式 JavaScript 引擎（以及具有类似设计的语言，如 Python 和 Ruby 的当代实现）的运行速度往往只有等效 C 或 Rust 程序的 1%。与这些语言相比，现代 JavaScript 的速度已经非常快了，以至于很少会由于性能问题而被迫切换到另一种语言。

尽管如此，你可能偶尔还是需要重写代码以规避 JavaScript 较慢的方面。本章实现一个对速度要求很高的程序并使其运行得更快，以此作为说明这种优化过程的一个例子。在此过程中，我们将讨论 JavaScript 引擎编译程序的方式。

22.1 分阶段编译

首先，你必须了解 JavaScript 编译器不会像传统编译器那样只编译一次程序。而是在程序运行时根据需要编译和重新编译代码。

对于大多数语言，编译大型程序都需要一段时间。这通常是可以接受的，因为程序是提前编译的，并以编译后的形式分发。

对于 JavaScript，情况有所不同。网站可能包含大量以文本形式存在的代码，并且必须在每次打开网站时进行编译。如果那花了五分钟，用户就不会高兴。JavaScript 编译器必须能够几乎即时地开始运行程序，即使是一个大程序也要如此。

为此，JavaScript 编译器具备多种编译策略。打开网站时，脚本首先以低成本、有效的方式编译。这不会产生非常快的执行速度，但它允许脚本快速启动。在第一次调用函数之前，可能根本不编译函数。

在典型的程序中，大多数代码只运行屈指可数的几次（或根本不运行）。对于程序的这些部分，低成本的编译策略就足够了，因为无论如何它们都不会花费太多时间。但是经常调用的函数或包含完成大量工作的循环函数必须进行另外的处理。在运行程序时，JavaScript 引擎会观察每段代码的运行频率。当某些代码看起来可能消耗了大量时间（通常称为热代码）时，就会用更高级但速度更慢的编译器来重新编译它。此类编译器执行更多优化以生成速度更快的代码。甚至可能有两种以上的编译策略，把更高成本的优化应用于非常热的代码。

交错运行和编译代码意味着当聪明的编译器开始处理某段代码时，这段代码已经多次运行。这使得可以观察运行中的代码并收集有关它的信息。在本章的后面我们将看到如何允许编译器创建更有效的代码。

22.2　图的布局

本章的示例再次涉及图的问题。可用图片来描述道路系统、网络、在计算机程序中控制流转的路线等。下图为一张代表中东一些国家的图片，其中包括共享陆地边界的国家：

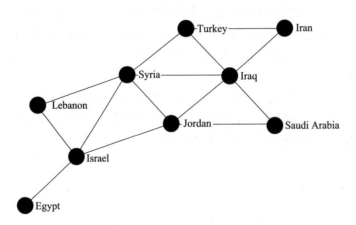

从图的定义中得到这样的图片称为图的布局。它包括为每个节点分配一个位置，使得

连接的节点虽彼此靠近，但各节点不会挤在一起。同一个图的随机布局看起来要费解得多。
如下图所示。

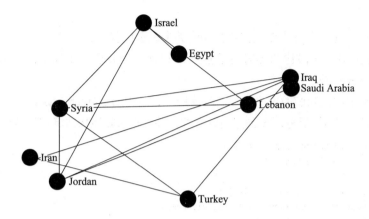

为给定的图找到美观的布局是一个众所周知的难题。没有已知的解决方案能可靠地为任
意的图找到这样的布局，而对于密集连接的大型图，做到这点尤其困难。但是对于某些特定类
型的图，例如，平面图（可以在没有边彼此相交叉的情况下绘制），存在有效的布局方法。

为了对一个不太纠结的小型图（例如，最多 200 个节点）完成布局，我们可以应用力导
向图布局（force-directed graph layout）的方法。这种方法在图的各节点上执行简化的物理模
拟，将连接的边视为弹簧并使节点本身彼此排斥，就像带电的粒子一样。

在本章中，我们将实现一个力导向图布局系统并观察其性能。我们可以通过重复计算
作用在每个节点上的力并在响应这些力的情况下移动节点来执行这样的模拟。这样一个程序
的性能很重要，因为可能需要大量的迭代才能达到一个美观的布局，而每次迭代都会计算很
多的力。

22.3　定义图

我们可以将图的布局表示为 GraphNode 对象的数组，每个对象都带有其当前位置以及它
所连接的边对应的节点的数组。我们将它们的起始位置随机化。

```
class GraphNode {
  constructor() {
    this.pos = new Vec(Math.random() * 1000,
                       Math.random() * 1000);
    this.edges = [];
  }
  connect(other) {
    this.edges.push(other);
    other.edges.push(this);
  }
}
```

```
    hasEdge(other) {
        return this.edges.includes(other);
    }
}
```

这段代码使用前面章节中多次出现的 Vec 类来表示位置和力。

connect 方法用于在构建图形时将节点连接到另一个节点。要确定两个节点是否连接，我们将调用 hasEdge 方法。

要构建图形来测试我们的程序，我们将使用一个名为 treeGraph 的函数。它需要两个参数来指定树的深度和在每次拆分时要创建的分支数，并且它递归地构造具有指定形状的树形图。

```
function treeGraph(depth, branches) {
  let graph = [new GraphNode()];
  if (depth > 1) {
    for (let i = 0; i < branches; i++) {
      let subGraph = treeGraph(depth - 1, branches);
      graph[0].connect(subGraph[0]);
      graph = graph.concat(subGraph);
    }
  }
  return graph;
}
```

树形图不包含回路，这使得它们相对容易布局，甚至我们在本章中构建的简单程序就能产生漂亮的形状。

treeGraph(3,5) 创建的图将是深度为 3 的树，它具有五个分支。

为了让我们检查代码生成的布局，我定义了一个 drawGraph 函数，它将图形绘制到画布上。此函数在 eloquentjavascript.net/code/draw_layout.js 的代码中定义，可在在线沙盒中使用。

22.4　力导向布局

我们将每次移动一个节点，计算作用于当前节点的力，并立即沿着这些力的合力方向移动该节点。

（理想化的）弹簧所施加的力可以用胡克定律来近似计算，胡克定律表明这种力和弹簧的静止长度与当前长度之间的差值成比例。绑定 springLength 定义了边缘弹簧的静止长度。

弹簧的刚度由 springStrength 定义，我们用它乘以长度差来确定合力。

```
const springLength = 40;
const springStrength = 0.1;
```

为了模拟节点之间的排斥力，我们使用另一个物理公式——库仑定律，它表明两个带电粒子之间的排斥力与它们之间的距离的平方成反比。当两个节点几乎彼此重合时，它们的距离平方很小，因而产生的力是巨大的。随着节点进一步分开，距离平方快速增长，排斥力迅速减弱。

我们将再次乘以实验确定的常数 repulsionStrength，它控制节点相互排斥的强度。

```
const repulsionStrength = 1500;
```

作用于给定节点的力是通过循环所有其他节点并对其中的每个节点施加排斥力来计算的。当另一个节点与当前节点共享一条边时，也会施加由弹簧引起的力。

这两种力都取决于两个节点之间的距离。对于每对节点，我们的函数将计算一个名为 apart 的向量，该向量表示从当前节点到另一个节点的路径。然后此函数取向量的长度来找到实际距离。当距离小于 1 时，我们将其设置为 1 以防止除以零或非常小的数字，因为这将产生 NaN 值或非常巨大的力，这种力会将节点弹射到外太空。

使用上述距离，我们可以计算在这两个给定节点之间作用力的大小。要把标量值变为力向量，我们必须将标量值乘以 apart 向量的归一化版本。归一化（normalizing）向量意味着创建具有相同方向但长度为 1 的向量。我们可以通过将向量除以自己的长度来实现归一化。

```javascript
function forceDirected_simple(graph) {
  for (let node of graph) {
    for (let other of graph) {
      if (other == node) continue;
      let apart = other.pos.minus(node.pos);
      let distance = Math.max(1, apart.length);
      let forceSize = -repulsionStrength / (distance * distance);
      if (node.hasEdge(other)) {
        forceSize += (distance - springLength) * springStrength;
      }
      let normalized = apart.times(1 / distance);
      node.pos = node.pos.plus(normalized.times(forceSize));
    }
  }
}
```

我们将使用以下函数来测试我们的图形布局系统的给定实现。它运行模型 4000 步并追踪这需要的时间。为了在代码运行时给我们一些信息，它会在每 100 步之后绘制图形的当前布局。

```javascript
function runLayout(implementation, graph) {
  function run(steps, time) {
    let startTime = Date.now();
    for (let i = 0; i < 100; i++) {
```

```
      implementation(graph);
    }
    time += Date.now() - startTime;
    drawGraph(graph);
    if (steps == 0) console.log(time);
    else requestAnimationFrame(() => run(steps - 100, time));
  }
  run(4000, 0);
}
```

我们现在可以运行第一个实现，看看它需要多长时间。

```
<script>
  runLayout(forceDirected_simple, treeGraph(4, 4));
</script>
```

在我的机器上，使用火狐浏览器的 58 版本，这 4000 次迭代花了两秒多一点，所以这是每毫秒两次迭代。时间好长啊。让我们看看我们是否可以做得更好。

22.5 避免工作

做某事的最快方法是完全避免做这件事，或者至少不做它的一部分。通过考虑代码的作用，你经常会发现不必要的冗余或可以更快地完成的事情。

在我们的示例项目中，就有这样一个可以减少工作量的机会。每对节点之间的力都被计算了两次，一次是在移动第一个节点时，一次是在移动第二个节点时。由于节点 X 对节点 Y 施加的力恰好与 Y 施加在 X 上的力相反⊖，因此我们不需要对这些力计算两次。

此函数的下一个版本将内循环更改为仅遍历当前节点之后的节点，以便每对节点都只被察看一次。在计算完成一对节点之间的力之后，此函数同时更新两者的位置。

```
function forceDirected_noRepeat(graph) {
  for (let i = 0; i < graph.length; i++) {
    let node = graph[i];
    for (let j = i + 1; j < graph.length; j++) {
      let other = graph[j];
      let apart = other.pos.minus(node.pos);
      let distance = Math.max(1, apart.length);
      let forceSize = -repulsionStrength / (distance * distance);
      if (node.hasEdge(other)) {
        forceSize += (distance - springLength) * springStrength;
      }
      let applied = apart.times(forceSize / distance);
      node.pos = node.pos.plus(applied);
      other.pos = other.pos.minus(applied);
    }
  }
}
```

⊖ 大小相等，方向相反。——译者注

测量此代码可观察到显著的速度提升。它在火狐 58 上快两倍，在谷歌 63 上快了约 30%，在 Edge 6 上快了 75%。

火狐和 Edge 的大幅提升只有一部分是实际优化的结果。因为我们只需要内循环遍历数组的一部分，所以新函数用常规 for 循环替换 for/of 循环。在谷歌浏览器上，这对程序的速度没有可测量的影响，但是在火狐上根本不使用迭代器会使代码速度提高 20%，而在 Edge 上它会产生 50% 的提升。

因此，不同 JavaScript 引擎的工作方式不同，它们可能以不同的速度运行程序。使代码在一个引擎中运行得更快的更改可能对另一个引擎，甚至同一引擎的不同版本没有帮助（甚至可能反而会使性能受到损害）。

有趣的是，谷歌浏览器的引擎，也称为 V8，也是 Node.js 使用的引擎，能够优化数组上的 for/of 循环，以便使用这种方式的代码不比循环索引的代码更慢。请记住，迭代器接口涉及一个方法调用，此方法调用为迭代器中的每个元素返回一个对象。不知何故，V8 设法把其中的大部分都优化掉了。

再看看我们的程序正在做什么，可以通过调用 console.log 来输出 forceSize，很明显，大多数节点对之间产生的力很小，根本不会影响布局。具体地说，当节点没有连接并且彼此远离时，它们之间的力不会太大。然而，我们仍为它们计算向量并略微移动节点。如果我们不这么做会怎么样？

下面这个版本定义了一个距离，将不再对高于此距离的（未连接）节点对计算和施加力。我们将这个距离设置为 175，以便忽略低于 0.05 的力[⊖]。

```
const skipDistance = 175;

function forceDirected_skip(graph) {
  for (let i = 0; i < graph.length; i++) {
    let node = graph[i];
    for (let j = i + 1; j < graph.length; j++) {
      let other = graph[j];
      let apart = other.pos.minus(node.pos);
      let distance = Math.max(1, apart.length);
      let hasEdge = node.hasEdge(other);
      if (!hasEdge && distance > skipDistance) continue;
      let forceSize = -repulsionStrength / (distance * distance);
      if (hasEdge) {
        forceSize += (distance - springLength) * springStrength;
      }
      let applied = apart.times(forceSize / distance);
      node.pos = node.pos.plus(applied);
      other.pos = other.pos.minus(applied);
    }
  }
}
```

___
⊖　repulsionStrength/(distance * distance) = 1500/(175*175) ≈ 0.05。——译者注

这使得速度提高了 50%，并且布局效果没有明显的退步。我们抄了一条近路出来了。

22.6　分析器

通过对程序推理，我们能够加快它的速度。但是当执行微观优化——对处理过程进行微调以使它们更快时，通常很难预测哪些变化会有所帮助，哪些变化不会起作用。在这种情况下，我们不能再依赖推理——我们必须观测。

我们的 runLayout 函数测量程序当前所用的时间。这是一个好的开始。要改进某些东西，你必须测量它。如果没有测量，你无法知道你的更改是否具有你想要的效果。

现代浏览器中的开发人员工具提供了一种更好的方法来测量程序的速度。此工具称为分析器。在程序运行时，它将收集程序各个部分所用时间的信息。

如果你的浏览器有一个分析器，它可以从开发人员工具界面获得，可能在 Performance 选项卡上。当我记录当前程序的 4000 次迭代时，谷歌浏览器中的分析器会输出下表：

```
Self time              Total time            Function
816.6 ms 75.4 %        1030.4 ms 95.2 %      forceDirected_skip
194.1 ms 17.9 %         199.8 ms 18.5 %      includes
 32.0 ms  3.0 %          32.0 ms  3.0 %      Minor GC
  2.1 ms  0.2 %        1043.6 ms 96.4 %      run
```

这列出了花费大量时间的函数（或其他任务）。对于每个函数，它以毫秒为单位报告执行函数所花费的时间，以及它占总时间的百分比。第一列仅显示控制实际位于此函数中的时间，而第二列包含此函数调用的函数所花费的时间。

至于分析结果，因为此程序没有很多函数，所以这是一个非常简单的结果。对于更复杂的程序，输出的列表将比这长得多。但由于占用时间最多的函数显示在顶部，因此通常很容易找到我们关注的信息。

从这张表中我们可以看出，到目前为止，物理模拟函数花费的时间最多。这并不意外。但在第二行，我们看到了 GraphNode.hasEdge 中的 includes 数组方法占用的程序时间在 18% 左右。

这比我预期的要多一点。我们在 85 节点图（你用 treeGraph(4,4) 得到的）中调用了它很多次，有 3570 对节点。因此，通过 4000 次迭代，对 hasEdge 的调用超过 1400 万次。

让我们看看我们是否可以做得更好。我们将另一个 hasEdge 方法的变体添加到 GraphNode 类中，并创建一个我们的模拟函数的新变体，它调用 hasEdge 方法的变体而不是原始的 hasEdge。

```javascript
GraphNode.prototype.hasEdgeFast = function(other) {
  for (let i = 0; i < this.edges.length; i++) {
    if (this.edges[i] === other) return true;
  }
  return false;
};
```

在谷歌浏览器上，这个修改大约可以将计算布局的时间节省 17%，这是分析结果中 includes 花费的大部分时间。在 Edge 上，它使程序快了 40%。但在火狐上，它略微慢了一点（约 3%）。因此，在这个例子中，火狐的引擎（称为 SpiderMonkey）在优化对 includes 的调用方面做得更好。

分析结果中标记为"Minor GC"的行，为我们提供了清理不再使用的内存所花费的时间。鉴于我们的程序创建了大量的向量对象，回收内存花费 3% 的时间是相当少的。JavaScript 引擎往往拥有非常高效的垃圾收集器。

22.7　函数内联

在我们看到的分析结果中没有出现任何向量方法（例如 times），尽管它们被大量使用。这是因为编译器内联（inline）了它们。不是让内部函数中的代码调用一个实际的方法来执行向量乘法，而是将向量乘法代码直接放在函数内部，这样在编译后的代码中就不发生实际的方法调用。

内联有多种方法可以帮助加速代码。在机器级别，函数和方法使用一个协议来调用，此协议需要在函数可以找到它们的地方放置参数和返回地址（执行函数返回时必须继续执行的地方）。函数调用控制程序的另一部分的方式通常还需要保存一些处理器的状态，以便被调用的函数可以使用处理器而不会干扰调用者仍然需要的数据。而当函数被内联时，所有这些都变得不必要了。

此外，一个好的编译器会尽力找到简化它生成的代码的方法。如果函数被视为可能做任何事情的黑盒子，那么编译器就没有多少工作可做。另一方面，如果它可以在其分析中查看和包含函数体，则可能会发现优化代码的其他机会。

例如，JavaScript 引擎可以避免在我们的整体代码中创建一些向量对象。在如下表达式中，如果我们可以看到这些方法，很明显，结果向量的坐标是将 pos 的坐标加到 normalized 的坐标和 forceSize 绑定之积的结果。因此，不需要创建由 times 方法产生的中间对象。

```
pos.plus(normalized.times(forceSize))
```

但 JavaScript 允许我们随时替换方法。编译器如何确定这个 time 方法实际上是哪个函数呢？如果有人稍后更改存储在 Vec.prototype.times 中的值会怎么样？下一次内联此函数的代码运行时，它可能会继续使用旧的定义，违背程序员关于程序行为方式的假设。

这是执行和编译的交错开始发挥作用的地方。编译热函数时，它已经运行了很多次。如果在这些运行期间，它总是调用相同的函数，那么尝试内联此函数是合理的。代码是按乐观情况编译的，即假设将来在这里调用相同的函数。

为了处理悲观情况，即最后调用的是另一个函数，编译器会插入一个测试，将被调用函数与内联函数进行比较。如果两者不匹配，则乐观编译的代码是错误的，并且 JavaScript 引擎必须取消优化，这意味着它会回退到代码的未优化版本。

22.8　减少垃圾

虽然我们正在创建的一些向量对象可能完全被某些引擎优化掉，但创建所有这些对象可能仍然需要成本。为了估计这个成本的大小，让我们编写一版使用两个维度的局部绑定"手动"进行向量计算的代码。

```
function forceDirected_noVector(graph) {
  for (let i = 0; i < graph.length; i++) {
    let node = graph[i];
    for (let j = i + 1; j < graph.length; j++) {
      let other = graph[j];
      let apartX = other.pos.x - node.pos.x;
      let apartY = other.pos.y - node.pos.y;
      let distance = Math.max(1, Math.sqrt(apartX * apartX +
                                           apartY * apartY));
      let hasEdge = node.hasEdgeFast(other);
      if (!hasEdge && distance > skipDistance) continue;
      let forceSize = -repulsionStrength / (distance * distance);
      if (hasEdge) {
        forceSize += (distance - springLength) * springStrength;
      }
      let forceX = apartX * forceSize / distance;
      let forceY = apartY * forceSize / distance;
      node.pos.x += forceX; node.pos.y += forceY;
      other.pos.x -= forceX; other.pos.y -= forceY;
    }
  }
}
```

新代码更冗长、重复，但如果我测量它，那么它的改进就足以考虑在性能敏感的代码中进行这种手动对象展平。在火狐和谷歌浏览器上，新版本比前一版本快30%。在Edge上它的速度提高了约60%。

综合所有这些步骤，我们使此程序的速度比谷歌和火狐浏览器上的初始版本快5倍，比Edge上的速度则快20倍。这是一个很大的进步。但请记住，这项工作仅对实际需要花费大量时间的代码有用。尝试立即优化所有内容只会减慢你的速度，并为你留下大量不必要的过于复杂的代码。

22.9　垃圾收集

那么为什么避免创建对象的代码运行起来会更快呢？有几个原因。引擎必须找到一个存储对象的位置，它必须弄清楚它们何时不再使用并回收它们，当你访问它们的属性时，它必须弄清楚它们存储在内存中的哪个位置。JavaScript引擎擅长所有这些东西，但通常没有好到不花成本的程度。

再次想象一下，内存是一长串的比特。当程序启动时，它可能会收到一块空的内存并开始在那里放入它创建的对象，一个接一个。但在某些时候，空间已满，其中的一些对象不再使用。JavaScript 引擎必须确定哪些对象在使用，哪些不使用，以便它可以重用未使用的内存块。

现在程序的内存空间有点乱，交错散布着空闲空间和活动对象。创建新对象涉及查找一块足够大的自由空间，可能需要一些搜索。或者，引擎可以将所有活动对象都移动到内存空间的开头，这使得创建新对象的成本更低（它们可以一个接一个地放置）但在移动旧对象时需做要更多工作。

原则上，确定哪些对象仍在使用中，需要从全局作用域和当前活动的局部作用域开始跟踪所有可到达的对象。从这些作用域直接或间接引用的任何对象，都仍然在使用。如果你的程序在内存中有很多数据，这个工作量是相当大的。

一种被称为分代垃圾收集（generational garbage collection）的技术可以帮助降低这些成本。这种方法利用了大多数对象生存期短的事实。它将 JavaScript 程序可用的内存分成两代或更多代。在为年轻一代保留的空间中创建新对象。当这个空间已满时，引擎会确定其中的哪些对象仍处于活动状态并将它们移动到下一代。在发生这种情况时，如果年轻一代中只有一小部分对象仍然存在，那么只需要进行少量工作就可以移动它们。

当然，确定哪些对象是活动的确需要知道对活动的一代中的对象的所有引用。垃圾收集器希望每次收集年轻一代时都避免查看老一代中的所有对象。因此，当从旧对象创建对新对象的引用时，必须记录此引用，以便在下一次收集时将其考虑在内。这使得对旧对象的写入成本稍微高一些，但是在垃圾收集期间节省的时间大大补偿了该成本。

22.10 动态类型

像 node.pos 这样的 JavaScript 表达式，从对象中获取属性，对编译来说远非微不足道。在许多语言中，绑定都有一个类型，因此，当你对它们所持有的值执行操作时，编译器已经知道你需要什么样的操作。但在 JavaScript 中，只有值才具有类型，而绑定最终可以保存不同类型的值。

这意味着最初编译器对代码可能尝试访问的属性知之甚少，并且必须生成处理所有可能的类型的代码。如果节点包含未定义的值，则代码必须抛出错误。如果它包含一个字符串，它必须在 String.prototype 中查找 pos。如果它保存的是一个对象，从中提取 pos 属性的方式取决于对象的形状，等等。

幸运的是，虽然 JavaScript 不需要它，但大多数程序中的绑定确实只有一种类型。如果编译器知道这种类型是什么，它就可以使用此信息来生成更高效的代码。如果节点始终是具有 pos 和 edges 属性的对象，则优化编译器代码可以创建出从这样的对象中已知位置获取属性的代码，这既简单又快速。

但过去观察到的事件并未对将来发生的事件提供任何保证。尚未运行的某段代码可能仍会将另一种类型的值传递给我们的函数——例如，一种不同类型的节点对象，它也具有 id 属性。

因此，编译后的代码仍然需要检查其假设是否成立，如果假设不成立则采取适当的措施。引擎可以完全取消优化，退回到函数的未优化版本。或者它可以编译一个新版本的函数，来处理新观察到的类型。

你可以通过故意弄乱我们的图形布局函数的输入对象的一致性来观察由于无法预测对象类型而导致的减速，如下例所示：

```
let mangledGraph = treeGraph(4, 4);
for (let node of mangledGraph) {
  node['p${Math.floor(Math.random() * 999)}'] = true;
}

runLayout(forceDirected_noVector, mangledGraph);
```

每个节点都有一个带有随机名称的额外属性。如果我们在生成的图形上运行我们的快速模拟代码，它在谷歌 63 上变慢 5 倍，在火狐 58 上变慢 10 倍！现在对象类型各不相同，代码必须在没有关于对象形状的先验知识的情况下查找属性，这样做成本要高得多。

有趣的是，在运行此代码后，即使在常规的未扰乱图形上运行，forceDirected_noVector 也变得很慢。凌乱的类型已经"毒化"了编译的代码，至少在一段时间内——浏览器倾向于丢弃已编译的代码并从头开始重新编译，从而消除这种影响。

类似的技术也用于除属性访问之外的其他事物。例如，+ 运算符意味着不同的东西，具体取决于它应用于哪种值。智能 JavaScript 编译器不会总是运行处理所有这些含义的完整代码，而是使用以前的观察来构建运算符可能应用的类型的某种期望。如果它仅应用于数字，则可以生成更简单的机器码来处理它。但同样，函数每次运行时都必须检查这些假设。

这个故事的寓意是，如果一段代码需要快速运行，你可以通过提供一致的类型来帮助它。JavaScript 引擎可以相对较好地处理少数几种不同类型的情况：它们将生成处理所有这些类型的代码，并且只有在看到新类型时才会取消优化。但即便如此，生成的代码也比单一类型的代码慢。

22.11　小结

由于对 Web 的大量投资，以及不同浏览器之间的竞争，JavaScript 编译器擅长于它们所做的事情：使代码快速运行。

但有时你必须给它们一点帮助并重写内部循环以避免更高成本的 JavaScript 功能。创建更少的对象（及数组和字符串）通常会有所帮助。

在开始修改代码使之更快之前，请考虑一些减少工作量的方法。优化的最大机会往往在这个方向上。

JavaScript 引擎多次编译热代码，并将使用在先前执行期间收集的信息来编译更高效的代码。你可以通过为绑定提供一致的类型来提供帮助。

22.12　习题

1. 寻找路径

编写一个函数 findPath，就像你在第 7 章中看到的函数一样，找到图中两个节点之间的最短路径。它需要两个 GraphNode 对象（在本章中使用）作为参数，如果没有找到路径，则返回 null，否则返回表示图形路径的节点数组。在此数组中彼此相邻的节点之间应该有一条边。

在图中查找路径的一种好方法如下：

（1）创建一个工作列表，使其中的单个路径仅包含起始节点。

（2）从工作列表中的第一个路径开始。

（3）如果当前路径末尾的节点是目标节点，则返回此路径。

（4）否则，对于路径末端节点的每个邻居，如果之前未查看过此节点（未在工作列表中的任何路径的末尾出现），则通过把当前路径扩展到此邻居来创建新路径并将其添加到工作列表。

（5）如果工作列表中有更多路径，请转到下一个路径并继续执行步骤（3）。

（6）否则，节点间不存在路径。

通过从开始节点"散布"路径，本方法确保它总是通过最短路径到达给定的其他节点，因为仅在尝试了所有较短路径之后才会考虑较长路径。

实现此程序并在一些简单的树形图上进行测试。构造一个带有回路的图形（例如，通过使用 connect 方法向树形图添加边），并查看当有多种可能性时，你的函数是否可以找到最短路径。

2. 计时

使用 Date.now() 来测量 findPath 函数在更复杂的图形中查找路径所需的时间。由于 treeGraph 总是将根放在图数组的开头和最后一个叶节点上，所以你可以通过这样的方式给你的函数一个非常重要的任务：

```
let graph = treeGraph(6, 6);
console.log(findPath(graph[0], graph[graph.length - 1]).length);
// → 6
```

创建一个运行时间约为半秒的测试用例。将更大的数字传递给 treeGraph 时要小心，因为图形的大小呈指数级增长，因此你很容易使图形变得过大，以至于需要花费大量的时间和内存才能找到经过它们的路径。

3. 优化

现在你已经测量了一个测试用例，找出使 findPath 函数运行更快的方法。

考虑宏观优化（减少工作量）和微观优化（以更低成本的方式完成给定的工作）。另外，考虑使用更少内存并分配更少或更小的数据结构的方法。

部分习题解答提示

当你解答本书中的习题时，下面的提示可能会有所帮助。它们不会给出整个答案，而是试图帮助你自己解决它们。

第 2 章

1. 循环三角形

你可以从打印数字 1 到 7 的程序开始，可以通过对 2.10 节中引入 for 循环的打印偶数示例进行一些修改来得到此程序。

现在考虑数字和 "#" 号字符串之间的等价性。你可以通过加 1（+= 1）把 1 变成 2，你也可以通过添加字符 (+= "#") 把 "#" 变成 "##"。因此，你的答案可以完全按照数字打印程序来编写。

2. FizzBuzz

查看数字显然是一个循环的工作，选择要打印的内容是条件执行的问题。记住使用余数（%）运算符来检查数字是否可被另一个数字整除（余数为零）的诀窍。

在程序的第一个版本中，每个数字都有三种可能的结果，因此你必须创建一个 if/else if/else 链条。

此程序的第二个版本有一个简单的办法和一个聪明的办法。简单的办法是添加另一个条件"分支"来精确测试给定条件。聪明的办法是建立一个包含一个或多个单词的字符串来输出并打印单词，如果没有任何单词，则打印数字，这可以通过充分利用 || 运算符来实现。

3. 棋盘

你可以通过从空的（""）开始并重复添加字符来构建字符串。换行符写为 "\n"。

要使用两个维度，你需要在一个循环内执行另一个循环。在两个循环的循环体周围加上大括号，以便于查看它们的起点和终点。尝试正确缩进这些语句。循环的顺序必须遵循我们构建字符串的顺序（逐行，从左到右，从上到下）。因此外部循环负责处理行，内部循环负责处理行上的字符。

你需要两个绑定来跟踪执行的进度。要知道在给定位置放置空格还是哈希符号，你可以测试两个计数器的和是否为偶数（%2）。

必须在构建完一行之后才能通过添加换行符来结束一行，所以要在外部循环内部，但在内部循环语句之后执行此操作。

第 3 章

1. 最小值

如果你无法在正确的位置放置大括号和小括号以获得有效的函数定义，请首先复制本章中的一个示例并进行修改。

函数可能包含多个 return 语句。

2. 递归

你的函数可能看起来有点类似于第 3 章的递归 findSolution 示例中的内部查找函数，使用 if/else if/else 链条来测试适用于三种情况中的哪一种。最后的 else 对应于第三种情况，执行递归调用。每个分支都应包含一个 return 语句或以其他方式安排返回特定值。

当给此函数传递负数参数时，它将一次又一次地递归，传递更多的负数，从而离返回结果越来越远。它最终会耗尽栈空间并中止。

3. 字符计数

你的函数需要一个循环来查看字符串中的每个字符。字符串的索引在小于其长度（< string.length）的 0 到 string.length − 1 之间运行。如果当前位置的字符与函数正在查找的字符相同，则将计数器变量加 1。循环结束后，返回计数器。

注意通过使用 let 或 const 关键字正确声明函数，使函数中使用的所有绑定对于此函数都是局部的。

第 4 章

1. 求一个范围内数的总和

首先通过将绑定初始化为 []（一个新的空数组）并重复调用其 push 方法来添加值，可以方便地构建数组。不要忘记在函数末尾返回此数组。

由于 end 边界是包含的，因此你需要使用 <= 运算符而不是 < 来检查循环的结束。

步长（step）参数可以是一个可选参数，默认值（使用 = 运算符）为 1。

让 range 理解负步长值可能最好通过写两个单独的循环来完成，一个用于正计数，一个用于倒计数——因为倒计数时检查循环是否完成的比较符号为 >= 而不是 <=。

当范围的结尾值小于起始值时，使用不同的默认步长（即 –1）可能也是值得的。这样，range (5,2) 会返回有意义的东西，而不是陷入无限循环。可以在参数的默认值中引用先前的参数。

2. 反转数组

实现 reverseArray 有两种明显的方法。第一种是简单地从前到后遍历输入数组，并在新数组上使用 unshift 方法在新数组的开头插入每个元素。第二种是从后向前遍历输入数组并使用 push 方法。从后向前遍历数组需要使用一个（有点复杂的）for 循环规范，例如（let i = array.length - 1; i>= 0; i--）。

将数组原地反转更难。你必须小心不要覆盖以后需要的元素。使用 reverseArray 或以其他方式复制整个数组（array.slice(0) 是一种复制数组的好方法）是可行的，但这属于作弊。

诀窍是交换第一个和最后一个元素、第二个和倒数第二个元素，以此类推。你可以通过循环超过数组长度的一半来完成这个任务（使用 Math.floor 向下舍入——你不需要接触具有奇数个元素的数组中的中间元素）并将位置 i 处的元素与位置 array.length - 1 - i 处的元素交换。你可以使用局部绑定来暂时保留其中一个元素，用其镜像覆盖此元素，然后将局部绑定中的值放在镜像以前的位置。

3. 一个列表

从后向前建立列表会更简单。因此，arrayToList 可以向后遍历数组（参见上一个练习），并且对于每个元素，将一个对象添加到列表中。你可以使用局部绑定来保存到目前为止构建的列表部分，并使用 list = {value: X, rest: list} 之类的赋值语句来添加元素。

为遍历列表（在 listToArray 和 nth 中），可以使用这样的 for 循环规范：

```
for (let node = list; node; node = node.rest) {}
```

你能看出它是如何工作的吗？循环的每次迭代，节点都指向当前子列表，并且循环体可以读取其 value 属性以获取当前元素。在迭代结束时，节点移动到下一个子列表。当它为 null 时，我们已到达列表的末尾，循环结束。

类似地，nth 的递归版本将查看列表"尾部"更小的一小部分，同时倒计数索引直到它达到零，此时它可以返回正在查看的节点的 value 属性。要获取列表的第 0 个元素，只需获取其头节点的 value 属性即可。要获取第 $N+1$ 个元素，你可以从列表第 N 个元素的 rest 属性中获取。

4. 深度比较

你用来测试所处理的东西是否是真正的对象的语句类似于 typeof x == "object" && x != null。注意仅当两个参数都是对象时才需要比较其属性。在所有其他情况下，你可以立即返回应用 === 的结果。

使用 Object.keys 来检查属性。你需要测试两个对象是否具有相同的属性名称集，以及这些属性是否具有相同的值。一种方法是确保两个对象具有相同数量的属性（属性列表的长度相同）。然后，当循环遍历其中一个对象的属性以进行比较时，首先要确保另一个实际上具有同名的属性。如果它们具有相同数量的属性，并且其中一个对象的所有属性也存在于另一个对象的属性列表中，则它们具有相同的属性名称集。

为从函数中返回正确的值，最好在找到不匹配时立即返回 false，并在函数结束时返回 true。

第 5 章

1. 展示

略。

2. 你自己的循环

略。

3. 全都

与 && 运算符一样，every 方法可以在找到不匹配的元素后立即停止计算。因此，基于循环的版本可以使用 break 或 return 跳出循环，只要它运行到谓词函数返回 false 的元素就跳出。如果循环运行到它的结尾都没有找到这样的元素，我们就知道所有元素都匹配，函数应该返回 true。

为了在 some 基础上构建 every 方法，我们可以应用德·摩根律中的 a && b 等于 !(!a || !b)。这可以推广到数组，如果数组中没有不匹配的元素，则数组中的所有元素都匹配。

4. 主要书写方向

你的解决方案可能看起来很像 textScripts 示例的前半部分。你还必须按照基于 characterScript 的标准对字符进行计数，然后从结果中过滤掉引用不感兴趣（无相应语言字符集）字符的部分。

找到具有最多字符数的方向可以用 reduce 完成。如果不清楚如何实现，请参阅本章前面的示例，其中 reduce 用于查找具有最多字符的语言字符集。

第 6 章

1. 向量类型

如果你不确定类声明的规范，请回顾 Rabbit 类示例。

可以通过在方法名称前面添加单词 get 来将 getter 属性添加到构造函数中。要计算从 $(0, 0)$ 到 (x, y) 的距离，你可以使用毕达哥拉斯定理，它说明我们要寻找的距离的平方等于 x 坐标的平方加上 y 坐标的平方。因此，$\sqrt{x^2 + y^2}$ 就是你所求的数字，在 JavaScript 中计算平方根的方式是 Math.sqrt。

2. 组

最简单的方法是在实例属性中存储一个组成员的数组。includes 或 indexOf 方法可用于检查给定值是否在数组中。

你的类的构造函数可以将成员集合设置为空数组。调用 add 时，必须检查给定值是否在数组中，否则使用其他方法添加它，例如使用 push。

使用 delete 删除数组中的元素不那么简单，但你可以使用 filter 创建没有值的新数组。不要忘记使用新过滤版本的数组来覆盖存储成员的属性。

from 方法可以使用 for/of 循环从可迭代对象中获取值，并调用 add 将它们放入新创建的组中。

3. 可迭代的组

定义一个新类 GroupIterator 可能是值得的。迭代器实例应具有追踪组中当前位置的属性。每次调用 next 时，它都会检查它是否结束，如果没有结束，则移动到当前值之后并返回它。

Group 类本身获取一个由 Symbol.iterator 命名的方法，此方法在被调用时返回该组的迭代器类的新实例。

4. 借用一种方法

请记住，普通对象上存在的方法来自 Object.prototype。

还要记住，你可以使用特定的 this 绑定，利用其 call 方法来调用函数。

第 7 章

1. 测量机器人

你必须编写 runRobot 函数的变体，不是将事件记录到控制台，而是返回机器人完成任务所需的步数。

然后，你的测量函数可以循环生成新状态并计算每个机器人所采用的步数。当此函数生成足够的测量值时，它可以使用 console.log 输出每个机器人的平均值，即所采用的总步数除以测量次数。

2. 机器人效率

goalOrientedRobot 的主要限制是它一次只考虑一个包裹。它经常在村庄里来回走动，因为碰巧它查看的包裹碰巧在地图另一边的某个地方，即使在更近的地方有其他包裹它也不去看。

一种可能的解决方案是计算所有包裹的路线，然后采用最短的路线。如果存在多条最短路线，首选那些去拾取包裹的路线而不是投递包裹的路线则可以获得更好的结果。

3. 持久性组

表示成员值集有各种方法，其中最方便的仍然是数组，因为数组很容易复制。

将值添加到组时，可以使用添加了该值的原始数组的副本创建一个新组（例如，使用

concat）。删除值时，将从数组中过滤它。

类的构造函数可以将这样的数组作为参数，并将其存储为实例的（唯一）属性。此数组永远不会更新。

要将某个属性（empty）添加到非方法的构造函数中，必须在类定义之后将其作为常规属性添加到构造函数中。

你只需要一个 empty 实例，因为所有空组都是相同的，并且类的实例不会更改。你可以从该单个空组创建许多不同的组，而不会影响它。

第 8 章

1. 重试

对 primitiveMultiply 的调用肯定应该在 try 块中发生。当它不是 MultiplicatorUnitFailure 的实例时，相应的 catch 块应该重新抛出异常，并确保它是时重试该调用。

要执行重试，你可以使用只有在某个调用成功时才停止的循环，如 8.7 节中的 look 示例，或者使用递归，并希望你没有得到一连串失败，以至于它溢出栈（这是一个非常安全的选择）。

2. 锁上的盒子

这个练习需要一个 finally 块。你的函数应首先解开盒子的锁，然后从 try 块内调用参数函数。它之后的 finally 块应该再次锁住盒子。

为了确保我们在上锁时没有锁住原本没上锁的盒子，请在函数开始时检查它的锁，并只对开始就锁住的盒子解锁并再次锁住它。

第 9 章

1. 正则表达式高尔夫

略。

2. 引用的样式

最明显的答案是仅使用至少一侧为非单词字符的引号来替换⊖，例如 /\W'|'\W/。但是你还必须考虑到行的起点和终点。

此外，你必须确保替换的内容还包括 \W 模式匹配的字符，以便它们不会被删除。这可以通过将它们包装在括号中，并把它们的组包括在替换字符串（$1, $2）中来完成。未匹配的组将被替换为空。

3. 再次匹配数字

首先，不要忘记句点前面的反斜杠。

⊖　两侧都是单词字符的单引号属于缩写的符号。——译者注

可以使用 [+\-]? 或 (\+|-|) 来匹配数字前面和指数前面的可选符号（加号、减号或无）。

练习中更复杂的部分是匹配 "5." 和 ".5"，而不匹配 "." 的问题。为此，一个很好的解决方案是使用 | 运算符将两种情况分开——一个或多个数字可以后跟一个小数点和零个或多个数字，或一个小数点后跟一个或多个数字。

最后，为了使 e 不区分大小写，可以在常规表达式中添加 i 选项或使用 [eE]。

第 10 章

1. 模块化机器人

我会采取以下方法（但同样，设计给定模块不存在唯一正确的方法）。

用于构建路线图的代码存在于 graph 模块中。我宁愿使用 NPM 中的 dijkstrajs 而不是我们自己的寻路代码，所以我们要用这个程序构建出符合 dijkstrajs 期望的图数据。此模块导出单个函数 buildGraph。我会让 buildGraph 接受一个两元素数组的数组，而不是包含连字符的字符串，以使模块减少对输入格式的依赖。

road 模块包含原始道路数据（roads 数组）和 roadGraph 绑定。此模块依赖于 ./graph 并导出路线图。

VillageState 类存在于 state 模块中。这依赖于 ./roads 模块，因为它需要能够验证给定的道路是否存在。它还需要 randomPick。由于这是一个只有三行的函数，我们可以将它作为内部辅助函数放入 state 模块。但 randomRobot 也需要它。因此，我们必须复制它或将其放入自己的模块中。由于这个函数恰好存在于 NPM 的 random-item 包中，一个好的解决方案就是让两个模块都依赖于它。我们也可以将 runRobot 函数添加到这个模块，因为它很小并且与状态管理的关系非常紧密。此模块导出 VillageState 类和 runRobot 函数。

最后，机器人以及它们所依赖的值（例如 mailRoute）可以进入 example-robots 模块，此模块依赖于 ./roads 并导出机器人的函数。为了使 goalOrientedRobot 能够进行路径查找，此模块还依赖于 dijkstrajs。

通过将一些工作转移到 NPM 模块，代码变得更紧凑。每个单独的模块都做了相当简单的事情，并能够独立阅读。将代码划分为模块通常也会进一步改进程序的设计。在这种情况下，VillageState 和机器人依赖于特定的路线图似乎有点奇怪。将图形作为状态构造函数的参数并使机器人从状态对象中读取它可能是一个更好的主意——这会减少依赖性（这总是很好）并且可以在不同的地图上运行模拟（甚至更好）。

将 NPM 模块用于我们自己编写的东西是一个好主意吗？原则上，是的——对于诸如路径查找功能之类的重要事情，你可能会犯错误，并且自己编写会浪费时间。对于像 random-item 这样的小函数，自己编写它们很容易。但是将它们添加到你需要的任何地方确实会使你的模块混乱。

但是，你也不应低估寻找合适的 NPM 包所包含的工作量。即使你找到一个，它可能无法正常工作或可能缺少你需要的某些功能。最重要的是，依赖 NPM 包意味着你必须确保它们已安装，你必须将它们与你的程序一起分发，并且你可能必须定期升级它们。

再说一遍，这是一个权衡，你可以根据包对你的帮助大小来决定采取何种方式。

2. 道路模块

由于这是一个 CommonJS 模块，你必须使用 require 来导入图形模块。这被描述为导出 buildGraph 函数，你可以使用解构 const 声明从其接口对象中选择它。

要导出 roadGraph，请将属性添加到 exports 对象。由于 buildGraph 采用的数据结构与 roads 不完全匹配，因此必须在模块中进行对道路字符串的拆分。

3. 循环依赖

诀窍是在开始加载模块之前用 require 函数将模块添加到其缓存中。这样，如果在程序运行时做出的任何 require 调用尝试加载某个模块，那么此模块是已知的，并且将返回当前接口，而不必再次开始加载模块（最终会溢出堆栈）。

如果模块覆盖其 module.exports 值，则在完成加载之前已接收其接口值的任何其他模块将保持默认接口对象（可能为空），而不是预期的接口值。

第 11 章

1. 跟踪手术刀

这可以通过单个循环搜索整个鸟巢来完成，当它找到与当前鸟巢名称不匹配的值时，就向前移动到下一个值，并在找到匹配值时返回名称。在异步函数中，可以使用常规 for 或 while 循环。

要在普通函数中执行相同操作，你必须使用递归函数构建循环。最简单的方法是让此函数在检索存储值的 promise 上调用 then 来返回一个 promise 值。根据此值是否与当前鸟巢的名称匹配，处理程序返回此值或通过再次调用循环函数创建的进一步的 promise。

不要忘记通过从主函数调用一次递归函数来启动循环。

在该异步函数中，被拒绝的 promise 通过 await 转换为异常。当异步函数抛出异常时，其 promise 将被拒绝。工作原理就是这样。

如果你实现了前面概述的非异步函数，then 的工作方式也会自动导致失败，从而导致返回 promise。如果请求失败，则不会调用传递给 then 的处理程序，并且它返回的 promise 将以相同的原因被拒绝。

2. 建立 Promise.all

传递给 Promise 构造函数的函数必须在给定数组中的每个 promise 上调用 then。当其中一个成功时，需要做两件事。结果值需要存储在结果数组的正确位置，我们必须检查这 promise 是否是最后一个未解决的，如果是，则结束我们自己的 promise。

后面这件事可以用一个初始化为输入数组长度的计数器来完成，每当一个 promise 成功时我们从中减去 1。当它达到 0 时，我们就完成任务了。确保考虑输入数组为空的情况（因此无法解决任何 promise）。

处理失败需要动点脑筋，但结果非常简单。只需将包装 promise 的 reject 函数传递给数组中的每个 promise 作为 catch 处理程序或作为 then 中的第二个参数，以便其中一个失败触发对整个包装器 promise 的拒绝即可。

第 12 章

1. 数组

最简单的方法是使用 JavaScript 数组表示 Egg 数组。

添加到顶级作用域的值必须是函数。通过使用剩余参数（使用三点表示法），数组的定义可以非常简单。

2. 闭包

同样，我们正在使用 JavaScript 机制来获得 Egg 中的等效功能。特殊形式被传给计算它们的局部作用域，以便它们可以在此作用域内评估它们的子形式。fun 返回的函数可以访问为其封闭函数赋予的 scope 参数，并在调用函数时使用它来创建函数的局部作用域。

这意味着局部作用域的原型将是创建函数的作用域，这使得可以从函数访问此作用域中的绑定。这就是实现闭包的全部内容（尽管以实际有效的方式编译它，需要做更多的工作）。

3. 注释

确保你的解决方案能够处理一行中的多个注释，在注释之间或之后可能有空格。

正则表达式可能是解决此问题的最简单方法。写一些匹配"空格或注释，零次或多次"的内容。使用 exec 或 match 方法，查看返回数组中第一个元素（整个匹配）的长度，找出要删除多少字符。

4. 修复作用域

必须逐个地遍历作用域，使用 Object.getPrototypeOf 转到下一个外部作用域。对于每个作用域，使用 hasOwnProperty 来确定由 set 的第一个参数的 name 属性指示的绑定是否存在于此作用域内。如果存在，请将其设置为 set 的第二个参数的计算结果，然后返回此值。

如果到达最外层作用域（Object.getPrototypeOf 返回 null）而且我们尚未找到此绑定，则它不存在，并且应该抛出错误。

第 14 章

1. 建立一个表

你可以使用 document.createElement 来创建新的元素节点，document.createTextNode 用于创建文本节点，appendChild 方法用于将节点放入其他节点。

你需要遍历一次键名以填充顶部的行，然后再遍历数组中的每个对象以构造数据行。

要从第一个对象获取键名称数组，`Object.keys` 将非常有用。

要将表添加到正确的父节点，可以使用 `document.getElementById` 或 `document.querySelector` 来查找具有正确的 `id` 属性的节点。

2. 按标签名获取元素

此题答案最容易用递归函数表示，类似于本章前面定义的 `talksAbout` 函数。

你可以递归地调用 `byTagname` 本身，连接结果数组以产生输出。或者你可以创建一个内部函数，它递归调用自身，并且可以访问外部函数中定义的数组绑定，它可以添加它找到的匹配元素。不要忘记从外部函数调用内部函数一次以启动进程。

递归函数必须检查节点类型。这里我们只对节点类型 1（`Node.ELEMENT_NODE`）感兴趣。对于这样的节点，我们必须遍历它们的子节点，并且对于每个子节点，都要查看子节点是否与查询匹配，同时还对其执行递归调用以检查它自己的子节点。

3. 猫的帽子

`Math.cos` 和 `Math.sin` 以弧度为单位测量角度，其中整圆为 2π。对于给定的角度，你可以通过加上半个圆（即 `Math.PI`）来获得相反的角度，这可以用于将帽子放在轨道的另一侧。

第 15 章

1. 气球

你要为 `"keydown"` 事件注册处理程序并查看 `event.key` 以确定是否按下了向上或向下箭头键。

气球的当前大小可以保存在绑定中，以便你可以根据它放大缩小。定义一个更新大小的函数（DOM 中的气球的绑定和样式）会很有帮助，这样你就可以从事件处理程序中调用它，也可能在启动时调用一次，以设置初始大小。

你可以通过将文本节点替换为另一个（使用 `replaceChild`）或将其父节点的 `textContent` 属性设置为新字符串，将气球表情更改为爆炸表情。

2. 鼠标轨迹

最好使用循环来创建元素。将它们附加到文档以使它们显示出来。为了能够在以后访问它们以更改其位置，需要将元素存储在数组中。

可以通过保持计数器变量并在每次 `"mousemove"` 事件触发时向其加 1 来遍历它们。然后可以使用余数运算符（`% elements.length`）获取有效的数组索引，以选择要在给定事件期间定位的元素。

通过建立简单的物理系统模型，可以实现另一个有趣的效果。仅使用 `"mousemove"` 事件更新跟踪鼠标位置的一对绑定。然后使用 `requestAnimationFrame` 来模拟被吸引到鼠标指针位置的尾随元素。在每个动画步骤中，根据它们相对于指针的位置（以及为每个元素存储的速度）更新它们的位置。找出一个好方法来做到这一点。

3. 选项卡

你可能遇到的一个陷阱是不能直接使用节点的 childNodes 属性作为选项卡节点的集合。一方面，当你添加按钮时，它们也将成为子节点并最终进入此对象，因为它是一个实时数据结构。另一方面，为节点之间的空白创建的文本节点也在 childNodes 中，但它们不应该有自己的选项卡。你可以使用 children 而不是 childNodes 来忽略文本节点。

你可以从构建一系列选项卡开始，以便你可以轻松地访问它们。要实现按钮的样式，你可以存储包含选项卡面板及其按钮的对象。

我建议编写一个单独的函数来更改标签。你可以存储以前选择的选项卡，只更改隐藏该选项卡所需的样式并显示新样式，或者你可以在每次选择新选项卡时更新所有选项卡的样式。

你可能希望立即调用此函数以使界面开始时第一个选项卡可见。

第 16 章

1. 游戏结束

略。

2. 暂停游戏

可以通过从传给 runAnimation 的函数返回 false 来中断动画。可以通过再次调用 runAnimation 继续播放它。

所以我们需要传达一个事实，即我们将暂停传给 runAnimation 的函数的游戏。为此，你可以使用事件处理程序和此函数都可以访问的绑定。

取消注册 trackKeys 注册的处理程序时，请记住必须将传递给 addEventListener 的函数值原封不动地传递给 removeEventListener 才能成功删除处理程序。这样在 trackKeys 中创建的处理函数值必须能被取消注册处理程序的代码访问。

你可以向 trackKeys 返回的对象添加属性，其中包含此函数值或直接处理取消注册的方法。

3. 一头怪兽

如果你想实现一种有状态的运动，比如弹跳，确保在演员对象中存储必要的状态——将这个状态包含为构造函数参数并添加为属性。

请记住，update 会返回一个新对象，而不是更改旧对象。

处理碰撞时，在 state.actors 中找到玩家并将其位置与怪兽的位置进行比较。要获得玩家底部的位置，你必须将其垂直高度加上垂直位置。建立更新后的状态将类似于硬币的 collide 方法（移除演员）或熔岩的 collide 方法（将状态更改为 "lost"），具体取决于玩家的位置。

第 17 章

1. 形状

梯形（1）最容易使用路径绘制。选择合适的中心坐标并在中心周围添加四个角。

菱形（2）可以使用路径用直接的方式绘制，也可以通过 rotate（旋转）变换以有趣的方式绘制。要使用旋转，你必须执行类似于我们在 flipHorizontally 函数中所做的操作。因为你想围绕矩形的中心而不是围绕点（0，0）旋转，所以必须首先 translate（变换）到那里，然后旋转，然后变换回来。

确保在绘制任何创建变换的形状后都重置变换。

对于折线（3），为每个线段都编写一个对 lineTo 的新调用变得不切实际。相反，你应该使用循环。你可以让每次迭代绘制两条线段（右侧，然后再次左侧）或一条，在这种情况下，你必须使用循环索引的奇偶性（% 2）来确定是向左还是向右画线。

绘制螺旋形（4）你也需要用到循环。如果绘制一系列点，每个点沿螺旋中心的圆周进一步移动，则得到一个圆。如果在循环过程中，你把放置目前的点的圆的半径改变了，并且不止一次地这么做，结果是螺旋式的。

所描绘的星形（5）由 quadraticCurve（二次曲线）构成。你也可以用直线绘制一个。对于一个有八个点的星形，将一个圆圈分成八个部分，或者你想要的任意多个部分。在这些点之间画线，使它们朝向星形的中心弯曲。使用 quadraticCurveTo，可以将中心作为控制点。

2. 饼图

你需要调用 fillText 并设置上下文的 textAlign 和 textBaseline 属性，使文本最终到达你想要的位置。

定位标签的一种明智方法是，将文本放在从饼图中心到切片中间的线上。不要将文本直接放在饼图的侧面，而是将文本移动到饼图的侧面再向外延伸给定的像素点的地方。

这条线的角度为 currentAngle + 0.5 * sliceAngle。以下代码在此线上找到距离中心 120 像素的位置：

```
let middleAngle = currentAngle + 0.5 * sliceAngle;
let textX = Math.cos(middleAngle) * 120 + centerX;
let textY = Math.sin(middleAngle) * 120 + centerY;
```

对于 textBaseline，使用此方法时，值 "middle" 可能是合适的。textAlign 的用途取决于我们位于圆的哪一侧。如果我们在圆的左侧，它应该是 "right"，如果在右侧，它应该是 "left"，以便文本远离饼图。

如果你不确定给定角度在圆的哪一侧，请参阅 14.13 节中对 Math.cos 的说明。角度的余弦告诉我们它所对应的 x 坐标，这个 x 坐标反过来告诉我们我们位于圆的哪一侧。

3. 一个弹跳球

使用 strokeRect 可以轻松绘制一个方框。请定义一个绑定来保存其大小的，如果框的宽度和高度不同，则定义两个绑定。要创建一个圆球，请启动一个路径并调用 arc(x, y, radius, 0, 7)，这将创建一个从零到大于整圆的弧。然后填充这个路径。

要模拟球的位置和速度，可以使用 16.5 节中的 Vec 类。给它一个起始速度，最好是一个不是纯垂直或水平的起始速度，并且对于每个帧，都将该速度乘以流逝的时间量。当球非常靠近垂直墙时，将其速度中的 x 分量反转。同样，当球撞到水平墙时，将其 y 分量反转。

计算出球的新位置和速度后，使用 clearRect 删除场景并使用新位置重新绘制它。

4. 预计算镜像

解决方案的关键是我们可以在使用 drawImage 时使用画布元素作为源图像。可以创建一个额外的 <canvas> 元素，而不将其添加到文档中，并一次性将反转的子画面绘制到它上面。绘制实际框架时，我们只是将已经反转的子画面复制到主画布上。

这里需要小心一些事情，因为图像不会立即加载。我们只进行一次反转的绘图，如果我们在图像加载之前做这件事，那它不会画任何东西。可以使用图像上的 "load" 处理程序将反转的图像绘制到额外的画布上。这个画布可以立即用作绘图源（在我们将角色绘制到它上面之前它只是空白）。

第 18 章

1. 内容协商

按照 18.3 节中的 fetch 示例来编写代码。

询问编造的媒体类型将返回代码 406（"不可接受"）的响应，这是服务器在无法满足 Accept 标头时应返回的代码。

2. 一个 JavaScript 工作台

使用 document.querySelector 或 document.getElementById 可以访问 HTML 中定义的元素。按钮上的 "click" 或 "mousedown" 事件的事件处理程序可以获取文本字段的 value 属性并在其上调用 Function。

确保在 try 块中包含对 Function 的调用和对其结果的调用，以便捕获它产生的异常。在这个例子中，我们真的不知道我们正在寻找什么类型的异常，所以捕获全部的异常。

输出元素的 textContent 属性可使用字符串消息填充。或者，如果要保留旧内容，请使用 document.createTextNode 创建一个新的文本节点，并将其附加到元素。请记住在末尾添加换行符，以便所有输出不会都出现在一行中。

3. 康威的生命游戏

为了解决在概念上同时发生变化的问题，尝试将一代的计算看作一个纯函数，它采用一个网格并产生一个代表下一代的新网格。

表示矩阵可以按照 6.10 节所示的方式完成。你可以使用两个嵌套循环计算活的邻居，在两个维度上循环相邻坐标。注意不要计算这个区域外的网格，并且要忽略中心的网格，因为我们要计算的是它们的邻居。

确保对复选框的更改对下一代生效可以通过两种方式完成。事件处理程序可以注意到这些更改并更新当前网格以反映它们，或者你可以在计算下一轮之前从复选框中的值生成新网格。

如果选择使用事件处理程序，则可能需要附加用来标识每个复选框所对应位置的属性，以便轻松找出要更改的网格。

要绘制复选框的网格，你可以使用 `<table>` 元素（请参阅 14.15 节第一个习题），或者只是将它们全部放在同一元素中，并在每行之间放一个 `<br>`（换行符）元素。

第 19 章

1. 键盘绑定

如果 SHIFT 键未被按住，字母按键事件的 key 属性是小写字母本身。我们对 SHIFT 键的按键事件不感兴趣。

"keydown" 处理程序可以检查其事件对象以查看它是否匹配任何快捷方式。你可以自动获取 tools 对象中的第一个字母列表，这样你就不必将它们写出来。

当按键事件与快捷方式匹配时，请在其上调用 preventDefault 并解析相应的操作。

2. 高效绘图

本练习是不可变数据结构如何使代码运行得更快的一个很好的例子。因为我们既有旧图片又有新图片，我们可以比较它们并仅重绘那些改变了颜色的像素，从而在大多数情况下，可以节省 99% 的绘图工作。

你可以编写新函数 updatePicture，也可以让 drawPicture 采用额外的参数，额外的参数可能是未定义的或前一张图片。对于每个像素，此函数检查先前的图像是否在该位置传入了相同的颜色，若是则跳过对此像素的绘制。

因为当我们改变画布的大小时，它会被清除，因此在新图片和旧图片一样大时，你也应该避免修改其 width 和 height 属性。如果它们的大小不同（这将在加载新图片时发生），你可以在更改画布大小后将旧图片的绑定设置为 null，因为在更改画布大小后不应跳过任何像素。

3. 圆

你可以从 rectangle 工具中获取灵感。如同那个工具，当指针移动时，你需要继续绘制起始图片而不是当前图片。

为确定要着色的像素，可以使用毕达哥拉斯定理。首先弄清楚当前指针位置与起始位置之间的距离，这通过取 x 坐标和 y 坐标上距离差的平方（`Math.pow(x,2)`）的和的平方根（`Math.sqrt`）得到。然后沿着起始位置和当前指针位置遍历一个由像素组成的正方形（其边长至少是半径的两倍），并再次使用毕达哥拉斯公式计算像素与圆心的距离，如果像素在圆周内则对它着色。

确保不要尝试对图片边界之外的像素着色。

4. 适当的线

绘制像素化的线段的问题实际上可分成四个相似但略有不同的问题。从左到右绘制一条水平线很容易——在 x 坐标上循环并在每一步为一个像素着色。如果线有一个小的斜率（小于 45 度或 $\pi/4$ 弧度），你可以沿斜率插入 y 坐标。每个 x 位置仍然需要一个像素，这些像素的 y 位置由斜率确定。

但是一旦你的斜率超过 45 度，你需要改变你对待坐标的方式。你现在需要每个 *y* 位置一个像素，因为这条线在纵向比它在横向的增长更多。然后，当斜率超过 135 度时，你必须回到 *x* 坐标上，但方向是从右到左。

实际上不必编写四个循环。从 A 到 B 画一条线与从 B 到 A 绘制一条线的效果相同，你可以交换从右到左的线的起始位置和结束位置，并将它们视为从左到右的线。

所以你需要两个不同的循环。你的画线函数应该做的第一件事是检查 *x* 坐标之间的差是否大于 *y* 坐标之间的差。如果大于，则为偏水平的线，如果不大于，则为偏垂直的线。

确保比较 *x* 和 *y* 的差的绝对值，你可以使用 `Math.abs` 获得绝对值。

一旦知道要循环的轴（主轴），你就可以检查起始点沿该轴的坐标是否高于终点，并在必要时进行交换。在 JavaScript 中交换两个绑定的值的简洁方法是使用解构赋值：

```
[start, end] = [end, start];
```

然后，你可以计算线段的斜率，该斜率确定沿你的主轴每步执行的另一个轴上坐标的更改量。这样，你可以沿主轴运行循环，同时跟踪另一个轴上的相应位置，并且可以在每次迭代时绘制像素。确保对非主轴坐标进行舍入处理，因为它们可能不是整数，而 `draw` 方法对小数坐标的响应不好。

第 20 章

1. 搜索工具

你的第一个命令行参数正则表达式，可以在 `process.argv [2]` 中找到。之后是输入文件。你可以使用 `RegExp` 构造函数把字符串转换为正则表达式对象。

使用 `readFileSync` 同步执行此操作更简单，如果再次使用 `fs.promises` 来获取 promise 返回函数并编写 `async` 函数，代码看起来类似。

要确定某些内容是否是某个目录，你可以再次使用 `stat`（或 `statSync`）和 `stats` 对象的 `isDirectory` 方法。

探索目录是一个分支展开的过程。你可以通过使用递归函数或保留一个工作数组（仍需要探索的文件）来实现。要查找目录中的文件，可以调用 `readdir` 或 `readdirSync`。奇怪的首字母大写——Node 的文件系统函数命名基于标准的 Unix 函数，例如 `readdir`，它们都是小写的，但随后它会用首字母大写来添加 `Sync`。

要把利用 `readdir` 读取的文件名转换为完整路径名，必须将其与目录名称组合，并在它们之间放置斜杠字符（/）。

2. 目录创建

你可以将实现 `DELETE` 方法的函数作为 `MKCOL` 方法的框架。如果找不到文件，请尝试使用 `mkdir` 创建目录。当此路径上存在目录时，你可以返回 204 响应，以便目录创建请求是幂等的。如果此处存在非目录文件，则返回错误代码，比如代码 400（"错误请求"）。

3. 网络上的公共空间

你可以创建 `<textarea>` 元素来保存正在编辑的文件的内容。使用 fetch 的 GET 请求可以检索文件的当前内容。你可以使用 index.html 之类的相对 URL，而不是 http://localhost: 8000/index.html 来引用与运行脚本相同的服务器上的文件。

然后，当用户单击按钮时（你可以使用 `<form>` 元素和 "submit" 事件），向同一个 URL 发出 PUT 请求，将 `<textarea>` 内容为作为请求正文，用于保存文件。

然后，你可以将包含 GET 请求返回的行的 `<option>` 元素添加到 URL/ 来添加包含服务器顶级目录中所有文件的 `<select>` 元素。当用户选择另一个文件（字段上的 "change" 事件）时，脚本必须获取并显示此文件。保存文件时，请使用当前选择的文件名。

第 21 章

1. 磁盘持久性

我能想到的最简单的解决方案是将整个 talks 对象编码为 JSON 并将其转储到带有 writeFile 的文件中。每次服务器的数据更改（updated）时都会调用一个方法。它可以被扩展为将新数据写入磁盘。

选择一个文件名，例如 ./talks.json。当服务器启动时，它可以尝试使用 readFile 读取此文件，如果成功，服务器可以使用此文件的内容作为其起始数据。

但要注意，talks 对象作为无原型对象启动，因此可以可靠地使用 in 运算符。JSON.parse 将返回以 Object.prototype 作为原型的常规对象。如果使用 JSON 作为文件格式，则必须将 JSON.parse 返回的对象的属性复制到新的无原型对象中。

2. 意见域重置

为了执行此操作，最好的方法可能是使用 syncState 方法创建讨论组件对象，以便可以更新它们以显示讨论的修改版本。在正常操作期间更改某个讨论的唯一方法是添加更多意见，因此使用 syncState 方法可以相对简单一些。

困难的部分是，当一个更改的讨论列表出现时，我们必须将现有的 DOM 组件列表与新列表上的讨论进行协调——删除讨论中被删除的组件并更新讨论中更改的组件。

为此，保持一个数据结构来存储讨论标题下的讨论组件，以便你可以轻松地确定某个组件是否存在于给定的讨论中可能会有所帮助。然后，你可以遍历新的讨论数组，并为每个讨论同步现有组件或创建新组件。要删除已删除讨论的组件，还必须遍历组件并检查相应的讨论是否仍然存在。

第 22 章

1. 寻找路径

工作列表可以是一个数组，并可以使用 push 方法向其添加路径。如果使用数组表示路径，则可以使用 concat 方法扩展它们。例如，path.concat([node]) 可以保留旧值。

要确定是否已经看到某个节点，你可以遍历现有工作列表或使用 some 方法。

2. 计时

略。

3. 优化

宏观优化的主要优势是摆脱内部循环，该循环确定节点是否已经被查看过。在一个映射中查找这个比在工作列表上迭代搜索节点要快得多。由于我们的键是节点对象，因此我们必须使用 Set 或 Map 实例来存储已到达节点的集合，而不能使用普通对象。

通过改变路径的存储方式可以进行另一项改进。使用新元素扩展数组而不修改现有数组需要复制整个数组。与第 4 章中介绍的列表类似的数据结构没有这个问题，它允许列表的多个扩展共享它们共有的数据。

你可以使函数在内部将路径存储为具有 at 和 via 属性的对象，其中 at 是路径中的最后一个节点，via 是 null 或另一个保存路径其余部分的此类对象。这样，扩展路径只需要创建具有两个属性的对象，而无须复制整个数组。请确保在返回之前将列表转换为实际数组。

推荐阅读

畅销书，由Flask官方团队的开发成员撰写，得到了Flask项目核心维护者的高度认可。

内容上，本书从基础知识到进阶实战，再到Flask原理和工作机制解析，涵盖完整的Flask Web开发学习路径，非常全面。

实战上，本书从开发环境的搭建、项目的建立与组织到程序的编写，再到自动化测试、性能优化，最后到生产环境的搭建和部署上线，详细讲解完整的Flask Web程序开发流程，用5个综合性案例将不同难度层级的知识点及具体原理串联起来，让你在开发技巧、原理实现和编程思想上都获得相应的提升。

畅销书，这不是一本单纯讲解前端编程技巧的书，而是一本注重思想提升和内功修炼的书。

全书以问题为导向，精选了前端开发中的34个疑难问题，从分析问题的原因入手，逐步给出解决方案，并分析各种方案的优劣，最后针对每个问题总结出高效编程的实践和各种性能优化的方法。

推荐阅读

Vue.js应用测试

作者：Edd Yerburgh ISBN：978-7-111-64670-9 定价：79.00元

Three.js开发指南：基于WebGL和HTML5在网页上渲染3D图形和动画（原书第3版）

作者：Jos Dirksen ISBN：978-7-111-62884-2 定价：99.00元

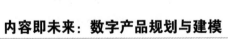

内容即未来：数字产品规划与建模

作者：Mike Atherton,Carrie Hane ISBN：978-7-111-60896-7 定价：69.00元

PHP和MySQL Web开发（原书第5版）

作者：Luke Welling, Laura Thomson ISBN：978-7-111-58773-6 定价：129.00元